全方位走进软件测试

董佳佳　巩建学　著

中国建材工业出版社

图书在版编目（CIP）数据

全方位走进软件测试/ 董佳佳，巩建学著. --北京 ：
中国建材工业出版社，2020.11

ISBN 978-7-5160-3063-9

Ⅰ．①全… Ⅱ．①董…②巩… Ⅲ．①软件—测试—
高等职业教育—教材 Ⅳ．①TP311.55

中国版本图书馆 CIP 数据核字（2020）第 177282 号

全方位走进软件测试

Quanfangwei Zoujin Ruanjian Ceshi

董佳佳 巩建学 著

出版发行：中国建材工业出版社

地 址：北京市海淀区三里河路 1 号
邮 编：100044
经 销：全国各地新华书店
印 刷：北京雁林吉兆印刷有限公司
开 本：889mm×1194mm 1/16
印 张：22.25
字 数：460 千字
版 次：2020 年 11 月第 1 版
印 次：2020 年 11 月第 1 次
定 价：78.00 元

前　言

随着社会的不断进步和计算机科学技术的飞速发展，计算机及软件在国民经济和社会生活等方面的应用越来越广泛和深入。软件作为计算机的灵魂，起着举足轻重的作用。软件的失效有可能造成巨大的经济损失，甚至危及人的生命安全。软件开发的各个阶段都需要人的参与，出现错误是难免的。与此同时，随着计算机所控制的对象的复杂程度不断提高和软件功能的不断增强，软件的规模也在不断扩大。人们在软件的设计阶段所犯的错误是导致软件失效的主要原因。软件的复杂性是产生软件缺陷的极重要的根源。作为软件工程重要组成部分的软件测试是软件质量的有力保证。软件测试对于软件质量的重要意义，不仅仅在于发现软件系统中存在的错误，更体现在经过各种测试技术和方法对软件产品进行测试后，可以提高对软件质量的信心。由于无法预知软件中究竟会有多少错误存在，因此即使在测试后仍然无法保证软件系统中不再存在错误。但是，通过软件测试，能够对软件系统出错的可能性以及错误可能导致后果的严重程度有准确的估量。同样，通过测试可以将存在错误的概率限制在可以接受的程度之下。这些都大大提高了软件质量的可靠性，增加了对软件产品的信心，尤其是对于涉及高安全性、高可靠性的软件系统更是如此。

2019年软件测试从业调查报告显示，随着"大数据"和"人工智能"时代的到来，我国软件产业蓬勃发展，同时对软件产品的质量有了进一步的要求，在软件行业，较发达地区的软件测试人员的需求量呈现逐年增加的态势。调查数据表明，国内120万软件从业者中，软件测试人才缺口高达30多万，并且仍在以每年20%的速度增加。在被调查者所在的公司，测试人员与开发人员的比例为1:4以上的高达71%，而45%的被调查公司每年对软件测试人员培训的次数为0。从数据上看，软件测试从业者需要在入职之前就具备相关的技能才能够确保工作顺利进行。

本书结合作者多年教学和工作经验，以两个软件著作权《计算机网络安全智能云端维护系统》和《超级星学生信息管理系统》为框架，自主研发了资产管理系统，精心设置系统Bug以供学习者测试查找，从用例的编写技巧、Bug查找规律、Java白盒测试、性能测试工具Loadrunner的使用、用Python进行自动化测试、测试计划的撰写、功能测试报告、性能测试报告等方面对软件测试过程进行了全方位解读。

本书由山东工业职业学院董佳佳、巩建学著作完成，在编写过程中得到了同事、兄弟院校、企业朋友和出版社的大力支持，在此一并表示感谢。由于作者水平有限，时间匆忙，书中难免有疏漏或不妥之处，敬请读者批评指正。

作者
2020年10月

目　录

第1章　软件测试概述

前序

随着信息化时代的到来，通过计算机软件实现资产的电子化管理，提高资产管理的准确性、便捷查询和易于维护，进而提高工作效率，是每一个企业面临的挑战和需求。

周东红是中国宣纸股份有限公司职工、高级技师。周东红保持着一个令人敬畏的纪录：30 年来年均完成生产任务 145.54%。作为技术骨干，周东红参与了宣纸邮票纸的生产试制，为我国成功发行宣纸材质邮票奠定了基础，填补了邮票史的一项空白，从而获得"全国劳动模范"称号。

对待软件测试也是一样，要对它产生兴趣，就要不断地钻研思考，而且要有良好的知识产权保护观念和意识，自觉抵制各种违反知识产权保护法规的行为；能够与客户和主管及时沟通前端开发任务需求和项目进度状况，与项目组人员沟通协调，确定自己的开发任务，理解团队开发任务；善于总结开发工作经验，不断提高在合理的时间内以合理的费用创建安全、可靠和高质量软件的能力。总体来说，软件测试是一项综合全面发展的项目。接下来将带领大家进入软件测试的学习。

1.1　软件测试的基本概念

建设目标

本项目的目标是建立符合一般企业实际管理需求的资产管理系统，对企业的资产信息进行精确地维护，有效服务，从而减轻资产管理部门从事低层次信息处理和分析的负担，解放管理员的双手和大脑，提高工作质量和工作效率。

技术要求

本项目软件系统平台将达到主流 Web 应用软件的水平：

1. 功能方面：系统满足业务逻辑各功能需求的要求。
2. 易用性方面：通过使用主流的浏览器/服务器架构，保证用户使用本系统的易用性良好。
3. 兼容性方面：通过系统设计以及兼容性框架设计，满足对主流浏览器兼容的要求。
4. 安全性方面：系统对敏感信息（例如用户密码）进行相关加密；
5. UI 界面方面：界面简洁明快，用户体验良好，提示友好，必要的变动操作有"确认"环节等。

平台、角色和权限

资产管理系统涉及 Web 端及手机 App 两个平台；B/S 资产管理系统包含超级管理员和资产管理员两个角色；手机 App 仅资产管理员一个角色。

Web 端分为超级管理员和资产管理员两个角色：超级管理员主要维护一些通用的字典；资产管

理员维护部门、人员信息，并进行资产的日常管理（表 1-1）。

表 1-1　Web 端的两个角色

角色名称	模块菜单	功能项
超级管理员	个人信息	查看超级管理员角色相关信息，可修改手机号码
	资产类别	新增、修改、禁用、启用
	品牌	新增、修改、禁用、启用
	报废方式	新增、修改、禁用、启用
	供应商	新增、修改、禁用、启用、查询、查看详情
	存放地点	新增、修改、禁用、启用、查询、查看详情
	部门管理	新增、修改
	资产入库	入库登记、修改、查询
资产管理员	个人信息	查看资产管理员角色相关信息，可修改手机号码
	资产类别	新增、修改、禁用、启用
	品牌	新增、修改、禁用、启用
	报废方式	新增、修改、禁用、启用
	供应商	查询、查看详情
	存放地点	查询、查看详情
	部门管理	新增、修改
	资产入库	入库登记、修改、查询

1.2　测试目的

1. 软件产品的监视和测量

对软件产品的特性进行监视和测量，主要依据软件需求规格说明书，验证产品是否满足要求。测试所开发的软件产品是否可以交付，要预先设定质量指标，并进行测试，只有符合预先设定的指标，才可以交付。

2. 对不符合要求的产品的识别和控制

对于软件测试中发现的软件缺陷，要认真记录它们的属性和处理措施，并进行跟踪，直至最终解决。在排除软件缺陷之后，要再次进行验证。

3. 产品设计和开发的验证

通过设计测试用例对需求分析、软件设计、程序代码进行验证，确保程序代码与软件设计说明书的一致，以及软件设计说明书与需求规格说明书的一致。对于验证中发现的不合格现象，同样要认真记录和处理，并跟踪解决。解决之后，也要再次进行验证。

4. 软件过程的监视和测量

从软件测试中可以获取大量关于软件过程及其结果的数据和信息，它们可用于判断这些过程的有效性，为软件过程的正常运行和持续改进提供决策依据。

第 2 章　用例编写技巧

钱学森是中国航天科技事业的先驱和杰出代表，被誉为"中国航天之父"和"火箭之王"。1955年辗转回国后，历任中国科学院力学所所长，国防部第五研究院院长等。在空气动力学、航空工程、喷气推进、工程控制论、物理力学等技术科学领域做出了开创性贡献。他是中国近代力学和系统工程理论与应用研究的奠基人和倡导者。

测试用例像研究钻研技术一样，需要思路严谨缜密，能自觉遵守企业规章制度与产品开发保密制度，执行和遵守软件开发所需的方法、时间进度、制度控制和相关软件开发事项。要依据文档编制规范，自觉学习，提高程序编写文档的规范性、准确性和易读性。

2.1　需求分析

2.1.1　测试需求

1. 测试需求主要解决"测什么"的问题，一般来自需求规格说明书（图 2-1-1）中的原始需求

测试需求应全部覆盖已定义的业务流程，以及功能和非功能方面的需求。要能自觉跟踪开发技术发展动态，积极参与各种技术交流、技术培训和继续教育活动。

资产管理系统说明书

编写目的

本文档将列举实现资产管理系统所需要的全部功能，并对每个功能给出简单的描述。

背景

随着信息化时代的到来，通过计算机软件实现资产的电子化管理，提高资产管理的准确性，便捷查询和易于维护，进而提高工作效率，是每一个企业面临的挑战和需求。

名词/缩略语

名词/缩略语如表 2-1-1 所示。

表 2-1-1　名词/缩略语

名词/缩略语	解释
ID	唯一标识码
UI	软件的人机交互界面

参考资料

无。

图 2-1-1

2. 如何进行软件测试需求分析

测试需求分析的主要目的：依据需求文档提取测试点，根据测试点来编写测试用例。

3. 测试点的分析有哪些

通过分析需求描述中的输入、输出、处理、限制、约束等，给出对应的验证内容。

通过分析各个功能模块之间的业务顺序，以及各个功能之间的传递信息和数据，对存在功能交互的功能项，给出对应的验证内容（功能交互测试）。

考虑到需求的完整性，要充分覆盖软件需求的各种特征，包含隐形需求的验证，比如界面的验证，账号唯一性验证（界面、易用性、兼容性、安全性、性能压力）。

4. 什么是软件测试用例

测试用例是为项目需求而编制的一组测试输入，执行条件以及预期结果，以便测试某个程序是否满足客户需求。

5. 测试用例组成

其包括用例编号、测试项目、测试标题、重要级别、预置条件、测试输入、操作步骤、预期结果、实际结果。

2.1.2　项目概述

1. 建设目标

本项目的目标是建立符合一般企业实际管理需求的资产管理系统，对资产信息进行精确地维护，有效地服务，从而减轻资产管理部门从事低层次信息处理和分析的负担，解放管理员的"双手和大脑"，提高工作质量和工作效率。

2. 技术要求

本项目软件系统平台将达到主流 Web 应用软件的水平：

1）功能方面：系统满足业务逻辑各功能需求的要求。

2）易用性方面：通过使用主流的浏览器/服务器架构，保证用户使用本系统的易用性良好。

3）兼容性方面：通过系统设计以及兼容性框架设计，满足对主流浏览器兼容的要求。

4）安全性方面：系统对敏感信息（例如用户密码）进行相关加密。

5）UI 界面方面：界面简洁明快，用户体验良好，提示友好，必要的变动操作有"确认"环节等。

2.1.3　平台、角色和权限

资产管理系统涉及 Web 端及手机 App 两个平台：Web 端含超级管理员和资产管理员两个角色；手机 App 仅资产管理员一个角色。

Web 端

Web 端分为超级管理员和资产管理员两个角色。超级管理员主要维护一些通用的字典；资产管理员维护部门、人员信息，并进行资产的日常管理（表 2-1-2）。

表 2-1-2　Web 端的两个角色

角色名称	模块菜单	功能项
超级管理员	个人信息	查看超级管理员角色相关信息，可修改手机号码
	资产类别	新增、修改、禁用、启用
	品牌	新增、修改、禁用、启用
	报废方式	新增、修改、禁用、启用
	供应商	新增、修改、禁用、启用、查询、查看详情
	存放地点	新增、修改、禁用、启用、查询、查看详情
	部门管理	新增、修改
	资产入库	入库登记、修改、查询
资产管理员	个人信息	查看资产管理员角色相关信息，可修改手机号码
	资产类别	新增、修改、禁用、启用
	品牌	新增、修改、禁用、启用
	报废方式	新增、修改、禁用、启用
	供应商	查询、查看详情
	存放地点	查询、查看详情
	部门管理	新增、修改
	资产入库	入库登记、修改、查询

2.1.4　Web 端需求

1. 登录页面

业务描述

资产管理员、超级管理员需要通过登录页面进入资产管理系统，登录页面是该系统的唯一入口。

需求描述

资产管理员需要输入用户名、密码、任务 ID 和验证码，才能登录该系统。

行为人

行为人包括资产管理员，超级管理员。

UI 界面

UI 界面如图 2-1-2 所示。

图 2-1-2　UI 界面

业务规则

用户名为工号，资产管理员获得密码和任务 ID 后，输入验证码，点击【登录】即可进入该系统。点击【换一张】可更换验证码。

用户名、密码、任务 ID 和验证码都输入正确才能登录成功。

2. 个人信息管理

业务描述

登录系统后，资产管理员可以查看个人信息，包括姓名、手机号、工号等，其中手机号初始为空，资产管理员可以自行修改。资产管理员也可以修改登录密码和退出系统。

需求描述

1）个人信息查看：系统会显示资产管理员的姓名、手机号、工号、性别、部门、职位信息。

2）手机号编辑：初始为空，登录后可以自行修改，只能输入以 1 开头的 11 位数字。

3）修改登录密码：修改登录密码，修改成功后下次登录生效。

4）退出系统：点击【退出】，退回到登录页，可以重新登录。

行为人

行为人包括资产管理员，超级管理员。

UI 界面

个人信息页面如图 2-1-3 所示。

图 2-1-2　个人信息界面

"修改密码"窗口如图 2-1-4 所示。

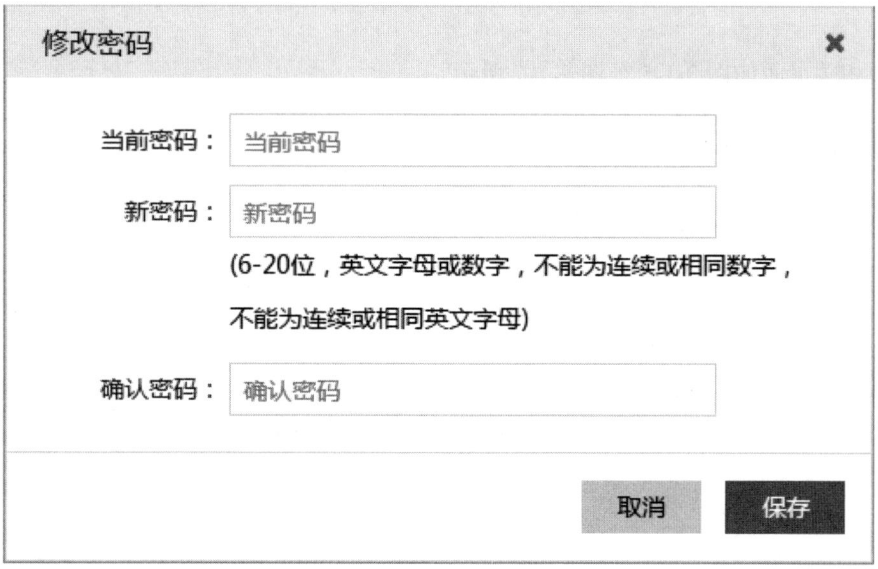

图 2-1-4　"修改密码"窗口

业务规则

登录后首先进入个人信息页面，页面标题显示"资产管理—个人信息"；资产管理员能够在该页面查看个人的详细信息，其中姓名、工号、性别、部门和职位只能查看，不能修改，手机号初始为空，输入手机号后需要点击后面的【保存】，资产管理员可以自行修改。只能输入以 1 开头的 11 位数字，输入其他字符后不能编辑成功。

点击页面右上角的【修改密码】，弹出修改密码浮层，可以修改资产管理员的登录密码。需要输入当前密码和新密码及确认新密码，其中三个输入框不能为空，如果当前密码输入错误或新密码和确认密码不一致则不能修改成功。出于安全性考虑，新密码不能为连续或相同数字、英文字母。修改成功后，下次登录时需要使用新密码。

点击页面右上角的【退出】，可以退出该系统，返回登录页。如果再次登录，需要重新输入用户名、密码、任务 ID 和验证码。

3. 资产类别管理

业务描述

"资产类别"作为资产信息的属性而存在；该模块用于资产管理员、超级管理员对资产类别进行管理。

需求描述

登录系统后，资产管理员及超级管理员可以对资产类别进行管理，包括资产类别的新增、修改、启用和禁用。

资产类别字段包括类别编码、类别名称、状态。

行为人

行为人包括资产管理员、超级管理员。

UI 界面

资产管理相关页面如图 2-1-5 至图 2-1-7 所示。

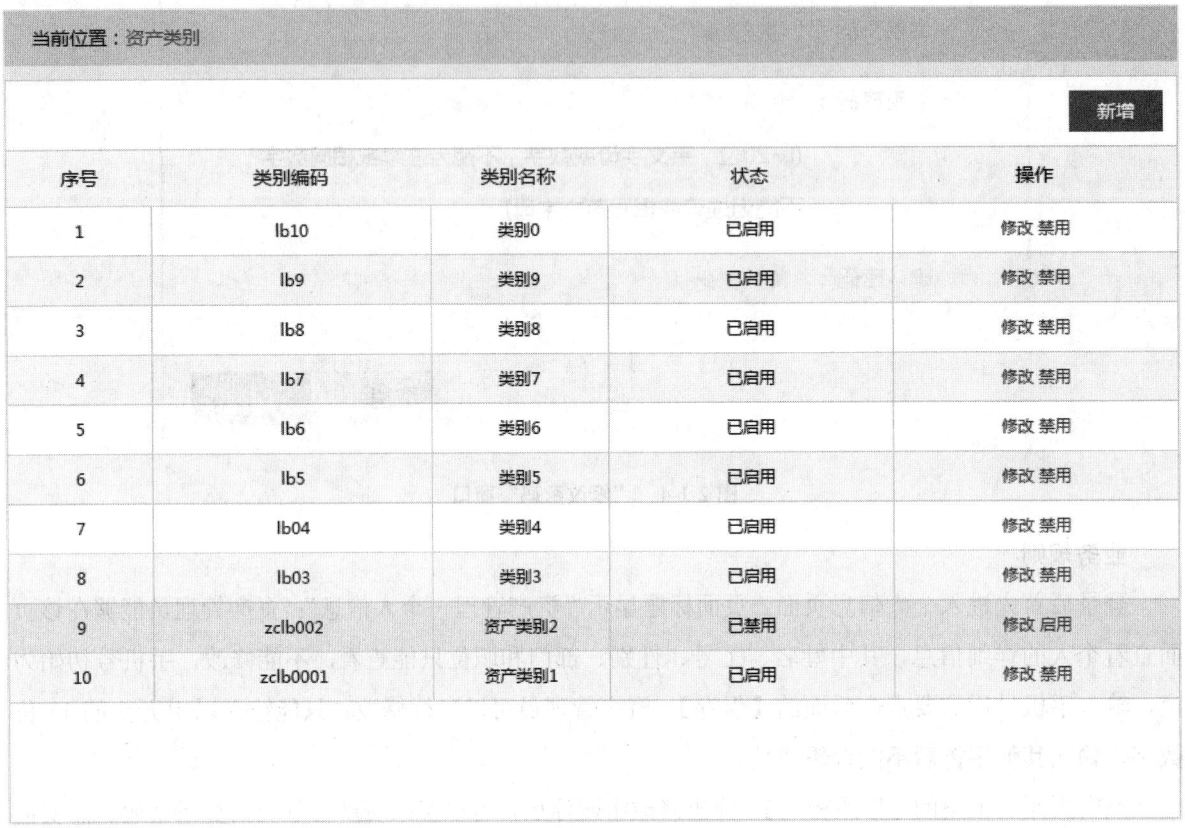

序号	类别编码	类别名称	状态	操作
				新增
1	lb10	类别0	已启用	修改 禁用
2	lb9	类别9	已启用	修改 禁用
3	lb8	类别8	已启用	修改 禁用
4	lb7	类别7	已启用	修改 禁用
5	lb6	类别6	已启用	修改 禁用
6	lb5	类别5	已启用	修改 禁用
7	lb04	类别4	已启用	修改 禁用
8	lb03	类别3	已启用	修改 禁用
9	zclb002	资产类别2	已禁用	修改 启用
10	zclb0001	资产类别1	已启用	修改 禁用

图 2-1-5　资产管理：列表页

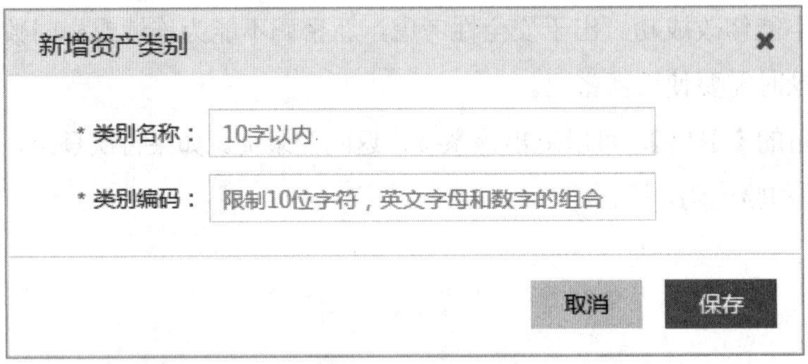

新增资产类别　　　　　　　　✕

* 类别名称：　10字以内

* 类别编码：　限制10位字符，英文字母和数字的组合

取消　　保存

图 2-1-6　资产管理："新增资产类别"窗口

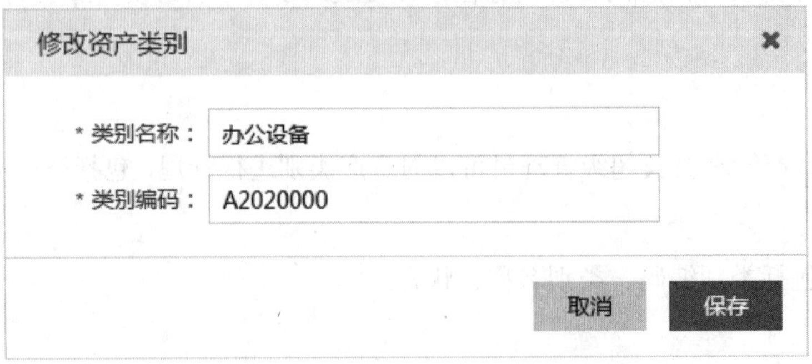

修改资产类别　　　　　　　　✕

* 类别名称：　办公设备

* 类别编码：　A2020000

取消　　保存

图 2-1-7　资产管理："修改资产类别"窗口

业务规则

1. 资产类别管理列表页

点击左侧导航栏中的"资产类别",可进入资产类别管理页面,页面标题显示"资产类别",页面上方面包屑导航栏(Bootstrap)显示"当前位置:资产类别";列表按照类别创建时间降序显示全部的资产类别。

2. 新增资产类别(注意,必填项使用红色星号"*"标注)

在资产类别列表页,点击【新增】按钮,弹出"新增资产类别"窗口。

类别名称:必填项,与系统内的资产类别名称不能重复,字符长度限制在 10 位字符(含)以内。

类别编码:必填项,与系统内的资产类别编码不能重复,字符长度限制在 10 位字符(含)以内,字符格式为英文字母及数字的组合。

点击【保存】,保存当前新增内容,关闭当前窗口,回到列表页,在列表页新增一条记录,状态默认为"已启用"。

点击【取消】,不保存当前新增内容,关闭当前窗口,回到列表页。

3. 修改资产类别(注意,必填项使用红色星号"*"标注)

在资产类别列表页,点击【修改】按钮,弹出"修改资产类别"窗口,显示带入的"类别名称"及"类别编码"信息。

类别名称:必填项,带入原值,修改时与系统内的资产类别名称不能重复,字符长度限制在 10 位字符(含)以内。

类别编码:必填项,带入原值,修改时与系统内的资产类别编码不能重复,字符长度限制在 10 位字符(含)以内,字符格式为"英文字母及数字的组合"。

点击【保存】,保存当前编辑内容,关闭当前窗口,回到列表页,列表页相应内容随之更新。

点击【取消】,不保存当前编辑内容,关闭当前窗口,回到列表页,列表页相应内容前后不变。

4. 禁用资产类别

在资产类别列表页,点击"已启用"状态资产类别后的【禁用】按钮,系统弹出提示信息"您确定要禁用该资产类别吗?":

点击【确定】,关闭提示信息,同时执行禁用操作;回到列表页,该类别状态变为"已禁用";

点击【取消】,关闭提示信息,不执行禁用操作;回到列表页,该类别状态仍为"已启用"。

5. 启用资产类别

在资产类别列表页,点击"已禁用"状态资产类别后的【启用】按钮,系统弹出提示信息"您确定要启用该资产类别吗?":

点击【确定】,关闭提示信息,同时执行启用操作;回到列表页,该类别状态变为"已启用";

点击【取消】,关闭提示信息,不执行启用操作;回到列表页,该类别状态仍为"已禁用"。

4. 品牌管理

业务描述

"品牌"作为资产信息的属性而存在;该模块用于资产管理员、超级管理员对品牌信息进行管理。

需求描述

登录系统后，资产管理员及超级管理员可以对品牌进行管理，包括品牌的新增、修改、启用和禁用。

品牌字段包括品牌编码、品牌名称、状态。

行为人

行为人包括资产管理员、超级管理员。

UI 界面

品牌管理相关页面如图 2-1-8 至图 2-1-10 所示。

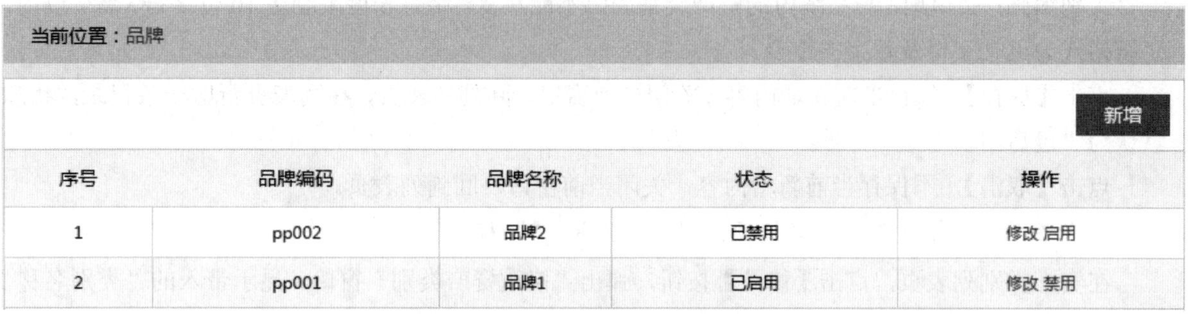

当前位置：品牌				
				新增
序号	品牌编码	品牌名称	状态	操作
1	pp002	品牌2	已禁用	修改 启用
2	pp001	品牌1	已启用	修改 禁用

图 2-1-8　品牌管理：列表页

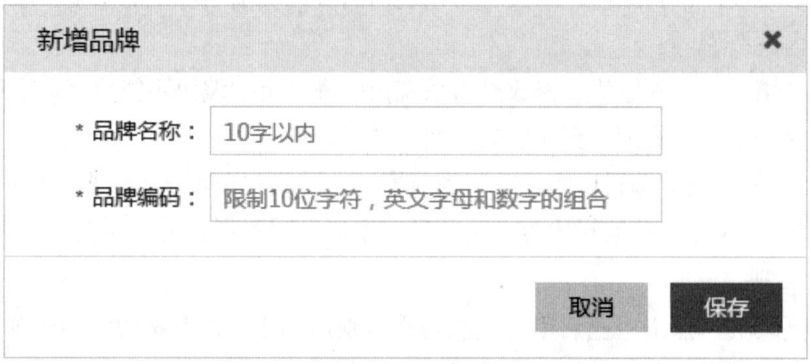

新增品牌　✖

* 品牌名称：　10字以内

* 品牌编码：　限制10位字符，英文字母和数字的组合

取消　保存

图 2-1-9　品牌管理："新增品牌"窗口

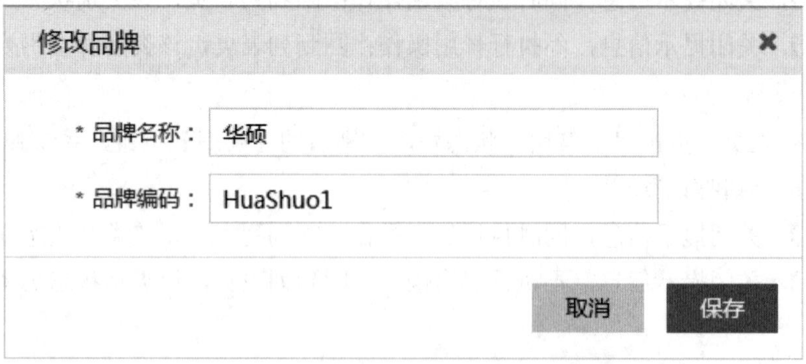

修改品牌　✖

* 品牌名称：　华硕

* 品牌编码：　HuaShuo1

取消　保存

图 2-1-10　品牌管理："修改品牌"窗口

业务规则

1. 品牌管理列表页

点击左侧导航栏中的"品牌"，可进入品牌管理页面，页面标题显示"品牌管理"，页面上方面

包屑导航栏显示"当前位置：品牌管理"，列表按照品牌创建时间降序显示全部品牌。

2. 新增品牌（注意，必填项使用红色星号"*"标注）

在品牌列表页，点击【新增】按钮，弹出"新增品牌"窗口。

品牌名称：必填项，与系统内的品牌名称不能重复，字符长度限制在 10 位字符（含）以内。

品牌编码：必填项，与系统内的品牌编码不能重复，字符长度限制在 10 位字符（含）以内，字符格式为英文字母及数字的组合。

点击【保存】，保存当前新增内容，关闭当前窗口，回到列表页，在列表页新增一条记录，状态默认为"已启用"。

点击【取消】，不保存当前新增内容，关闭当前窗口，回到列表页。

3. 修改品牌（注意，必填项使用红色星号"*"标注）

在品牌列表页，点击【修改】按钮，弹出"修改品牌"窗口，显示带入的"品牌名称"及"品牌编码"信息。

品牌名称：必填项，带入原值，修改时与系统内的品牌名称不能重复，字符长度限制在 10 位字符（含）以内。

品牌编码：必填项，带入原值，修改时与系统内的品牌编码不能重复，字符长度限制在 10 位字符（含）以内，字符格式为英文字母及数字的组合。

点击【保存】，保存当前编辑内容，关闭当前窗口，回到列表页，列表页相应内容随之更新。

点击【取消】，不保存当前编辑内容，关闭当前窗口，回到列表页，列表页相应内容前后不变。

4. 禁用品牌

在品牌列表页，点击"已启用"状态品牌后的【禁用】按钮，系统弹出提示信息"您确定要禁用该品牌吗？"：

点击【确定】，关闭提示信息，同时执行禁用操作；回到列表页，该品牌状态变为"已禁用"。

点击【取消】，关闭提示信息，不执行禁用操作；回到列表页，该品牌状态仍为"已启用"。

5. 启用品牌

在品牌列表页，点击"已禁用"状态资产类别后的【启用】按钮，系统弹出提示信息"您确定要启用该品牌吗？"：

点击【确定】，关闭提示信息，同时执行启用操作；回到列表页，该品牌状态变为"已启用"。

点击【取消】，关闭提示信息，不执行启用操作；回到列表页，该品牌状态仍为"已禁用"。

5. 报废方式管理

业务描述

"报废方式"主要用于资产报废时，作为资产报废的一种处理方式；该模块用于资产管理员、超级管理员对资产报废方式进行管理。

需求描述

登录系统后，资产管理员及超级管理员可以对资产报废方式进行管理，包括报废方式的新增、修改、启用和禁用。

报废方式字段包括报废方式编码、报废方式名称、状态。

行为人

行为人包括资产管理员、超级管理员。

UI 界面

报废方式管理相关页面如图 2-1-11 至图 2-1-13 所示。

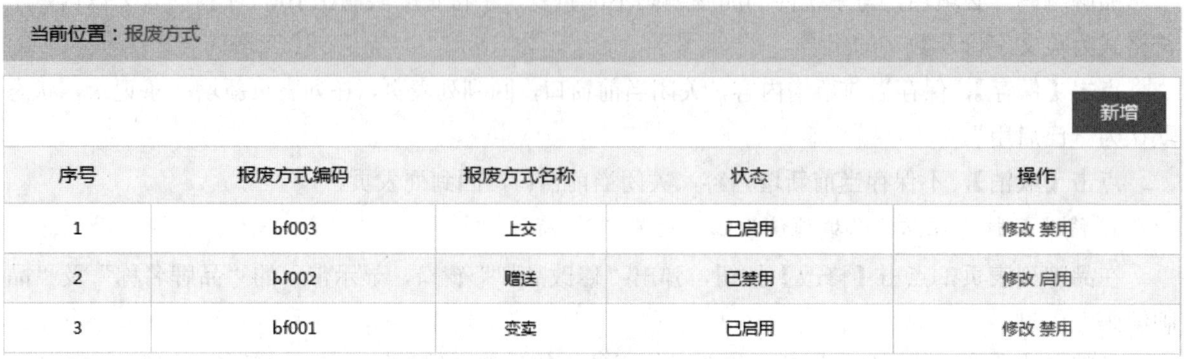

当前位置：报废方式				
				新增
序号	报废方式编码	报废方式名称	状态	操作
1	bf003	上交	已启用	修改 禁用
2	bf002	赠送	已禁用	修改 启用
3	bf001	变卖	已启用	修改 禁用

图 2-1-11　报废方式管理：列表页

新增报废方式　✖

　*报废方式名称：　10字以内

　*报废方式编码：　限制10位字符，英文字母和数字的组合

　取消　保存

图 2-1-12　报废方式管理："新增报废方式"窗口

修改报废方式　✖

　*报废方式名称：　上交

　*报废方式编码：　BF01

　取消　保存

图 2-1-13　报废方式管理："修改报废方式"窗口

业务规则

1. 报废方式管理列表页

点击左侧导航栏中的"报废方式"，页面标题显示"报废方式"，页面上方面包屑导航栏显示"当前位置：报废方式"，可进入报废方式管理页面，列表按照报废方式创建时间降序显示全部报废方式。

2. 新增报废方式（注意，必填项使用红色星号"*"标注）

在报废方式列表页，点击【新增】按钮，弹出"新增报废方式"窗口。

报废方式名称：必填项，与系统内的报废方式名称不能重复，字符长度限制在 10 位字符（含）以内。

报废方式编码：必填项，与系统内的报废方式编码不能重复，字符长度限制在 10 位字符（含）以内，字符格式为英文字母及数字的组合。

点击【保存】，保存当前新增内容，关闭当前窗口，回到列表页，在列表页新增一条记录，状态默认为"已启用"。

点击【取消】，不保存当前新增内容，关闭当前窗口，回到列表页。

3. 修改报废方式（注意，必填项使用红色星号"*"标注）

在报废方式列表页，点击【修改】按钮，弹出"修改报废方式"窗口，显示带入的"报废方式名称"及"报废方式编码"信息。

报废方式名称：必填项，带入原值，修改时与系统内的报废方式名称不能重复，字符长度限制在 10 位字符（含）以内。

报废方式编码：必填项，带入原值，修改时与系统内的报废方式编码不能重复，字符长度限制在 10 位字符（含）以内，字符格式为英文字母及数字的组合。

点击【保存】，保存当前编辑内容，关闭当前窗口，回到列表页，列表页相应内容随之更新。

点击【取消】，不保存当前编辑内容，关闭当前窗口，回到列表页，列表页相应内容前后不变。

4. 禁用报废方式

在报废方式列表页，点击"已启用"状态报废方式后的【禁用】按钮，系统弹出提示信息"您确定要禁用该报废方式吗？"

点击【确定】，关闭提示信息，同时执行禁用操作；回到列表页，该报废方式状态变为"已禁用"。

点击【取消】，关闭提示信息，不执行禁用操作；回到列表页，该报废方式状态仍为"已启用"。

5. 启用报废方式

在报废方式列表页，点击"已禁用"状态报废方式后的【启用】按钮，系统弹出提示信息"您确定要启用该报废方式吗？"

点击【确定】，关闭提示信息，同时执行启用操作；回到列表页，该报废方式状态变为"已启用"。

点击【取消】，关闭提示信息，不执行启用操作；回到列表页，该报废方式状态仍为"已禁用"。

6. 供应商管理

业务描述

"供应商"作为资产的一种属性而存在，该模块用于超级管理员及资产管理员对供应商进行管理。

需求描述

登录系统后：超级管理员可以新增、修改、启用、禁用、查询供应商信息。资产管理员可以查询、查看供应商信息。

供应商详情包括供应商名称、类型、联系人、联系人手机号、地址信息。

供应商支持按照供应商的状态及供应商名称（模糊查询）进行查询。

行为人

行为人包括资产管理员，超级管理员。

UI 界面

供应商管理相关页面如图 2-1-14 至图 2-1-16 所示。

当前位置：供应商

按名称 ▼ 请输入名称... 新增

名称	类型	状态	联系人	移动电话	地址	操作
北京合力科技有限公司	生产商	已启用	丁先生			修改 禁用
辽宁异界公司	代理商	已启用	丁先生			修改 禁用
深圳华克科技公司	零件	已启用	丁先生			修改 禁用
北京理想科技股份有限公司	代理商	已启用	丁先生			修改 禁用
维信科技发展有限公司	生产商	已启用	张先生	1388888888	辽宁省沈阳市	修改 禁用

图 2-1-14　（超级管理员）供应商管理：列表页

当前位置：供应商

按名称 ▼ 请输入名称...

名称	类型	状态	联系人	移动电话	地址
北京合力科技有限公司	生产商	已启用	丁先生		
辽宁异界公司	代理商	已启用	丁先生		
深圳华克科技公司	零件	已启用	丁先生		
北京理想科技股份有限公司	代理商	已启用	丁先生		
维信科技发展有限公司	生产商	已启用	张先生	1388888888	辽宁省沈阳市

图 2-1-15　（资产管理员）供应商管理：列表页

资产供应商详情 ✖

名称：北京理想科技股份有限公司

类型：代理商

状态：正常

联系人：丁先生

移动电话：

地址：

关闭

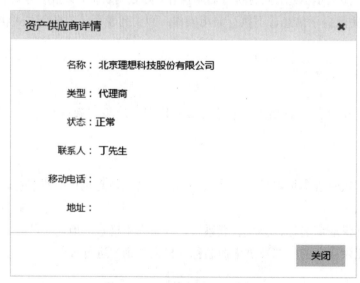

图 2-1-16　供应商管理：详情页

业务规则

1. 供应商管理列表页

点击左侧导航栏中的"供应商"，可进入供应商管理页面，页面标题显示"供应商"，页面上方面包屑导航显示"当前位置：供应商"，列表按照供应商创建时间降序排列。

资产管理员有查看和查询的权限。

超级管理员可以查询、新增、修改、启用、禁用、查看供应商详情。

2. 查看供应商详情

在供应商列表页，点击列表任意供应商名称，弹出"资产供应商详情"窗口，显示供应商名称、类别、联系人、移动电话、地址信息，点击【关闭】按钮，关闭当前窗口，回到列表页。

3. 供应商查询

系统支持单个条件查询及组合查询，"供应商名称"支持模糊查询。

在供应商列表页，选择供应商状态，输入供应商名称，点击【查询】按钮，系统显示符合条件的供应商信息。

7. 存放地点管理

业务描述

"存放地点"作为资产的一种属性而存在，该模块用于超级管理员及资产管理员对资产的存放地点进行管理。

需求描述

登录系统后：超级管理员可以新增、修改、启用、禁用、查询存放地点信息。资产管理员可以查询、查看存放地点信息。

存放地点详情包括存放地点名称、类型、说明。

存放地点支持按照存放地点的状态及名称（模糊查询）进行查询。

行为人

行为人包括资产管理员，超级管理员。

UI 界面

存放地点管理相关页面如图 2-1-17 至图 2-1-19 所示。

当前位置：存放地点				
全部状态 ▼　按名称　🔍				新增
名称	类型	状态	说明	操作
行政库房	固定资产	已禁用	天津	修改 启用
总经理办公室	固定资产	已启用	1号楼总经理办公室	修改 禁用
会计办公室	固定资产	已启用	1号楼会计室	修改 禁用
电脑耗材库	耗材物品	已启用	2号楼103房间	修改 禁用
电脑设备库	固定资产	已启用	2号楼地下库房	修改 禁用

图 2-1-17　（超级管理员）存放地点管理：列表页

图 2-1-18 （资产管理员）存放地点管理：列表页

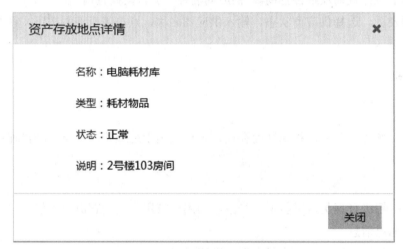

图 2-1-19 存放地点管理：详情窗口

业务规则

1. 存放地点管理列表页

点击左侧导航栏中的"存放地点"，可进入存放地点管理页面，页面标题显示"存放地点"，页面上方面包屑导航栏显示"当前位置：存放地点"，列表按照存放地点创建时间降序排列。

资产管理员有查看和查询的权限。

超级管理员可以查询、新增、修改、启用、禁用、查看存放地点详情。

2. 查看存放地点详情

在存放地点列表页，点击列表任意存放地点名称，弹出"资产存放地点详情"窗口，显示存放地点名称、类别、说明信息，点击【关闭】按钮，关闭当前窗口，回到列表页。

3. 存放地点查询

系统支持单个条件查询及组合查询，"存放地点名称"支持模糊查询。

在存放地点列表页，选择存放地点状态，输入存放地点名称，点击【查询】按钮，系统显示符合条件的存放地点信息。

8. 部门管理

业务描述

该模块用于超级管理员及资产管理员对组织机构信息进行管理。

需求描述

登录系统后，超级管理员及资产管理员可以新增、修改部门信息。

部门字段包括部门编码、部门名称。

行为人

行为人包括资产管理员，超级管理员。

UI 界面

部门管理相关页面如图 2-1-20 至图 2-1-22 所示。

当前位置：部门管理

			新增
序号	部门编码	部门名称	操作
1	bm002	部门02	修改
2	bm001	部门1	修改

图 2-1-20　部门管理：列表页

新增部门　　✕

＊ 部门名称：　10字以内

＊ 部门编码：　限制10位字符，英文字母和数字的组合

取消　保存

图 2-1-21　部门管理："新增部门"窗口

修改部门　　✕

＊ 部门名称：　党支部

＊ 部门编码：　DZB1

取消　保存

图 2-1-22　部门管理："修改部门"窗口

业务规则

1. 部门管理列表页

点击左侧导航栏中的"部门"，可进入部门管理页面，页面标题显示"部门管理"，页面上方面包屑导航显示"当前位置：部门管理"，列表按照部门创建时间降序排列。

资产管理员、超级管理员可以新增、修改部门信息。

2. 新增部门（注意，必填项使用红色星号"*"标注）

在部门列表页，点击【新增部门】按钮，弹出"新增部门"窗口。

部门名称：必填项，与系统内的部门名称不能重复，字符长度限制在 10 位字符（含）以内。

部门编码：必填项，与系统内的部门编码不能重复，字符长度限制在 10 位字符（含）以内，字符格式为英文字母及数字的组合。

点击【保存】，保存当前新增内容，关闭当前窗口，回到列表页，在列表页新增一条记录，状态默认为"已启用"。

点击【取消】，不保存当前新增内容，关闭当前窗口，回到列表页。

3. 修改部门（注意，必填项使用红色星号"*"标注）

在部门列表页，点击【修改】按钮，弹出"修改部门"窗口，显示带入的"部门名称"及"部门编码"信息。

部门名称：必填项，带入原值，修改时与系统内的部门名称不能重复，字符长度限制在 10 位字符（含）以内。

部门编码：必填项，带入原值，修改时与系统内的部门编码不能重复，字符长度限制在 10 位字符（含）以内，字符格式为英文字母及数字的组合。

点击【保存】，保存当前编辑内容，关闭当前窗口，回到列表页，列表页相应内容随之更新。

点击【取消】，不保存当前编辑内容，关闭当前窗口，回到列表页，列表页相应内容前后不变。

9. 资产入库管理

业务描述

用于资产管理员和超级管理员对资产的入库过程进行管理。

需求描述

登录系统后，超级管理员、资产管理员可以进行资产入库登记、修改、查询资产信息。

资产字段包括资产编码、资产名称、资产类别、供应商、品牌、入库日期、存放地点。

行为人

行为人包括资产管理员、超级管理员。

UI 界面

资产库管理相关页面如图 2-1-23 至图 2-1-25 所示。

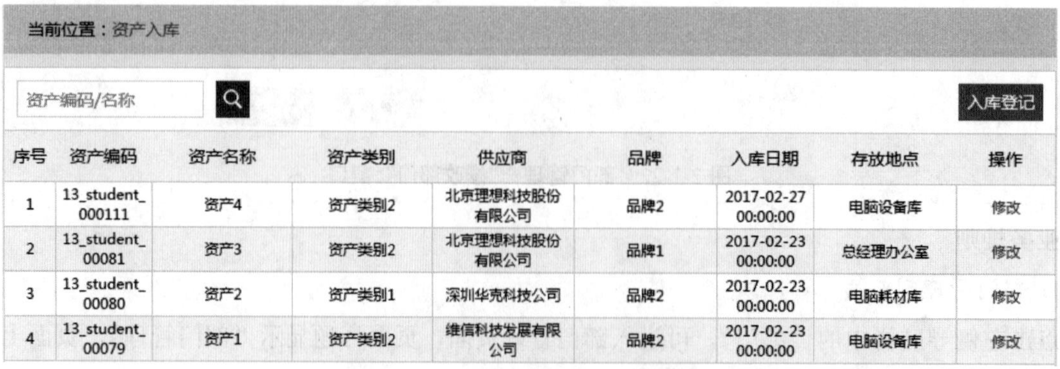

序号	资产编码	资产名称	资产类别	供应商	品牌	入库日期	存放地点	操作
1	13_student_000111	资产4	资产类别2	北京理想科技股份有限公司	品牌2	2017-02-27 00:00:00	电脑设备库	修改
2	13_student_00081	资产3	资产类别2	北京理想科技股份有限公司	品牌1	2017-02-23 00:00:00	总经理办公室	修改
3	13_student_00080	资产2	资产类别1	深圳华克科技公司	品牌2	2017-02-23 00:00:00	电脑耗材库	修改
4	13_student_00079	资产1	资产类别2	维信科技发展有限公司	品牌2	2017-02-23 00:00:00	电脑设备库	修改

图 2-1-23　资产入库管理：列表页

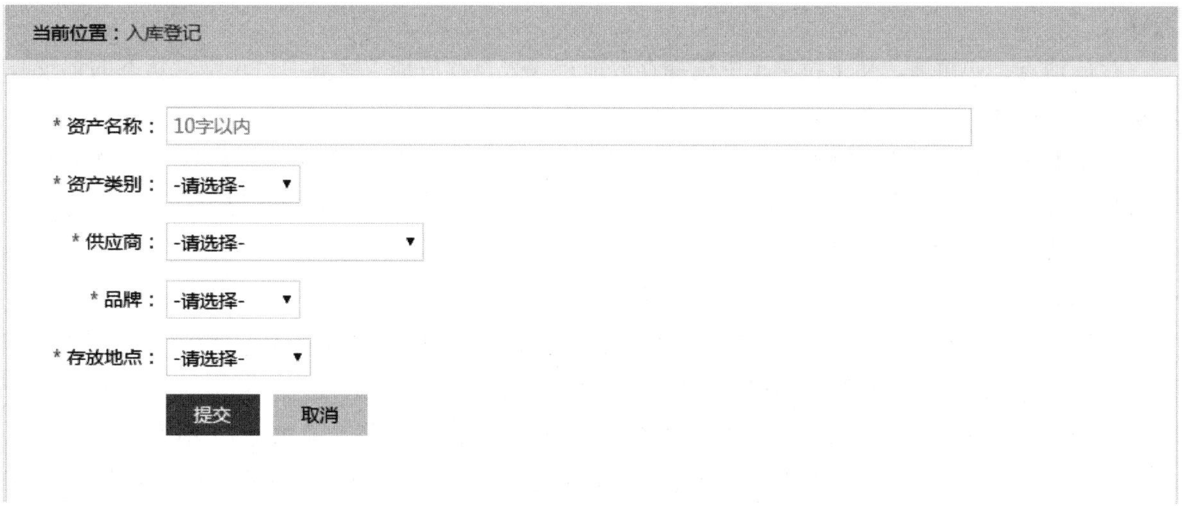

图 2-1-24　资产入库管理："入库登记"界面

图 2-1-25　资产入库管理："修改资产信息"界面

业务规则

1. 资产入库管理列表页

点击左侧导航栏中的"资产入库"，可进入资产入库管理页面，页面标题显示"资产入库"，页面上方方面包屑导航栏显示"当前位置：资产入库"，列表按照资产入库日期降序显示全部资产信息；点击列表下方的页码，首页、末页可进行页面切换。

2. 资产入库登记（注意，必填项使用红色星号"*"标注）

在资产列表页，点击【入库登记】按钮，进入资产入库登记页面。

资产名称：必填项，与系统内的资产名称不能重复，字符长度限制在 10 位字符（含）以内。

资产类别：必填项，从下拉菜单中选择资产类别（来自资产类别字典中"已启用"状态的记录），默认为"请选择"。

供应商：必填项，从下拉菜单中选择供应商（来自供应商字典中"正常"状态的记录），默认为"请选择"。

品牌：必填项，从下拉菜单中选择品牌（来自品牌字典中"已启用"状态的记录），默认为"请选择"。

存放地点：必填项，从下拉菜单中选择存放地点（来自存放地点字典中"正常"状态的记录），默认为"请选择"。

点击【提交】，保存当前新增内容，系统自动生成资产编码（任务 ID_学生用户名_资产流水号），同时自动取当前操作日期为入库日期；同时返回至列表页，在列表页新增一条记录。

点击【取消】，不保存当前新增内容，返回至列表页。

3. 修改资产信息（注意，必填项使用红色星号"*"标注）

在资产入库管理列表页，点击【修改】按钮，进入修改资产信息页面，显示"资产编码""资产名称""资产类别""供应商""品牌""存放地点""入库日期"信息。

资产编码：显示由系统自动生成的编码（任务 ID_学生用户名_资产流水号），不可修改。

资产名称：必填项，带入原值，修改时与系统内的资产名称不能重复，字符长度限制在 10 位字符（含）以内。

资产类别：必填项，带入原值，修改时从下拉菜单中选择资产类别（来自资产类别字典中"已启用"状态的记录）。

供应商：必填项，带入原值，修改时从下拉菜单中选择供应商（来自供应商字典中"正常"状态的记录）。

品牌：必填项，带入原值，修改时从下拉菜单中选择品牌（来自品牌字典中"已启用"状态的记录）。

存放地点：必填项，带入原值，修改时从下拉菜单中选择存放地点（来自存放地点字典中"正常"状态的记录）。

入库日期：显示入库登记时的日期，不可修改。

点击【提交】，保存当前编辑内容，返回至列表页，列表页相应内容随之更新。

点击【取消】，不保存当前编辑内容，返回至列表页，列表页相应内容前后不变。

4. 资产查询

系统支持使用"资产编码/名称"进行模糊查询。

在资产列表页，输入资产编码或名称，点击【查询】按钮，系统显示符合条件的资产信息。

2.2　资产管理系统测试计划

2.2.1　概述

1. 编写目的

本测试计划适用于项目管理者、产品工程师、软件工程师、测试工程师。同时，该文档也是用户确定软件是否完整测试的重要依据。可为最终用户、项目负责人、评审人员、产品人员、软件设计开发人员、测试人员等提供关于资产管理系统整体系统功能的测试指导，说明测试阶段任务、人员分配、时间安排等。

2. 项目背景

随着信息化时代的到来，实现资产的数字化网络化管理，是任何一家事业单位及企业的需求。通过运用计算机软件，可以使资产易于维护、方便查询，提高资产管理的准确性，进而提高工作效率。本项目的目标是建立符合一般企业实际管理需求的资产管理系统，对企业的资产信息进行精确的维护，实现有效服务，从而减轻资产管理部门从事低层次信息处理和分析的负担，解放管理员的"双手和大脑"，提高工作质量和工作效率。

2.2.2　测试任务

1．测试目的

从用户的需求出发，发现资产管理系统的缺陷，通过总结和分析结果，使开发人员进一步完善系统，使之符合资产管理需求说明书上约定的功能，将符合客户需求的软件交付给客户。

2．测试范围

主要根据 B/S 资产管理系统需求说明书进行功能测试。

主要模块包括：

超级管理员：登录（首页）、个人信息、资产类别、品牌、取得方式、供应商、存放地点。

资产管理员：登录（首页）、个人信息、资产类别、品牌、取得方式、供应商、存放地点、部门管理、人员管理、资产入库、资产借还、资产转移、资产维修、资产报废、资产盘点、资产申购、统计报表。

2.2.3　测试资源

1．软件配置

软件配置见表 2-2-1。

表 2-2-1　软件配置

资源名称/类型	配置
操作系统环境	操作系统主要为 Windows10 操作系统
浏览器环境	主流浏览器为：Chrome 浏览器。此测试根据实际提供 PC 机决定测试范围
功能性测试工具	手工测试

2．硬件配置

硬件配置见表 2-2-2。

表 2-2-2　硬件配置

关键项	数量	配置
测试 PC 机（客户端）	2	CPU：Intel（R）　Core（TM）　i7-4770 CPU @ 3.40GHz
		硬盘：128GB
		内存：16GB

2.2.4　功能测试计划

Web 端功能模块划分见表 2-2-3。

表 2-2-3 Web 端功能模块划分

需求编号	角色	模块名称	功能名称
ZCGL-ST-SRS001	系统管理员、超级管理员	登录	
ZCGL-ST-SRS002-035	超级管理员		登录功能测试
ZCGL-ST-SRS003	系统管理员	首页	登录个人信息
ZCGL-ST-SRS004	系统管理员		个人信息查看
ZCGL-ST-SRS005	系统管理员	个人信息	手机号编辑
ZCGL-ST-SRS006	系统管理员		修改登录密码
ZCGL-ST-SRS007	系统管理员		退出系统
ZCGL-ST-SRS008	系统管理员		人员管理列表页
ZCGL-ST-SRS009	系统管理员		添加人员
ZCGL-ST-SRS010	系统管理员		修改人员
ZCGL-ST-SRS011	系统管理员	资产类别	删除人员
ZCGL-ST-SRS012	系统管理员		查询人员
ZCGL-ST-SRS013	系统管理员		查看人员详情
ZCGL-ST-SRS014	系统管理员		人员管理页面查看
ZCGL-ST-SRS015	系统管理员		资产类别列表页
ZCGL-ST-SRS016	系统管理员		新增资产类别
ZCGL-ST-SRS017	系统管理员		修改资产类别
ZCGL-ST-SRS018	系统管理员	资产类别	禁用资产类别
ZCGL-ST-SRS019	系统管理员		启用资产类别
ZCGL-ST-SRS020	系统管理员		资产类别页面查看
ZCGL-ST-SRS021	系统管理员		品牌列表页
ZCGL-ST-SRS022	系统管理员		新增品牌
ZCGL-ST-SRS023	系统管理员		修改品牌
ZCGL-ST-SRS024	系统管理员	品牌	禁用品牌
ZCGL-ST-SRS025	系统管理员		启用品牌
ZCGL-ST-SRS026	系统管理员		品牌页面查看
ZCGL-ST-SRS027	系统管理员		取得方式列表页
ZCGL-ST-SRS028	系统管理员		新增取得方式
ZCGL-ST-SRS029	系统管理员		修改取得方式
ZCGL-ST-SRS030	系统管理员	取得方式	禁用取得方式
ZCGL-ST-SRS031	系统管理员		启用取得方式
ZCGL-ST-SRS032	系统管理员		取得方式页面查看

需求编号	角色	模块名称	功能名称
ZCGL-ST-SRS033	系统管理员	供应商	供应商列表页
ZCGL-ST-SRS034	系统管理员		新增供应商
ZCGL-ST-SRSXXX	系统管理员		修改供应商
ZCGL-ST-SRS036	系统管理员		禁用供应商
ZCGL-ST-SRS037	系统管理员		启用供应商
ZCGL-ST-SRS038	系统管理员		供应商页面查看
ZCGL-ST-SRS039	系统管理员		查看供应商详情
ZCGL-ST-SRS040	系统管理员		供应商查询
ZCGL-ST-SRS041	系统管理员	存放地点	存放地点列表页
ZCGL-ST-SRS042	系统管理员		新增存放地点
ZCGL-ST-SRS043	系统管理员		修改存放地点
ZCGL-ST-SRS044	系统管理员		禁用存放地点
ZCGL-ST-SRS045	系统管理员		启用存放地点
ZCGL-ST-SRS046	系统管理员		存放地点查询 存放地点查看
ZCGL-ST-SRS036-96	资产管理员	报废方式	报废方式列表页
ZCGL-ST-SRS048	系统管理员		新增报废方式
ZCGL-ST-SRS049	系统管理员		修改报废方式
ZCGL-ST-SRS050	系统管理员		禁用报废方式
ZCGL-ST-SRS051	系统管理员		启用报废方式
ZCGL-ST-SRS052	系统管理员		报废方式查询
ZCGL-ST-SRS053	系统管理员	2 个人信息	
ZCGL-ST-SRS054	系统管理员		个人信息查看 手机号编辑 修改登录密码 退出系统
ZCGL-ST-SRS055	资产管理员	3 资产类别	资产类别列表
ZCGL-ST-SRS056	资产管理员		登录功能测试
ZCGL-ST-SRS057	资产管理员	1 首页	登录个人信息
ZCGL-ST-SRS058	资产管理员	4 品牌	品牌列表
ZCGL-ST-SRS059	资产管理员		资产申购登记
ZCGL-ST-SRS060	资产管理员		资产申购修改
ZCGL-ST-SRS061	资产管理员		资产申购提交
ZCGL-ST-SRS062	资产管理员		资产申购删除
ZCGL-ST-SRS063	资产管理员		资产申购查询
ZCGL-ST-SRS064	资产管理员		查看资产申购详情
ZCGL-ST-SRS065	资产管理员		查看审核不通过原因
ZCGL-ST-SRS066	资产管理员	5 取得方式	取得方式列表
ZCGL-ST-SRS067	资产管理员		资产入库登记
ZCGL-ST-SRS068	资产管理员		资产查询

需求编号	角色	模块名称	功能名称
ZCGL-ST-SRS069	资产管理员	6 供应商	供应商列表
ZCGL-ST-SRS070	资产管理员		供应商查询
ZCGL-ST-SRS071	资产管理员		供应商查看详情
ZCGL-ST-SRS072	资产管理员		批量导出
ZCGL-ST-SRS073	资产管理员		查看资产详情
ZCGL-ST-SRS074	资产管理员	7 存放地点	存放地点列表
ZCGL-ST-SRS075	资产管理员		存放地点查询
ZCGL-ST-SRS076	资产管理员		存放地点查看详情
ZCGL-ST-SRS077	资产管理员		资产归还
ZCGL-ST-SRS078	资产管理员		资产借用查询
ZCGL-ST-SRS079	资产管理员		查看借用单详情
ZCGL-ST-SRS080	资产管理员	8 部门管理	部门管理列表
ZCGL-ST-SRS081	资产管理员		部门管理新增
ZCGL-ST-SRS082	资产管理员		部门管理修改
ZCGL-ST-SRS083	资产管理员		查看转移原因
ZCGL-ST-SRS084	资产管理员		查看转移单详情
ZCGL-ST-SRS085	资产管理员	9 人员管理	人员信息列表
ZCGL-ST-SRS086	资产管理员		人员添加
ZCGL-ST-SRS087	资产管理员		人员修改
ZCGL-ST-SRS088	资产管理员		人员删除
ZCGL-ST-SRS089	资产管理员		人员信息查询
ZCGL-ST-SRS090	资产管理员	10 资产入库	资产入库登记
ZCGL-ST-SRS091	资产管理员		资产信息修改
ZCGL-ST-SRS092	资产管理员		资产入库查询
ZCGL-ST-SRS093	资产管理员		资产入库导出
ZCGL-ST-SRS094	资产管理员		资产入库列表
ZCGL-ST-SRS095	资产管理员		资产报废查询
ZCGL-ST-SRS096	资产管理员		查看资产报废详情
ZCGL-ST-SRS097	资产管理员		查看审核不通过原因
ZCGL-ST-SRS118	资产管理员	11 资产转移	资产转移登记
ZCGL-ST-SRS119	资产管理员		资产转移查询
ZCGL-ST-SRS120	资产管理员		资产转移单详情
ZCGL-ST-SRS121	资产管理员		资产转移列表

续表

需求编号	角色	模块名称	功能名称
ZCGL-ST-SRS122	资产管理员	12 资产维修	维修登记
ZCGL-ST-SRS123	资产管理员		维修统计
ZCGL-ST-SRS124	资产管理员		维修单详情
ZCGL-ST-SRS125	资产管理员		资产维修查询
ZCGL-ST-SRS126	资产管理员		资产维修列表
ZCGL-ST-SRS127	资产管理员		
ZCGL-ST-SRS130	资产领导	登录	登录页面查看
ZCGL-ST-SRS131	资产领导		登录功能测试
ZCGL-ST-SRS132	资产领导	首页	首页页面查看
ZCGL-ST-SRS133	资产领导	13 资产盘点	资产盘点单新增
ZCGL-ST-SRS134	资产领导		资产盘点单盘点
ZCGL-ST-SRS1XX	资产领导		删除盘点
ZCGL-ST-SRS136	资产领导		查看盘点结果
ZCGL-ST-SRS137	资产领导		资产盘点查询
ZCGL-ST-SRS138	资产领导		资产盘点列表
ZCGL-ST-SRS139	资产领导		资产报废审批列表页
ZCGL-ST-SRS140	资产领导	14 资产申购	资产申购登记 列表 查询 资产申购单详情
ZCGL-ST-SRS141	资产领导		资产综合查询
ZCGL-ST-SRS142	资产领导		查看资产详情
ZCGL-ST-SRS143	资产领导		导出查询结果
ZCGL-ST-SRS144	资产领导	15 统计列表	按资产状态统计
ZCGL-ST-SRS145	资产领导		按资产类别统计
ZCGL-ST-SRS146	资产领导		按供应商统计
ZCGL-ST-SRS147	资产领导		按品牌统计
ZCGL-ST-SRS148	资产领导		按取得方式统计
ZCGL-ST-SRS149	资产领导		按存放地点统计
ZCGL-ST-SRS150	资产领导	个人信息	个人信息页面
ZCGL-ST-SRS151	资产领导		退出

2.2.5　相关风险

需求风险：测试人员对需求理解不准确，导致测试用例存在偏差或执行了错误的测试方法。

用例风险：测试用例没有完全覆盖，导致缺陷遗漏。

缺陷风险：一些缺陷偶发，容易遗漏。

代码质量风险：软件代码质量较差，导致缺陷较多，容易遗漏。

测试环境风险：在有些情况下，测试环境和生产环境不能完全一致，导致测试结果存在误差。

沟通交流风险：在测试过程中，测试人员和不同角色难免存在沟通障碍，导致项目延期。

不可预估风险：在测试过程中，突发状况和不可抗力因素也可构成风险且不可预估和避免。

2.3　用户登录用例书写

业务描述：

资产管理员需要输入用户名、密码、任务 ID 和验证码，才能登录该系统。

需求描述：

用户名为工号，资产管理员获得密码和任务 ID 后，分别输入相应输入框，并输入验证码后面显示的数字或字母，点击【登录】即可登录该系统。点击【换一张】可更换验证码，用户名、密码、任务 ID 和验证码都输入正确才能登录成功。

用例书写思路：

查看当前页面中所有的信息，界面 UI 是否正确，界面按钮的功能性验证（如点击按钮是否有效，点击按钮是否弹出正确信息等），页面输入框中的字符正确性验证（如输入字符过长是否正确，输入字符过短是否正确，输入特殊字符验证，输入空格验证等）。

行为人：

行为人包括资产管理员，超级管理员。

UI 界面：

用户登录界面如图 2-3-1 所示。

图 2-3-1　用户登录界面

任务设计：

本次案例主要完成用户登录模块用例书写，其包括 UI 界面、任务 ID、用户名、验证码、界面按钮。

用例编写：

1. 登录界面

用户登录界面用例见表 2-3-1。

表 2-3-1　用户登录界面用例

测试用例编号	功能点	用例说明	前置条件	输入	执行步骤	预期结果	重要程度	执行用例测试结果
1	登录功能测试	登录页面文字正确性验证	角色：资产管理员、超级管理员 登录页面正常显示	无	打开登录页面	界面文字和按钮文字正常显示	高	通过

2. 登录界面按钮

登录界面按钮见表 2-3-2。

表 2-3-2　登录界面按钮

测试用例编号	功能点	用例说明	前置条件	输入	执行步骤	预期结果	重要程度	执行用例测试结果
1	登录功能测试	【资产管理员】按钮有效性验证	角色：资产管理员 登录页面正常显示	无	打开登录页面 点击【资产管理员】按钮	角色切换为资产管理员	高	通过
2	登录功能测试	【超级管理员】按钮有效性验证	角色：超级管理员 登录页面正常显示	无	打开登录页面 点击【超级管理员】按钮	角色切换为超级管理员	高	通过
3	登录功能测试	角色按钮全选验证	角色：资产管理员、超级管理员 登录页面正常显示	无	打开登录页面 点击【资产管理员】按钮 点击【超级管理员】按钮	角色切换为超级管理员	高	通过
4	登录功能测试	角色按钮全不不选验证	角色：资产管理员、超级管理员 登录页面正常显示	无	打开登录页面	角色默认为超级管理员	高	通过
5	登录功能测试	【登录】按钮有效性验证	角色：资产管理员、超级管理员 登录页面正常显示	无	打开登录页面 点击【登录】按钮	页面提示：请输入信息	高	通过
6	登录功能测试	【换一张】按钮有效性验证	角色：资产管理员、超级管理员 登录页面正常显示	无	打开登录页面 点击【换一张】按钮	验证码进行更换	高	通过
7	登录功能测试	【忘记密码】按钮有效性验证	角色：资产管理员、超级管理员 登录页面正常显示	无	打开登录页面 点击【忘记密码】按钮	进入找回密码页面	高	通过

3. 登录信息验证

登录信息验证见表 2-3-3。

表 2-3-3 登录信息验证

测试用例编号	功能点	用例说明	前置条件	输入	执行步骤	预期结果	重要程度	执行用例测试结果
1	登录功能测试	输入全部正确信息进行验证	角色：资产管理员、超级管理员 登录页面正常显示	输入全部正确信息	打开登录页面输入相应信息，点击【登录】按钮	保存成功，进入首页页面	高	通过
2	登录功能测试	任务 ID 为空，进行验证	角色：资产管理员、超级管理员 登录页面正常显示	任务 ID 为空 其他信息输入正确	打开登录页面输入相应信息，点击【登录】按钮	页面提示：请输入任务 ID	高	通过
3	登录功能测试	任务 ID 错误，进行验证	角色：资产管理员、超级管理员 登录页面正常显示	任务 ID 错误 其他信息输入正确	打开登录页面输入相应信息，点击【登录】按钮	页面提示错误	高	通过
4	登录功能测试	用户名为空，进行验证	角色：资产管理员、超级管理员 登录页面正常显示	用户名为空 其他信息输入正确	打开登录页面输入相应信息，点击【登录】按钮	页面提示：请输入用户名	高	通过
5	登录功能测试	用户名错误，进行验证	角色：资产管理员、超级管理员 登录页面正常显示	用户名错误 其他信息输入正确	打开登录页面输入相应信息，点击【登录】按钮	页面提示错误	高	通过
6	登录功能测试	密码为空，进行验证	角色：资产管理员、超级管理员 登录页面正常显示	密码为空 其他信息输入正确	打开登录页面输入相应信息，点击【登录】按钮	页面提示：请输入密码	高	通过
7	登录功能测试	密码错误，进行验证	角色：资产管理员、超级管理员 登录页面正常显示	密码错误 其他信息输入正确	打开登录页面输入相应信息，点击【登录】按钮	页面提示错误	高	通过
8	登录功能测试	验证码为空，进行验证	角色：资产管理员、超级管理员 登录页面正常显示	验证码为空 其他信息输入正确	打开登录页面输入相应信息，点击【登录】按钮	页面提示：请输入验证码	高	通过
9	登录功能测试	验证码错误，进行验证	角色：资产管理员、超级管理员 登录页面正常显示	验证码错误 其他信息输入正确	打开登录页面输入相应信息，点击【登录】按钮	页面提示错误	高	通过
10	登录功能测试	密码隐秘性验证	角色：资产管理员、超级管理员 登录页面正常显示	输入密码	打开登录页面输入相应信息，点击【登录】按钮	密码以密文形式显示	高	通过

2.4 用户个人信息用例书写

业务描述：

登录系统后，资产管理员/超级管理员可以查看个人信息，包括姓名、手机号、工号等；可修改手机号、修改登录密码和退出系统。

需求描述：

1. 个人信息查看

显示资产管理员的姓名（学生姓名）、手机号、工号（为学生学号）、性别、部门、职位信息。

显示超级管理员的姓名（学生姓名）、手机号、工号（为学生学号）、性别、部门、职位信息。

2. 手机号编辑

初始为空，登录后可以自行修改，只能输入以 1 开头的 11 位数字。

3. 修改登录密码

修改登录密码，修改成功后下次登录生效。

4. 退出系统

点击【退出】，退回到登录界面，可以重新登录。

用例书写思路：

查看当前界面中所有的信息，界面 UI 是否正确，界面按钮的功能性验证（如点击按钮是否有效，点击按钮是否弹出正确信息等），页面输入框中的字符正确性验证（如输入字符过长是否正确，输入字符过短是否正确，输入特殊字符验证，输入空格验证等）。

行为人：

行为人是资产管理员。

UI 界面：

个人信息界面如图 2-4-1 所示，修改密码界面如图 2-4-2 所示。

图 2-4-1　个人信息界面

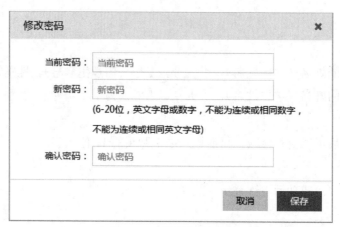

图 2-4-2 修改密码界面

任务设计：

本次案例主要完成用户个人信息模块，包括 UI 界面信息、手机号信息验证，界面按钮的用例编写。

用例编写：

1.UI 界面信息

表 2-4-1 UI 界面信息

测试用例编号	功能点	用例说明	前置条件	输入	执行步骤	预期结果	重要程度	执行用例测试结果
1	个人信息功能测试	点击面包屑【首页】按钮有效性验证	角色：资产管理员、超级管理员个人信息页面正常显示	无	登录成功，进入个人信息页面点击面包屑【首页】按钮	进入首页页面	高	通过
2	个人信息功能测试	个人信息页面查看	角色：资产管理员、超级管理员个人信息页面正常显示	无	登录成功，进入个人信息页面	页面标题显示"资产管理-个人信息"；资产管理员、超级管理员能够在该页面查看个人的详细信息，其中姓名、工号、性别、部门和职位只能查看，不能修改，手机号初始为空，输入手机号后需要点击后面的【保存】，资产管理员可以自行修改。只能输入以1开头的11位数字，输入其他字符不能编辑成功	高	通过

2. 界面按钮

表 2-4-2　界面按钮

测试用例编号	功能点	用例说明	前置条件	输入	执行步骤	预期结果	重要程度	执行用例测试结果
1	个人信息功能测试	点击面包屑【首页】按钮有效性验证	角色：资产管理员、超级管理员 个人信息页面正常显示	无	登录成功，进入个人信息页面 点击面包屑【首页】按钮	进入首页页面	高	通过
2	个人信息功能测试	点击左侧导航栏【个人信息】按钮有效性验证	角色：资产管理员、超级管理员 个人信息页面正常显示	无	登录成功，进入个人信息页面 点击左侧导航栏【个人信息】按钮	进入个人信息页面	高	通过
3	个人信息功能测试	点击【保存】按钮有效性验证	角色：资产管理员、超级管理员 个人信息页面正常显示	无	登录成功，进入个人信息页面 点击【保存】按钮	页面提示"请输入"	高	通过
4	个人信息功能测试	页面右上角【退出】按钮有效性验证	角色：资产管理员、超级管理员 个人信息页面正常显示	无	登录成功，进入个人信息页面 点击页面右上角【退出】按钮	可以退出该系统，返回登录页	高	通过

3. 手机号信息验证

表 2-4-3　手机号信息验证

测试用例编号	功能点	用例说明	前置条件	输入	执行步骤	预期结果	重要程度	执行用例测试结果
1	个人信息功能测试	输入全部正确信息有效性验证	角色：资产管理员、超级管理员 个人信息页面正常显示	输入全部正确信息	登录成功，进入个人信息页面 输入相应信息，点击【保存】按钮	保存成功	高	通过
2	个人信息功能测试	手机号为空，进行验证	角色：资产管理员、超级管理员 个人信息页面正常显示	手机号为空	登录成功，进入个人信息页面 输入相应信息，点击【保存】按钮	页面提示请输入手机号	高	通过
3	个人信息功能测试	手机号输入11位数字进行验证	角色：资产管理员、超级管理员 个人信息页面正常显示	手机号输入11位数字	登录成功，进入个人信息页面 输入相应信息，点击【保存】按钮	保存成功	高	通过
4	个人信息功能测试	手机号输入10位数字进行验证	角色：资产管理员、超级管理员 个人信息页面正常显示	手机号输入10位数字	登录成功，进入个人信息页面 输入相应信息，点击【保存】按钮	页面提示：只能输入以1开头的11位数字	高	通过

续表

测试用例编号	功能点	用例说明	前置条件	输入	执行步骤	预期结果	重要程度	执行用例测试结果
5	个人信息功能测试	手机号输入9位数字进行验证	角色：资产管理员、超级管理员个人信息页面正常显示	手机号输入9位数字	登录成功，进入个人信息页面输入相应信息，点击【保存】按钮	页面提示：只能输入以1开头的11位数字	高	通过
6	个人信息功能测试	手机号输入非数字进行验证	角色：资产管理员、超级管理员个人信息页面正常显示	手机号输入非数字	登录成功，进入个人信息页面输入相应信息，点击【保存】按钮	页面提示：只能输入以1开头的11位数字	高	通过
7	个人信息功能测试	手机号输入字母进行验证	角色：资产管理员、超级管理员个人信息页面正常显示	手机号输入字母	登录成功，进入个人信息页面输入相应信息，点击【保存】按钮	页面提示：只能输入以1开头的11位数字	高	通过
8	个人信息功能测试	手机号输入特殊字符进行验证	角色：资产管理员、超级管理员个人信息页面正常显示	手机号输入特殊字符	登录成功，进入个人信息页面输入相应信息，点击【保存】按钮	页面提示：只能输入以1开头的11位数字	高	通过
9	个人信息功能测试	手机号输入非1开头的数字,进行验证	角色：资产管理员、超级管理员个人信息页面正常显示	手机号输入非1开头的数字	登录成功，进入个人信息页面输入相应信息，点击【保存】按钮	页面提示：只能输入以1开头的11位数字	高	通过

2.5 资产类别用例书写

业务描述：

"资产类别"作为资产信息的属性而存在，超级管理员可以对资产类别进行管理，包括资产类别的新增、修改、启用和禁用；资产管理员没有操作权限，只能进行资产类别的查看。

需求描述：

资产类别字段：类别编码、类别名称、状态。

用例书写思路：

首先查看当前界面中所有的信息，界面UI是否正确，界面按钮的功能性验证（如点击按钮是否有效，点击按钮是否弹出正确信息等），界面输入框中的字符正确性验证（如输入字符过长是否正确，输入字符过短是否正确，输入特殊字符验证，输入空格验证等），禁用、启用功能是否有效。

行为人：

行为人包括资产管理员、超级管理员。

UI 界面：

资产类别界面如图 2-5-1 所示。

图 2-5-1　资产类别界面

任务设计：

本次案例主要完成用户资产类别模块，包括 UI 界面信息、新增资产类别、修改资产类别，禁用资产类别、启用资产类别、界面按钮的用例编写。

用例编写：

1. UI 界面信息

UI 界面信息见表 2-5-1。

表 2-5-1　UI 界面信息

测试用例编号	功能点	用例说明	前置条件	输入	执行步骤	预期结果	重要程度	执行用例测试结果
1	资产类别功能测试	资产类别界面文字正确性验证	角色：资产管理员、超级管理员 资产类别页面正常显示	无	登录成功，进入资产类别页面	界面显示文字和按钮文字显示正确	低	通过

2. 界面按钮

界面按钮见表 2-5-2。

表 2-5-2　界面按钮

测试用例编号	功能点	用例说明	前置条件	输入	执行步骤	预期结果	重要程度	执行用例测试结果
1	资产类别功能测试	点击面包屑【首页】按钮有效性验证	角色：资产管理员、超级管理员 资产类别页面正常显示	无	登录成功，进入资产类别页面 点击面包屑【首页】按钮	进入首页页面	高	通过
2	资产类别功能测试	点击左侧导航栏【资产类别】按钮有效性验证	角色：资产管理员、超级管理员 资产类别页面正常显示	无	登录成功，进入资产类别页面 点击左侧导航栏【资产类别】按钮	进入资产类别页面	高	通过

续表

测试用例编号	功能点	用例说明	前置条件	输入	执行步骤	预期结果	重要程度	执行用例测试结果
3	新增资产类别	资产类别列表页,点击【新增】按钮有效性验证	角色:超级管理员资产类别页面正常显示	无	登录成功,进入资产类别页面资产类别列表页,点击【新增】按钮	弹出"新增资产类别"窗口	高	通过
4	新增资产类别	点击【保存】按钮有效性验证	角色:超级管理员资产类别页面正常显示	无	登录成功,进入资产类别页面点击【保存】按钮	页面提示请输入	高	通过
5	新增资产类别	点击【取消】按钮有效性验证	角色:超级管理员资产类别页面正常显示	无	登录成功,进入资产类别页面点击【取消】按钮	不保存当前新增内容,关闭当前窗口,回到列表页	高	通过
6	新增资产类别	点击【×】按钮有效性验证	角色:超级管理员资产类别页面正常显示	无	登录成功,进入资产类别页面点击【×】按钮	不保存当前新增内容,关闭当前窗口,回到列表页	高	通过
7	修改资产类别	资产类别列表页,点击【修改】按钮有效性验证	角色:超级管理员资产类别页面正常显示	无	登录成功,进入资产类别页面资产类别列表页,点击【修改】按钮	弹出"修改资产类别"窗口	高	通过
8	修改资产类别	点击【保存】按钮有效性验证	角色:超级管理员资产类别页面正常显示	无	登录成功,进入资产类别页面点击【保存】按钮	页面提示请输入	高	通过
9	修改资产类别	点击【取消】按钮有效性验证	角色:超级管理员资产类别页面正常显示	无	登录成功,进入资产类别页面点击【取消】按钮	不保存当前修改内容,关闭当前窗口,回到列表页	高	通过
10	修改资产类别	点击【×】按钮有效性验证	角色:超级管理员资产类别页面正常显示	无	登录成功,进入资产类别页面点击【×】按钮	不保存当前修改内容,关闭当前窗口,回到列表页	高	通过
11	禁用资产类别	在资产类别列表页,点击"已启用"状态资产类别后的【禁用】按钮,进行验证	角色:超级管理员资产类别页面正常显示	无	登录成功,进入资产类别页面在资产类别列表页,点击"已启用"状态资产类别后的【禁用】按钮	系统弹出提示信息"您确定要禁用该资产类别吗?"	高	通过
12	禁用资产类别	点击【确定】按钮有效性验证	角色:超级管理员资产类别页面正常显示	无	登录成功,进入资产类别页面在资产类别列表页,点击"已启用"状态资产类别后的【禁用】按钮点击【确定】按钮	关闭提示信息,同时执行禁用操作;回到列表页,该类别状态变为"已禁用"	高	通过

测试用例编号	功能点	用例说明	前置条件	输入	执行步骤	预期结果	重要程度	执行用例测试结果
13	禁用资产类别	点击【取消】按钮有效性验证	角色:超级管理员 资产类别页面正常显示	无	登录成功,进入资产类别页面 在资产类别列表页,点击"已启用"状态资产类别后的【禁用】按钮 点击【取消】按钮	关闭提示信息,不执行禁用操作;回到列表页,该类别状态仍为"已启用"	高	通过
14	启用资产类别	在资产类别列表页,点击"已启用"状态资产类别后的【启用】按钮,进行验证	角色:超级管理员 资产类别页面正常显示	无	登录成功,进入资产类别页面 在资产类别列表页,点击"已启用"状态资产类别后的【启用】按钮	系统弹出提示信息"您确定要启用该资产类别吗?"	高	通过
15	启用资产类别	点击【确定】按钮有效性验证	角色:超级管理员 资产类别页面正常显示	无	登录成功,进入资产类别页面 在资产类别列表页,点击"已启用"状态资产类别后的【启用】按钮 点击【确定】按钮	关闭提示信息,同时执行启用操作;回到列表页,该类别状态变为"已启用"	高	通过
16	启用资产类别	点击【取消】按钮有效性验证	角色:超级管理员 资产类别页面正常显示	无	登录成功,进入资产类别页面 在资产类别列表页,点击"已启用"状态资产类别后的【启用】按钮 点击【取消】按钮	关闭提示信息,不执行启用操作;回到列表页,该类别状态仍为"已禁用"	高	通过

3. 新增资产类别

新增资产类别见表 2-5-3。

表 2-5-3 新增资产类别

测试用例编号	功能点	用例说明	前置条件	输入	执行步骤	预期结果	重要程度	执行用例测试结果
1	新增资产类别	输入全部正确信息有效性验证	角色:超级管理员 资产类别页面正常显示	输入全部正确信息	登录成功,进入资产类别页面 输入相应信息,点击【保存】按钮	保存当前新增内容,关闭当前窗口,回到列表页,在列表页新增一条记录,状态默认为"已启用"	高	通过
2	新增资产类别	类别名称为空,进行验证	角色:超级管理员 资产类别页面正常显示	类别名称为空 其他信息输入正确	登录成功,进入资产类别页面 输入相应信息,点击【保存】按钮	页面提示请输入类别名称	高	通过

续表

测试用例编号	功能点	用例说明	前置条件	输入	执行步骤	预期结果	重要程度	执行用例测试结果
3	新增资产类别	类别名称与系统内已存在类别名称重复，进行验证	角色：超级管理员资产类别页面正常显示	类别名称与系统内已存在类别名称重复其他信息输入正确	登录成功，进入资产类别页面输入相应信息，点击【保存】按钮	页面提示：与系统内的资产类别名称不能重复，字符长度限制在10位中文字符（含）以内	高	通过
4	新增资产类别	类别名称10位中文字符，进行验证	角色：超级管理员资产类别页面正常显示	类别名称10位中文字符其他信息输入正确	登录成功，进入资产类别页面输入相应信息，点击【保存】按钮	保存当前新增内容，关闭当前窗口，回到列表页，在列表页新增一条记录，状态默认为"已启用"	高	通过
5	新增资产类别	类别名称9位中文字符，进行验证	角色：超级管理员资产类别页面正常显示	类别名称9位中文字符其他信息输入正确	登录成功，进入资产类别页面输入相应信息，点击【保存】按钮	保存当前新增内容，关闭当前窗口，回到列表页，在列表页新增一条记录，状态默认为"已启用"	高	通过
6	新增资产类别	类别名称11位中文字符，进行验证	角色：超级管理员资产类别页面正常显示	类别名称11位中文字符其他信息输入正确	登录成功，进入资产类别页面输入相应信息，点击【保存】按钮	页面提示：与系统内的资产类别名称不能重复，字符长度限制在10位中文字符（含）以内	高	通过
7	新增资产类别	类别名称含数字，进行验证	角色：超级管理员资产类别页面正常显示	类别名称含数字其他信息输入正确	登录成功，进入资产类别页面输入相应信息，点击【保存】按钮	页面提示：与系统内的资产类别名称不能重复，字符长度限制在10位中文字符（含）以内	高	通过
8	新增资产类别	类别名称含字母，进行验证	角色：超级管理员资产类别页面正常显示	类别名称含字母其他信息输入正确	登录成功，进入资产类别页面输入相应信息，点击【保存】按钮	页面提示：与系统内的资产类别名称不能重复，字符长度限制在10位中文字符（含）以内	高	通过
9	新增资产类别	类别名称含特殊字符，进行验证	角色：超级管理员资产类别页面正常显示	类别名称含特殊字符其他信息输入正确	登录成功，进入资产类别页面输入相应信息，点击【保存】按钮	页面提示：与系统内的资产类别名称不能重复，字符长度限制在10位中文字符（含）以内	高	通过
10	新增资产类别	类别编码为空，进行验证	角色：超级管理员资产类别页面正常显示	类别编码为空其他信息输入正确	登录成功，进入资产类别页面输入相应信息，点击【保存】按钮	页面提示：请输入类别编码	高	通过

续表

测试用例编号	功能点	用例说明	前置条件	输入	执行步骤	预期结果	重要程度	执行用例测试结果
11	新增资产类别	类别编码与系统内已存在类别编码重复,进行验证	角色:超级管理员 资产类别页面正常显示	类别编码与系统内已存在类别编码重复 其他信息输入正确	登录成功,进入资产类别页面 输入相应信息,点击【保存】按钮	页面提示:与系统内的资产类别编码不能重复,字符长度限制在 6~8 位字符(含)以内,字符格式为"英文字母及数字的组合"	高	通过
12	新增资产类别	类别编码 6 位字符,进行验证	角色:超级管理员 资产类别页面正常显示	类别编码 6 位字符 其他信息输入正确	登录成功,进入资产类别页面 输入相应信息,点击【保存】按钮	保存当前新增内容,关闭当前窗口,回到列表页,在列表页新增一条记录,状态默认为"已启用"	高	通过
13	新增资产类别	类别编码 7 位字符,进行验证	角色:超级管理员 资产类别页面正常显示	类别编码 7 位字符 其他信息输入正确	登录成功,进入资产类别页面 输入相应信息,点击【保存】按钮	保存当前新增内容,关闭当前窗口,回到列表页,在列表页新增一条记录,状态默认为"已启用"	高	通过
14	新增资产类别	类别编码 8 位字符,进行验证	角色:超级管理员 资产类别页面正常显示	类别编码 8 位字符 其他信息输入正确	登录成功,进入资产类别页面 输入相应信息,点击【保存】按钮	保存当前新增内容,关闭当前窗口,回到列表页,在列表页新增一条记录,状态默认为"已启用"	高	通过
15	新增资产类别	类别编码 9 位字符,进行验证	角色:超级管理员 资产类别页面正常显示	类别编码 9 位字符 其他信息输入正确	登录成功,进入资产类别页面 输入相应信息,点击【保存】按钮	页面提示:与系统内的资产类别编码不能重复,字符长度限制在 6~8 位字符(含)以内,字符格式为"英文字母及数字的组合"	高	通过
16	新增资产类别	类别编码 5 位字符,进行验证	角色:超级管理员 资产类别页面正常显示	类别编码 5 位字符 其他信息输入正确	登录成功,进入资产类别页面 输入相应信息,点击【保存】按钮	页面提示:与系统内的资产类别编码不能重复,字符长度限制在 6~8 位字符(含)以内,字符格式为"英文字母及数字的组合"	高	通过
17	新增资产类别	类别编码纯数字,进行验证	角色:超级管理员 资产类别页面正常显示	类别编码纯数字 其他信息输入正确	登录成功,进入资产类别页面 输入相应信息,点击【保存】按钮	页面提示:与系统内的资产类别编码不能重复,字符长度限制在 6~8 位字符(纯)以内,字符格式为"英文字母及数字的组合"	高	通过
18	新增资产类别	类别编码纯字母,进行验证	角色:超级管理员 资产类别页面正常显示	类别编码纯字母 其他信息输入正确	登录成功,进入资产类别页面 输入相应信息,点击【保存】按钮	页面提示:与系统内的资产类别编码不能重复,字符长度限制在 6~8 位字符(纯)以内,字符格式为"英文字母及数字的组合"	高	通过

续表

测试用例编号	功能点	用例说明	前置条件	输入	执行步骤	预期结果	重要程度	执行用例测试结果
19	新增资产类别	类别编码纯特殊字符,进行验证	角色:超级管理员 资产类别页面正常显示	类别编码纯特殊字符 其他信息输入正确	登录成功,进入资产类别页面 输入相应信息,点击【保存】按钮	页面提示:与系统内的资产类别编码不能重复,字符长度限制在 6~8 位字符(纯)以内,字符格式为"英文字母及数字的组合"	高	通过
20	新增资产类别	类别编码格式为英文字符和数字的组合,进行验证	角色:超级管理员 资产类别页面正常显示	类别编码格式为英文字符和数字的组合 其他信息输入正确	登录成功,进入资产类别页面 输入相应信息,点击【保存】按钮	保存当前新增内容,关闭当前窗口,回到列表页,在列表页新增一条记录,状态默认为"已启用"	高	通过

4. 修改资产类别

修改资产类别见表 2-5-4。

表 2-5-4　修改资产类别

测试用例编号	功能点	用例说明	前置条件	输入	执行步骤	预期结果	重要程度	执行用例测试结果
1	修改资产类别	输入全部正确信息有效性验证	角色:超级管理员 资产类别页面正常显示	输入全部正确信息	登录成功,进入资产类别页面 输入相应信息,点击【保存】按钮	保存当前修改内容,关闭当前窗口,回到列表页,在列表页修改一条记录,状态默认为"已启用"	高	通过
2	修改资产类别	类别名称为空,进行验证	角色:超级管理员 资产类别页面正常显示	类别名称为空 其他信息输入正确	登录成功,进入资产类别页面 输入相应信息,点击【保存】按钮	页面提示请输入类别名称	高	通过
3	修改资产类别	类别名称与系统内已存在类别名称重复,进行验证	角色:超级管理员 资产类别页面正常显示	类别名称与系统内已存在类别名称重复 其他信息输入正确	登录成功,进入资产类别页面 输入相应信息,点击【保存】按钮	页面提示:与系统内的资产类别名称不能重复,字符长度限制在 10 位中文字符(含)以内	高	通过
4	修改资产类别	类别名称 10 位中文字符,进行验证	角色:超级管理员 资产类别页面正常显示	类别名称 10 位中文字符 其他信息输入正确	登录成功,进入资产类别页面 输入相应信息,点击【保存】按钮	保存当前修改内容,关闭当前窗口,回到列表页,在列表页修改一条记录,状态默认为"已启用"	高	通过
5	修改资产类别	类别名称 9 位中文字符,进行验证	角色:超级管理员 资产类别页面正常显示	类别名称 9 位中文字符 其他信息输入正确	登录成功,进入资产类别页面 输入相应信息,点击【保存】按钮	保存当前修改内容,关闭当前窗口,回到列表页,在列表页修改一条记录,状态默认为"已启用"	高	通过

续表

测试用例编号	功能点	用例说明	前置条件	输入	执行步骤	预期结果	重要程度	执行用例测试结果
6	修改资产类别	类别名称 11 位中文字符，进行验证	角色：超级管理员 资产类别页面正常显示	类别名称 11 位中文字符 其他信息输入正确	登录成功，进入资产类别页面 输入相应信息，点击【保存】按钮	页面提示：与系统内的资产类别名称不能重复，字符长度限制在 10 位中文字符（含）以内	高	通过
7	修改资产类别	类别名称含数字，进行验证	角色：超级管理员 资产类别页面正常显示	类别名称含数字 其他信息输入正确	登录成功，进入资产类别页面 输入相应信息，点击【保存】按钮	页面提示：与系统内的资产类别名称不能重复，字符长度限制在 10 位中文字符（含）以内	高	通过
8	修改资产类别	类别名称含字母，进行验证	角色：超级管理员 资产类别页面正常显示	类别名称含字母 其他信息输入正确	登录成功，进入资产类别页面 输入相应信息，点击【保存】按钮	页面提示：与系统内的资产类别名称不能重复，字符长度限制在 10 位中文字符（含）以内	高	通过
9	修改资产类别	类别名称含特殊字符，进行验证	角色：超级管理员 资产类别页面正常显示	类别名称含特殊字符 其他信息输入正确	登录成功，进入资产类别页面 输入相应信息，点击【保存】按钮	页面提示：与系统内的资产类别名称不能重复，字符长度限制在 10 位中文字符（含）以内	高	通过
10	修改资产类别	类别编码为空，进行验证	角色：超级管理员 资产类别页面正常显示	类别编码为空 其他信息输入正确	登录成功，进入资产类别页面 输入相应信息，点击【保存】按钮	页面提示：请输入类别编码	高	通过
11	修改资产类别	类别编码与系统内已存在类别编码重复，进行验证	角色：超级管理员 资产类别页面正常显示	类别编码与系统内已存在类别编码重复 其他信息输入正确	登录成功，进入资产类别页面 输入相应信息，点击【保存】按钮	页面提示：与系统内的资产类别编码不能重复，字符长度限制在 6~8 位字符（含）以内，字符格式为"英文字母及数字的组合"	高	通过
12	修改资产类别	类别编码 6 位字符，进行验证	角色：超级管理员 资产类别页面正常显示	类别编码 6 位字符 其他信息输入正确	登录成功，进入资产类别页面 输入相应信息，点击【保存】按钮	保存当前修改内容，关闭当前窗口，回到列表页，在列表页修改一条记录，状态默认为"已启用"	高	通过

续表

测试用例编号	功能点	用例说明	前置条件	输入	执行步骤	预期结果	重要程度	执行用例测试结果
13	修改资产类别	类别编码7位字符,进行验证	角色:超级管理员资产类别页面正常显示	类别编码7位字符其他信息输入正确	登录成功,进入资产类别页面输入相应信息,点击【保存】按钮	保存当前修改内容,关闭当前窗口,回到列表页,在列表页修改一条记录,状态默认为"已启用"	高	通过
14	修改资产类别	类别编码8位字符,进行验证	角色:超级管理员资产类别页面正常显示	类别编码8位字符其他信息输入正确	登录成功,进入资产类别页面输入相应信息,点击【保存】按钮	保存当前修改内容,关闭当前窗口,回到列表页,在列表页修改一条记录,状态默认为"已启用"	高	通过
15	修改资产类别	类别编码9位字符,进行验证	角色:超级管理员资产类别页面正常显示	类别编码9位字符其他信息输入正确	登录成功,进入资产类别页面输入相应信息,点击【保存】按钮	页面提示:与系统内的资产类别编码不能重复,字符长度限制在6~8位字符(含)以内,字符格式为"英文字母及数字的组合"	高	通过
16	修改资产类别	类别编码5位字符,进行验证	角色:超级管理员资产类别页面正常显示	类别编码5位字符其他信息输入正确	登录成功,进入资产类别页面输入相应信息,点击【保存】按钮	页面提示:与系统内的资产类别编码不能重复,字符长度限制在6~8位字符(含)以内,字符格式为"英文字母及数字的组合"	高	通过
17	修改资产类别	类别编码纯数字,进行验证	角色:超级管理员资产类别页面正常显示	类别编码纯数字其他信息输入正确	登录成功,进入资产类别页面输入相应信息,点击【保存】按钮	页面提示:与系统内的资产类别编码不能重复,字符长度限制在6~8位字符(纯)以内,字符格式为"英文字母及数字的组合"	高	通过
18	修改资产类别	类别编码纯字母,进行验证	角色:超级管理员资产类别页面正常显示	类别编码纯字母其他信息输入正确	登录成功,进入资产类别页面输入相应信息,点击【保存】按钮	页面提示:与系统内的资产类别编码不能重复,字符长度限制在6~8位字符(纯)以内,字符格式为"英文字母及数字的组合"	高	通过
19	修改资产类别	类别编码纯特殊字符,进行验证	角色:超级管理员资产类别页面正常显示	类别编码纯特殊字符其他信息输入正确	登录成功,进入资产类别页面输入相应信息,点击【保存】按钮	页面提示:与系统内的资产类别编码不能重复,字符长度限制在6~8位字符(纯)以内,字符格式为"英文字母及数字的组合"	高	通过
20	修改资产类别	类别编码格式为英文字符和数字的组合,进行验证	角色:超级管理员资产类别页面正常显示	类别编码格式为英文字符和数字的组合其他信息输入正确	登录成功,进入资产类别页面输入相应信息,点击【保存】按钮	保存当前修改内容,关闭当前窗口,回到列表页,在列表页修改一条记录,状态默认为"已启用"	高	通过

5. 禁用资产类别

禁用资产类别见表 2-5-5。

表 2-5-5　禁用资产类别

测试用例编号	功能点	用例说明	前置条件	输入	执行步骤	预期结果	重要程度	执行用例测试结果
1	禁用资产类别	确认禁用有效性验证	角色：超级管理员 资产类别页面正常显示	无	登录成功,进入资产类别页面 在资产类别列表页,点击"已启用"状态资产类别后的【禁用】按钮 点击【确定】按钮	关闭提示信息,同时执行禁用操作；回到列表页,该类别状态变为"已禁用"	高	通过

6. 启用资产类别

启用资产类别见表 2-5-6。

表 2-5-6　启用资产类别

测试用例编号	功能点	用例说明	前置条件	输入	执行步骤	预期结果	重要程度	执行用例测试结果
1	启用资产类别	确认启用有效性验证	角色：超级管理员 资产类别页面正常显示	无	登录成功,进入资产类别页面 在资产类别列表页,点击"已启用"状态资产类别后的【启用】按钮 点击【确定】按钮	关闭提示信息,同时执行启用操作；回到列表页,该类别状态变为"已启用"	高	通过

2.6　品牌用例书写

业务描述：

"品牌"作为资产信息的属性而存在，登录系统后，超级管理员可以对品牌进行管理，包括进行品牌的新增、修改、启用和禁用；资产管理员没有操作权限，只能进行品牌的查看。

需求描述：

品牌字段包括品牌编码、品牌名称、状态。

用例书写思路：

查看当前页面中所有的信息，页面 UI 是否正确，页面按钮的功能性验证（如点击按钮是否有效，点击按钮是否弹出正确信息等），页面输入框中的字符正确性验证（如输入字符过长是否正确，输入字符过短是否正确，输入特殊字符验证，输入空格验证等），禁用启用功能是否有效。

行为人：

行为人包括资产管理员、超级管理员。

UI 界面：

品牌界面如图 2-6-1 所示。

图 2-6-1 品牌界面

任务设计：

本次案例主要完成用户品牌模块，包括 UI 界面信息、新增品牌、修改品牌，禁用品牌、启用品牌、界面按钮的用例编写。

用例编写：

1. UI 界面信息

UI 界面信息见表 2-6-1。

表 2-6-1 UI 界面信息

测试用例编号	功能点	用例说明	前置条件	输入	执行步骤	预期结果	重要程度	执行用例测试结果
1	品牌功能测试	品牌界面文字正确性验证	角色：资产管理员、超级管理员 品牌页面正常显示	无	登录成功，进入品牌页面	界面显示文字和按钮文字显示正确	低	通过

2. 界面按钮

界面按钮见表 2-6-2。

表 2-6-2 界面按钮

测试用例编号	功能点	用例说明	前置条件	输入	执行步骤	预期结果	重要程度	执行用例测试结果
1	品牌功能测试	点击面包屑【首页】按钮有效性验证	角色：资产管理员、超级管理员 品牌页面正常显示	无	登录成功，进入品牌页面 点击面包屑【首页】按钮	进入首页页面	高	通过

续表

测试用例编号	功能点	用例说明	前置条件	输入	执行步骤	预期结果	重要程度	执行用例测试结果
2	品牌功能测试	点击左侧导航栏【品牌】按钮有效性验证	角色：资产管理员、超级管理员品牌页面正常显示	无	登录成功，进入品牌页面点击左侧导航栏【品牌】按钮	进入品牌页面	高	通过
3	新增品牌	品牌列表页，点击【新增】按钮有效性验证	角色：超级管理员品牌页面正常显示	无	登录成功，进入品牌页面品牌列表页，点击【新增】按钮	弹出"新增品牌"窗口	高	通过
4	新增品牌	点击【保存】按钮有效性验证	角色：超级管理员品牌页面正常显示	无	登录成功，进入品牌页面点击【保存】按钮	页面提示请输入	高	通过
5	新增品牌	点击【取消】按钮有效性验证	角色：超级管理员品牌页面正常显示	无	登录成功，进入品牌页面点击【取消】按钮	不保存当前新增内容，关闭当前窗口，回到列表页	高	通过
6	新增品牌	点击【×】按钮有效性验证	角色：超级管理员品牌页面正常显示	无	登录成功，进入品牌页面点击【×】按钮	不保存当前新增内容，关闭当前窗口，回到列表页	高	通过
7	修改品牌	品牌列表页，点击【修改】按钮有效性验证	角色：超级管理员品牌页面正常显示	无	登录成功，进入品牌页面品牌列表页，点击【修改】按钮	弹出"修改品牌"窗口	高	通过
8	修改品牌	点击【保存】按钮有效性验证	角色：超级管理员品牌页面正常显示	无	登录成功，进入品牌页面点击【保存】按钮	页面提示：请输入	高	通过
9	修改品牌	点击【取消】按钮有效性验证	角色：超级管理员品牌页面正常显示	无	登录成功，进入品牌页面点击【取消】按钮	不保存当前修改内容，关闭当前窗口，回到列表页	高	通过
10	修改品牌	点击【×】按钮有效性验证	角色：超级管理员品牌页面正常显示	无	登录成功，进入品牌页面点击【×】按钮	不保存当前修改内容，关闭当前窗口，回到列表页	高	通过
11	禁用品牌	在品牌列表页，点击"已启用"状态品牌后的【禁用】按钮，进行验证	角色：超级管理员品牌页面正常显示	无	登录成功，进入品牌页面在品牌列表页，点击"已启用"状态品牌后的【禁用】按钮	系统弹出提示信息"您确定要禁用该品牌吗？"	高	通过

续表

测试用例编号	功能点	用例说明	前置条件	输入	执行步骤	预期结果	重要程度	执行用例测试结果
12	禁用品牌	点击【确定】按钮有效性验证	角色：超级管理员 品牌页面正常显示	无	登录成功，进入品牌页面 在品牌列表页，点击"已启用"状态品牌后的【禁用】按钮 点击【确定】按钮	关闭提示信息，同时执行禁用操作；回到列表页，该类别状态变为"已禁用"	高	通过
13	禁用品牌	点击【取消】按钮有效性验证	角色：超级管理员 品牌页面正常显示	无	登录成功，进入品牌页面 在品牌列表页，点击"已启用"状态品牌后的【禁用】按钮 点击【取消】按钮	关闭提示信息，不执行禁用操作；回到列表页，该类别状态仍为"已启用"	高	通过
14	启用品牌	在品牌列表页，点击"已启用"状态品牌后的【启用】按钮，进行验证	角色：超级管理员 品牌页面正常显示	无	登录成功，进入品牌页面 在品牌列表页，点击"已启用"状态品牌后的【启用】按钮	系统弹出提示信息"您确定要启用该品牌吗？"	高	通过
15	启用品牌	点击【确定】按钮有效性验证	角色：超级管理员 品牌页面正常显示	无	登录成功，进入品牌页面 在品牌列表页，点击"已启用"状态品牌后的【启用】按钮 点击【确定】按钮	关闭提示信息，同时执行启用操作；回到列表页，该类别状态变为"已启用"	高	通过
16	启用品牌	点击【取消】按钮有效性验证	角色：超级管理员 品牌页面正常显示	无	登录成功，进入品牌页面 在品牌列表页，点击"已启用"状态品牌后的【启用】按钮 点击【取消】按钮	关闭提示信息，不执行启用操作；回到列表页，该类别状态仍为"已禁用"	高	通过

3. 新增品牌

新增品牌见表2-6-3。

表 2-6-3　新增品牌

测试用例编号	功能点	用例说明	前置条件	输入	执行步骤	预期结果	重要程度	执行用例测试结果
1	新增品牌	输入全部正确信息有效性验证	角色：超级管理员 品牌页面正常显示	输入全部正确信息	登录成功，进入品牌页面 输入相应信息，点击【保存】按钮	保存当前新增内容，关闭当前窗口，回到列表页，在列表页新增一条记录，状态默认为"已启用"	高	通过
2	新增品牌	品牌名称为空，进行验证	角色：超级管理员 品牌页面正常显示	品牌名称为空 其他信息输入正确	登录成功，进入品牌页面 输入相应信息，点击【保存】按钮	页面提示请输入品牌名称	高	通过
3	新增品牌	品牌名称与系统内已存在品牌名称重复，进行验证	角色：超级管理员 品牌页面正常显示	品牌名称与系统内已存在品牌名称重复 其他信息输入正确	登录成功，进入品牌页面 输入相应信息，点击【保存】按钮	页面提示：与系统内的品牌名称不能重复，字符长度限制在10位中文字符（含）以内	高	通过

续表

测试用例编号	功能点	用例说明	前置条件	输入	执行步骤	预期结果	重要程度	执行用例测试结果
4	新增品牌	品牌名称 10 位中文字符，进行验证	角色：超级管理员 品牌页面正常显示	品牌名称 10 位中文字符 其他信息输入正确	登录成功，进入品牌页面输入相应信息，点击【保存】按钮	保存当前新增内容，关闭当前窗口，回到列表页，在列表页新增一条记录，状态默认为"已启用"	高	通过
5	新增品牌	品牌名称 9 位中文字符，进行验证	角色：超级管理员 品牌页面正常显示	品牌名称 9 位中文字符 其他信息输入正确	登录成功，进入品牌页面输入相应信息，点击【保存】按钮	保存当前新增内容，关闭当前窗口，回到列表页，在列表页新增一条记录，状态默认为"已启用"	高	通过
6	新增品牌	品牌名称 11 位中文字符，进行验证	角色：超级管理员 品牌页面正常显示	品牌名称 11 位中文字符 其他信息输入正确	登录成功，进入品牌页面输入相应信息，点击【保存】按钮	页面提示：与系统内的品牌名称不能重复，字符长度限制在10位中文字符（含）以内	高	通过
7	新增品牌	品牌名称含数字，进行验证	角色：超级管理员 品牌页面正常显示	品牌名称含数字 其他信息输入正确	登录成功，进入品牌页面输入相应信息，点击【保存】按钮	页面提示：与系统内的品牌名称不能重复，字符长度限制在10位中文字符（含）以内	高	通过
8	新增品牌	品牌名称含字母，进行验证	角色：超级管理员 品牌页面正常显示	品牌名称含字母 其他信息输入正确	登录成功，进入品牌页面输入相应信息，点击【保存】按钮	页面提示：与系统内的品牌名称不能重复，字符长度限制在10位中文字符（含）以内	高	通过
9	新增品牌	品牌名称含特殊字符，进行验证	角色：超级管理员 品牌页面正常显示	品牌名称含特殊字符 其他信息输入正确	登录成功，进入品牌页面输入相应信息，点击【保存】按钮	页面提示：与系统内的品牌名称不能重复，字符长度限制在10位中文字符（含）以内	高	通过
10	新增品牌	品牌编码为空，进行验证	角色：超级管理员 品牌页面正常显示	品牌编码为空 其他信息输入正确	登录成功，进入品牌页面输入相应信息，点击【保存】按钮	页面提示：请输入品牌编码	高	通过
11	新增品牌	品牌编码与系统内已存在品牌编码重复，进行验证	角色：超级管理员 品牌页面正常显示	品牌编码与系统内已存在品牌编码重复 其他信息输入正确	登录成功，进入品牌页面输入相应信息，点击【保存】按钮	页面提示：与系统内的品牌编码不能重复，字符长度限制在 6~8 位字符（含）以内，字符格式为"英文字母及数字的组合"	高	通过
12	新增品牌	品牌编码 6 位字符，进行验证	角色：超级管理员 品牌页面正常显示	品牌编码 6 位字符 其他信息输入正确	登录成功，进入品牌页面输入相应信息，点击【保存】按钮	保存当前新增内容，关闭当前窗口，回到列表页，在列表页新增一条记录，状态默认为"已启用"	高	通过

续表

测试用例编号	功能点	用例说明	前置条件	输入	执行步骤	预期结果	重要程度	执行用例测试结果
13	新增品牌	品牌编码7位字符，进行验证	角色：超级管理员 品牌页面正常显示	品牌编码7位字符 其他信息输入正确	登录成功，进入品牌页面 输入相应信息，点击【保存】按钮	保存当前新增内容，关闭当前窗口，回到列表页，在列表页新增一条记录，状态默认为"已启用"	高	通过
14	新增品牌	品牌编码8位字符，进行验证	角色：超级管理员 品牌页面正常显示	品牌编码8位字符 其他信息输入正确	登录成功，进入品牌页面 输入相应信息，点击【保存】按钮	保存当前新增内容，关闭当前窗口，回到列表页，在列表页新增一条记录，状态默认为"已启用"	高	通过
15	新增品牌	品牌编码9位字符，进行验证	角色：超级管理员 品牌页面正常显示	品牌编码9位字符 其他信息输入正确	登录成功，进入品牌页面 输入相应信息，点击【保存】按钮	页面提示：与系统内的品牌编码不能重复，字符长度限制在 6~8 位字符（含）以内，字符格式为"英文字母及数字的组合"	高	通过
16	新增品牌	品牌编码5位字符，进行验证	角色：超级管理员 品牌页面正常显示	品牌编码5位字符 其他信息输入正确	登录成功，进入品牌页面 输入相应信息，点击【保存】按钮	页面提示：与系统内的品牌编码不能重复，字符长度限制在 6~8 位字符（含）以内，字符格式为"英文字母及数字的组合"	高	通过
17	新增品牌	品牌编码纯数字，进行验证	角色：超级管理员 品牌页面正常显示	品牌编码纯数字 其他信息输入正确	登录成功，进入品牌页面 输入相应信息，点击【保存】按钮	页面提示：与系统内的品牌编码不能重复，字符长度限制在 6~8 位字符（纯）以内，字符格式为"英文字母及数字的组合"	高	通过
18	新增品牌	品牌编码纯字母，进行验证	角色：超级管理员 品牌页面正常显示	品牌编码纯字母 其他信息输入正确	登录成功，进入品牌页面 输入相应信息，点击【保存】按钮	页面提示：与系统内的品牌编码不能重复，字符长度限制在 6~8 位字符（纯）以内，字符格式为"英文字母及数字的组合"	高	通过
19	新增品牌	品牌编码纯特殊字符，进行验证	角色：超级管理员 品牌页面正常显示	品牌编码纯特殊字符 其他信息输入正确	登录成功，进入品牌页面 输入相应信息，点击【保存】按钮	页面提示：与系统内的品牌编码不能重复，字符长度限制在 6~8 位字符（纯）以内，字符格式为"英文字母及数字的组合"	高	通过
20	新增品牌	品牌编码格式为英文字符和数字的组合，进行验证	角色：超级管理员 品牌页面正常显示	品牌编码格式为英文字符和数字的组合 其他信息输入正确	登录成功，进入品牌页面 输入相应信息，点击【保存】按钮	保存当前新增内容，关闭当前窗口，回到列表页，在列表页新增一条记录，状态默认为"已启用"	高	通过

4. 修改品牌

修改品牌见表 2-6-4。

表 2-6-4　修改品牌

测试用例编号	功能点	用例说明	前置条件	输入	执行步骤	预期结果	重要程度	执行用例测试结果
1	修改品牌	输入全部正确信息有效性验证	角色：超级管理员 品牌页面正常显示	输入全部正确信息	登录成功，进入品牌页面 输入相应信息，点击【保存】按钮	保存当前修改内容，关闭当前窗口，回到列表页，在列表页修改一条记录，状态默认为"已启用"	高	通过
2	修改品牌	品牌名称为空，进行验证	角色：超级管理员 品牌页面正常显示	品牌名称为空 其他信息输入正确	登录成功，进入品牌页面 输入相应信息，点击【保存】按钮	页面提示请输入品牌名称	高	通过
3	修改品牌	品牌名称与系统内已存在品牌名称重复，进行验证	角色：超级管理员 品牌页面正常显示	品牌名称与系统内已存在品牌名称重复 其他信息输入正确	登录成功，进入品牌页面 输入相应信息，点击【保存】按钮	页面提示：与系统内的品牌名称不能重复，字符长度限制在10位中文字符（含）以内	高	通过
4	修改品牌	品牌名称 10 位中文字符，进行验证	角色：超级管理员 品牌页面正常显示	品牌名称10位中文字符 其他信息输入正确	登录成功，进入品牌页面 输入相应信息，点击【保存】按钮	保存当前修改内容，关闭当前窗口，回到列表页，在列表页修改一条记录，状态默认为"已启用"	高	通过
5	修改品牌	品牌名称 9 位中文字符，进行验证	角色：超级管理员 品牌页面正常显示	品牌名称 9 位中文字符 其他信息输入正确	登录成功，进入品牌页面 输入相应信息，点击【保存】按钮	保存当前修改内容，关闭当前窗口，回到列表页，在列表页修改一条记录，状态默认为"已启用"	高	通过
6	修改品牌	品牌名称 11 位中文字符，进行验证	角色：超级管理员 品牌页面正常显示	品牌名称 11 位中文字符 其他信息输入正确	登录成功，进入品牌页面 输入相应信息，点击【保存】按钮	页面提示：与系统内的品牌名称不能重复，字符长度限制在10位中文字符（含）以内	高	通过
7	修改品牌	品牌名称含数字，进行验证	角色：超级管理员 品牌页面正常显示	品牌名称含数字 其他信息输入正确	登录成功，进入品牌页面 输入相应信息，点击【保存】按钮	页面提示：与系统内的品牌名称不能重复，字符长度限制在10位中文字符（含）以内	高	通过
8	修改品牌	品牌名称含字母，进行验证	角色：超级管理员 品牌页面正常显示	品牌名称含字母 其他信息输入正确	登录成功，进入品牌页面 输入相应信息，点击【保存】按钮	页面提示：与系统内的品牌名称不能重复，字符长度限制在10位中文字符（含）以内	高	通过
9	修改品牌	品牌名称含特殊字符，进行验证	角色：超级管理员 品牌页面正常显示	品牌名称含特殊字符 其他信息输入正确	登录成功，进入品牌页面 输入相应信息，点击【保存】按钮	页面提示：与系统内的品牌名称不能重复，字符长度限制在10位中文字符（含）以内	高	通过

续表

测试用例编号	功能点	用例说明	前置条件	输入	执行步骤	预期结果	重要程度	执行用例测试结果
10	修改品牌	品牌编码为空,进行验证	角色:超级管理员 品牌页面正常显示	品牌编码为空 其他信息输入正确	登录成功,进入品牌页面 输入相应信息,点击【保存】按钮	页面提示请输入品牌编码	高	通过
11	修改品牌	品牌编码与系统内已存在品牌编码重复,进行验证	角色:超级管理员 品牌页面正常显示	品牌编码与系统内已存在品牌编码重复 其他信息输入正确	登录成功,进入品牌页面 输入相应信息,点击【保存】按钮	页面提示:与系统内的品牌编码不能重复,字符长度限制在6~8位字符(含)以内,字符格式为"英文字母及数字的组合"	高	通过
12	修改品牌	品牌编码6位字符,进行验证	角色:超级管理员 品牌页面正常显示	品牌编码6位字符 其他信息输入正确	登录成功,进入品牌页面 输入相应信息,点击【保存】按钮	保存当前修改内容,关闭当前窗口,回到列表页,在列表页修改一条记录,状态默认为"已启用"	高	通过
13	修改品牌	品牌编码7位字符,进行验证	角色:超级管理员 品牌页面正常显示	品牌编码7位字符 其他信息输入正确	登录成功,进入品牌页面 输入相应信息,点击【保存】按钮	保存当前修改内容,关闭当前窗口,回到列表页,在列表页修改一条记录,状态默认为"已启用"	高	通过
14	修改品牌	品牌编码8位字符,进行验证	角色:超级管理员 品牌页面正常显示	品牌编码8位字符 其他信息输入正确	登录成功,进入品牌页面 输入相应信息,点击【保存】按钮	保存当前修改内容,关闭当前窗口,回到列表页,在列表页修改一条记录,状态默认为"已启用"	高	通过
15	修改品牌	品牌编码9位字符,进行验证	角色:超级管理员 品牌页面正常显示	品牌编码9位字符 其他信息输入正确	登录成功,进入品牌页面 输入相应信息,点击【保存】按钮	页面提示:与系统内的品牌编码不能重复,字符长度限制在6~8位字符(含)以内,字符格式为"英文字母及数字的组合"	高	通过
16	修改品牌	品牌编码5位字符,进行验证	角色:超级管理员 品牌页面正常显示	品牌编码5位字符 其他信息输入正确	登录成功,进入品牌页面 输入相应信息,点击【保存】按钮	页面提示:与系统内的品牌编码不能重复,字符长度限制在6~8位字符(含)以内,字符格式为"英文字母及数字的组合"	高	通过
17	修改品牌	品牌编码纯数字,进行验证	角色:超级管理员 品牌页面正常显示	品牌编码纯数字 其他信息输入正确	登录成功,进入品牌页面 输入相应信息,点击【保存】按钮	页面提示:与系统内的品牌编码不能重复,字符长度限制在6~8位字符(纯)以内,字符格式为"英文字母及数字的组合"	高	通过

续表

测试用例编号	功能点	用例说明	前置条件	输入	执行步骤	预期结果	重要程度	执行用例测试结果
18	修改品牌	品牌编码纯字母，进行验证	角色：超级管理员 品牌页面正常显示	品牌编码纯字母 其他信息输入正确	登录成功，进入品牌页面 输入相应信息，点击【保存】按钮	页面提示：与系统内的品牌编码不能重复,字符长度限制在 6~8 位字符（纯）以内，字符格式为"英文字母及数字的组合"	高	通过
19	修改品牌	品牌编码纯特殊字符，进行验证	角色：超级管理员 品牌页面正常显示	品牌编码纯特殊字符 其他信息输入正确	登录成功，进入品牌页面 输入相应信息，点击【保存】按钮	页面提示：与系统内的品牌编码不能重复,字符长度限制在 6~8 位字符（纯）以内，字符格式为"英文字母及数字的组合"	高	通过
20	修改品牌	品牌编码格式为英文字符和数字的组合,进行验证	角色：超级管理员 品牌页面正常显示	品牌编码格式为英文字符和数字的组合 其他信息输入正确	登录成功，进入品牌页面 输入相应信息，点击【保存】按钮	保存当前修改内容，关闭当前窗口，回到列表页，在列表页修改一条记录，状态默认为"已启用"	高	通过

5. 禁用品牌

禁用品牌见表 2-6-5。

表 2-6-5　禁用品牌

测试用例编号	功能点	用例说明	前置条件	输入	执行步骤	预期结果	重要程度	执行用例测试结果
1	禁用品牌	确认禁用有效性验证	角色：超级管理员 品牌页面正常显示	无	登录成功，进入品牌页面 在品牌列表页，点击"已启用"状态品牌后的【禁用】按钮 点击【确定】按钮	关闭提示信息,同时执行禁用操作；回到列表页，该类别状态变为"已禁用"	高	通过

6. 启用品牌

启用品牌见表 2-6-6。

表 2-6-6　启用品牌

测试用例编号	功能点	用例说明	前置条件	输入	执行步骤	预期结果	重要程度	执行用例测试结果
1	启用品牌	确认启用有效性验证	角色：超级管理员 品牌页面正常显示	无	登录成功，进入品牌页面 在品牌列表，点击"已启用"状态品牌后的【启用】按钮 点击【确定】按钮	关闭提示信息,同时执行启用操作；回到列表页，该类别状态变为"已启用"	高	通过

2.7 报废方式用例书写

业务描述：

"报废方式"作为资产信息的属性而存在，超级管理员可以对报废方式进行管理，包括进行报废方式的新增、修改、启用和禁用；资产管理员没有操作权限，只能进行报废方式的查看。

需求描述：

报废方式字段包括报废方式编码、报废方式名称、状态。

用例书写思路：

查看当前页面中所有的信息，页面 UI 是否正确，页面按钮的功能性验证（如点击按钮是否有效，点击按钮是否弹出正确信息等），页面输入框中的字符正确性验证（如输入字符过长是否正确，输入字符过短是否正确，输入特殊字符验证，输入空格验证等），禁用启用功能是否有效。

行为人：

行为人包括资产管理员、超级管理员。

UI 界面：

报废方式界面如图 2-7-1 所示。

图 2-7-1 报废方式界面

任务设计：

本次案例主要完成用户报废方式模块，包括 UI 界面信息、界面按钮、新增报废方式、修改报废方式，禁用报废方式、启用报废方式的用例编写。

用例编写：

1. UI 界面信息

UI 界面信息见表 2-7-1。

表 2-7-1 UI 界面信息

测试用例编号	功能点	用例说明	前置条件	输入	执行步骤	预期结果	重要程度	执行用例测试结果
1	报废方式功能测试	报废方式界面文字正确性验证	角色：资产管理员、超级管理员 报废方式页面正常显示	无	登录成功，进入报废方式页面	界面显示文字和按钮文字显示正确	低	通过

2. 界面按钮

界面按钮见表 2-7-2。

表 2-7-2 界面按钮

测试用例编号	功能点	用例说明	前置条件	输入	执行步骤	预期结果	重要程度	执行用例测试结果
1	报废方式功能测试	点击面包屑【首页】按钮有效性验证	角色：资产管理员、超级管理员 报废方式页面正常显示	无	登录成功，进入报废方式页面 点击面包屑【首页】按钮	进入首页页面	高	通过
2	报废方式功能测试	点击左侧导航栏【报废方式】按钮有效性验证	角色：资产管理员、超级管理员 报废方式页面正常显示	无	登录成功，进入报废方式页面 点击左侧导航栏【报废方式】按钮	进入报废方式页面	高	通过
3	新增报废方式	报废方式列表页，点击【新增】按钮有效性验证	角色：超级管理员 报废方式页面正常显示	无	登录成功，进入报废方式页面 报废方式列表页，点击【新增】按钮	弹出"新增报废方式"窗口	高	通过
4	新增报废方式	点击【保存】按钮有效性验证	角色：超级管理员 报废方式页面正常显示	无	登录成功，进入报废方式页面 点击【保存】按钮	页面提示：请输入	高	通过
5	新增报废方式	点击【取消】按钮有效性验证	角色：超级管理员 报废方式页面正常显示	无	登录成功，进入报废方式页面 点击【取消】按钮	不保存当前新增内容，关闭当前窗口，回到列表页	高	通过
6	新增报废方式	点击【×】按钮有效性验证	角色：超级管理员 报废方式页面正常显示	无	登录成功，进入报废方式页面 点击【×】按钮	不保存当前新增内容，关闭当前窗口，回到列表页	高	通过
7	修改报废方式	报废方式列表页，点击【修改】按钮有效性验证	角色：超级管理员 报废方式页面正常显示	无	登录成功，进入报废方式页面 报废方式列表页，点击【修改】按钮	弹出"修改报废方式"窗口	高	通过
8	修改报废方式	点击【保存】按钮有效性验证	角色：超级管理员 报废方式页面正常显示	无	登录成功，进入报废方式页面 点击【保存】按钮	页面提示：请输入	高	通过
9	修改报废方式	点击【取消】按钮有效性验证	角色：超级管理员 报废方式页面正常显示	无	登录成功，进入报废方式页面 点击【取消】按钮	不保存当前修改内容，关闭当前窗口，回到列表页	高	通过

续表

测试用例编号	功能点	用例说明	前置条件	输入	执行步骤	预期结果	重要程度	执行用例测试结果
10	修改报废方式	点击【×】按钮有效性验证	角色：超级管理员 报废方式页面正常显示	无	登录成功，进入报废方式页面 点击【×】按钮	不保存当前修改内容，关闭当前窗口，回到列表页	高	通过
11	禁用报废方式	在报废方式列表页，点击"已启用"状态报废方式后的【禁用】按钮，进行验证	角色：超级管理员 报废方式页面正常显示	无	登录成功，进入报废方式页面 在报废方式列表页,点击"已启用"状态报废方式后的【禁用】按钮	系统弹出提示信息"您确定要禁用该报废方式吗？"	高	通过
12	禁用报废方式	点击【确定】按钮有效性验证	角色：超级管理员 报废方式页面正常显示	无	登录成功，进入报废方式页面 在报废方式列表页,点击"已启用"状态报废方式后的【禁用】按钮 点击【确定】按钮	关闭提示信息，同时执行禁用操作；回到列表页，该类别状态变为"已禁用"	高	通过
13	禁用报废方式	点击【取消】按钮有效性验证	角色：超级管理员 报废方式页面正常显示	无	登录成功，进入报废方式页面 在报废方式列表页,点击"已启用"状态报废方式后的【禁用】按钮 点击【取消】按钮	关闭提示信息，不执行禁用操作；回到列表页，该类别状态仍为"已启用"	高	通过
14	启用报废方式	在报废方式列表页，点击"已启用"状态报废方式后的【启用】按钮，进行验证	角色：超级管理员 报废方式页面正常显示	无	登录成功，进入报废方式页面 在报废方式列表页,点击"已启用"状态报废方式后的【启用】按钮	系统弹出提示信息"您确定要启用该报废方式吗？"	高	通过
15	启用报废方式	点击【确定】按钮有效性验证	角色：超级管理员 报废方式页面正常显示	无	登录成功，进入报废方式页面 在报废方式列表页,点击"已启用"状态报废方式后的【启用】按钮 点击【确定】按钮	关闭提示信息，同时执行启用操作；回到列表页，该类别状态变为"已启用"	高	通过
16	启用报废方式	点击【取消】按钮有效性验证	角色：超级管理员 报废方式页面正常显示	无	登录成功，进入报废方式页面 在报废方式列表页,点击"已启用"状态报废方式后的【启用】按钮 点击【取消】按钮	关闭提示信息，不执行启用操作；回到列表页，该类别状态仍为"已禁用"	高	通过

3. 新增报废方式

新增报废方式见表 2-7-3。

表 2-7-3　新增报废方式

测试用例编号	功能点	用例说明	前置条件	输入	执行步骤	预期结果	重要程度	执行用例测试结果
1	新增报废方式	输入全部正确信息有效性验证	角色：超级管理员 报废方式页面正常显示	输入全部正确信息	登录成功，进入报废方式页面 输入相应信息，点击【保存】按钮	保存当前新增内容，关闭当前窗口，回到列表页，在列表页新增一条记录，状态默认为"已启用"	高	通过
2	新增报废方式	报废方式名称为空，进行验证	角色：超级管理员 报废方式页面正常显示	报废方式名称为空 其他信息输入正确	登录成功，进入报废方式页面 输入相应信息，点击【保存】按钮	页面提示：请输入报废方式名称	高	通过
3	新增报废方式	报废方式名称与系统内已存在报废方式名称重复，进行验证	角色：超级管理员 报废方式页面正常显示	报废方式名称与系统内已存在报废方式名称重复 其他信息输入正确	登录成功，进入报废方式页面 输入相应信息，点击【保存】按钮	页面提示：与系统内的报废方式名称不能重复，字符长度限制在 10 位中文字符（含）以内	高	通过
4	新增报废方式	报废方式名称 10 位中文字符，进行验证	角色：超级管理员 报废方式页面正常显示	报废方式名称 10 位中文字符 其他信息输入正确	登录成功，进入报废方式页面 输入相应信息，点击【保存】按钮	保存当前新增内容，关闭当前窗口，回到列表页，在列表页新增一条记录，状态默认为"已启用"	高	通过
5	新增报废方式	报废方式名称 9 位中文字符，进行验证	角色：超级管理员 报废方式页面正常显示	报废方式名称 9 位中文字符 其他信息输入正确	登录成功，进入报废方式页面 输入相应信息，点击【保存】按钮	保存当前新增内容，关闭当前窗口，回到列表页，在列表页新增一条记录，状态默认为"已启用"	高	通过
6	新增报废方式	报废方式名称 11 位中文字符，进行验证	角色：超级管理员 报废方式页面正常显示	报废方式名称 11 位中文字符 其他信息输入正确	登录成功，进入报废方式页面 输入相应信息，点击【保存】按钮	页面提示：与系统内的报废方式名称不能重复，字符长度限制在 10 位中文字符（含）以内	高	通过
7	新增报废方式	报废方式名称含数字，进行验证	角色：超级管理员 报废方式页面正常显示	报废方式名称含数字 其他信息输入正确	登录成功，进入报废方式页面 输入相应信息，点击【保存】按钮	页面提示：与系统内的报废方式名称不能重复，字符长度限制在 10 位中文字符（含）以内	高	通过
8	新增报废方式	报废方式名称含字母，进行验证	角色：超级管理员 报废方式页面正常显示	报废方式名称含字母 其他信息输入正确	登录成功，进入报废方式页面 输入相应信息，点击【保存】按钮	页面提示：与系统内的报废方式名称不能重复，字符长度限制在 10 位中文字符（含）以内	高	通过
9	新增报废方式	报废方式名称含特殊字符，进行验证	角色：超级管理员 报废方式页面正常显示	报废方式名称含特殊字符 其他信息输入正确	登录成功，进入报废方式页面 输入相应信息，点击【保存】按钮	页面提示：与系统内的报废方式名称不能重复，字符长度限制在 10 位中文字符（含）以内	高	通过
10	新增报废方式	报废方式编码为空，进行验证	角色：超级管理员 报废方式页面正常显示	报废方式编码为空 其他信息输入正确	登录成功，进入报废方式页面 输入相应信息，点击【保存】按钮	页面提示：请输入报废方式编码	高	通过

测试用例编号	功能点	用例说明	前置条件	输入	执行步骤	预期结果	重要程度	执行用例测试结果
11	新增报废方式	报废方式编码与系统内已存在报废方式编码重复,进行验证	角色：超级管理员 报废方式页面正常显示	报废方式编码与系统内已存在报废方式编码重复 其他信息输入正确	登录成功,进入报废方式页面 输入相应信息,点击【保存】按钮	页面提示：与系统内的报废方式编码不能重复,字符长度限制在6~8位字符（含）以内,字符格式为"英文字母及数字的组合"	高	通过
12	新增报废方式	报废方式编码6位字符,进行验证	角色：超级管理员 报废方式页面正常显示	报废方式编码6位字符 其他信息输入正确	登录成功,进入报废方式页面 输入相应信息,点击【保存】按钮	保存当前新增内容,关闭当前窗口,回到列表页,在列表页新增一条记录,状态默认为"已启用"	高	通过
13	新增报废方式	报废方式编码7位字符,进行验证	角色：超级管理员 报废方式页面正常显示	报废方式编码7位字符 其他信息输入正确	登录成功,进入报废方式页面 输入相应信息,点击【保存】按钮	保存当前新增内容,关闭当前窗口,回到列表页,在列表页新增一条记录,状态默认为"已启用"	高	通过
14	新增报废方式	报废方式编码8位字符,进行验证	角色：超级管理员 报废方式页面正常显示	报废方式编码8位字符 其他信息输入正确	登录成功,进入报废方式页面 输入相应信息,点击【保存】按钮	保存当前新增内容,关闭当前窗口,回到列表页,在列表页新增一条记录,状态默认为"已启用"	高	通过
15	新增报废方式	报废方式编码9位字符,进行验证	角色：超级管理员 报废方式页面正常显示	报废方式编码9位字符 其他信息输入正确	登录成功,进入报废方式页面 输入相应信息,点击【保存】按钮	页面提示：与系统内的报废方式编码不能重复,字符长度限制在6~8位字符（含）以内,字符格式为"英文字母及数字的组合"	高	通过
16	新增报废方式	报废方式编码5位字符,进行验证	角色：超级管理员 报废方式页面正常显示	报废方式编码5位字符 其他信息输入正确	登录成功,进入报废方式页面 输入相应信息,点击【保存】按钮	页面提示：与系统内的报废方式编码不能重复,字符长度限制在6~8位字符（含）以内,字符格式为"英文字母及数字的组合"	高	通过
17	新增报废方式	报废方式编码纯数字,进行验证	角色：超级管理员 报废方式页面正常显示	报废方式编码纯数字 其他信息输入正确	登录成功,进入报废方式页面 输入相应信息,点击【保存】按钮	页面提示：与系统内的报废方式编码不能重复,字符长度限制在6~8位字符（纯）以内,字符格式为"英文字母及数字的组合"	高	通过
18	新增报废方式	报废方式编码纯字母,进行验证	角色：超级管理员 报废方式页面正常显示	报废方式编码纯字母 其他信息输入正确	登录成功,进入报废方式页面 输入相应信息,点击【保存】按钮	页面提示：与系统内的报废方式编码不能重复,字符长度限制在6~8位字符（纯）以内,字符格式为"英文字母及数字的组合"	高	通过

续表

测试用例编号	功能点	用例说明	前置条件	输入	执行步骤	预期结果	重要程度	执行用例测试结果
19	新增报废方式	报废方式编码纯特殊字符，进行验证	角色：超级管理员 报废方式页面正常显示	报废方式编码纯特殊字符 其他信息输入正确	登录成功，进入报废方式页面 输入相应信息，点击【保存】按钮	页面提示：与系统内的报废方式编码不能重复，字符长度限制在6~8位字符（纯）以内，字符格式为"英文字母及数字的组合"	高	通过
20	新增报废方式	报废方式编码格式为英文字符和数字的组合，进行验证	角色：超级管理员 报废方式页面正常显示	报废方式编码格式为英文字符和数字的组合 其他信息输入正确	登录成功，进入报废方式页面 输入相应信息，点击【保存】按钮	保存当前新增内容，关闭当前窗口，回到列表页，在列表页新增一条记录，状态默认为"已启用"	高	通过

4.修改报废方式

修改报废方式见表2-7-4。

表 2-7-4　修改报废方式

测试用例编号	功能点	用例说明	前置条件	输入	执行步骤	预期结果	重要程度	执行用例测试结果
1	修改报废方式	输入全部正确信息有效性验证	角色：超级管理员 报废方式页面正常显示	输入全部正确信息	登录成功，进入报废方式页面 输入相应信息，点击【保存】按钮	保存当前修改内容，关闭当前窗口，回到列表页，在列表页修改一条记录，状态默认为"已启用"	高	通过
2	修改报废方式	报废方式名称为空，进行验证	角色：超级管理员 报废方式页面正常显示	报废方式名称为空 其他信息输入正确	登录成功，进入报废方式页面 输入相应信息，点击【保存】按钮	页面提示请输入报废方式名称	高	通过
3	修改报废方式	报废方式名称已存在报废方式名称重复，进行验证	角色：超级管理员 报废方式页面正常显示	报废方式名称与系统内已存在报废方式名称重复 其他信息输入正确	登录成功，进入报废方式页面 输入相应信息，点击【保存】按钮	页面提示：与系统内的报废方式名称不能重复，字符长度限制在10位中文字符（含）以内	高	通过
4	修改报废方式	报废方式名称10位中文字符，进行验证	角色：超级管理员 报废方式页面正常显示	报废方式名称10位中文字符 其他信息输入正确	登录成功，进入报废方式页面 输入相应信息，点击【保存】按钮	保存当前修改内容，关闭当前窗口，回到列表页，在列表页修改一条记录，状态默认为"已启用"	高	通过
5	修改报废方式	报废方式名称9位中文字符，进行验证	角色：超级管理员 报废方式页面正常显示	报废方式名称9位中文字符 其他信息输入正确	登录成功，进入报废方式页面 输入相应信息，点击【保存】按钮	保存当前修改内容，关闭当前窗口，回到列表页，在列表页修改一条记录，状态默认为"已启用"	高	通过
6	修改报废方式	报废方式名称11位中文字符，进行验证	角色：超级管理员 报废方式页面正常显示	报废方式名称11位中文字符 其他信息输入正确	登录成功，进入报废方式页面 输入相应信息，点击【保存】按钮	页面提示：与系统内的报废方式名称不能重复，字符长度限制在10位中文字符（含）以内	高	通过

续表

测试用例编号	功能点	用例说明	前置条件	输入	执行步骤	预期结果	重要程度	执行用例测试结果
7	修改报废方式	报废方式名称含数字,进行验证	角色:超级管理员 报废方式页面正常显示	报废方式名称含数字 其他信息输入正确	登录成功,进入报废方式页面 输入相应信息,点击【保存】按钮	页面提示:与系统内的报废方式名称不能重复,字符长度限制在10位中文字符(含)以内	高	通过
8	修改报废方式	报废方式名称含字母,进行验证	角色:超级管理员 报废方式页面正常显示	报废方式名称含字母 其他信息输入正确	登录成功,进入报废方式页面 输入相应信息,点击【保存】按钮	页面提示:与系统内的报废方式名称不能重复,字符长度限制在10位中文字符(含)以内	高	通过
9	修改报废方式	报废方式名称含特殊字符,进行验证	角色:超级管理员 报废方式页面正常显示	报废方式名称含特殊字符 其他信息输入正确	登录成功,进入报废方式页面 输入相应信息,点击【保存】按钮	页面提示:与系统内的报废方式名称不能重复,字符长度限制在10位中文字符(含)以内	高	通过
10	修改报废方式	报废方式编码为空,进行验证	角色:超级管理员 报废方式页面正常显示	报废方式编码为空 其他信息输入正确	登录成功,进入报废方式页面 输入相应信息,点击【保存】按钮	页面提示:请输入报废方式编码	高	通过
11	修改报废方式	报废方式编码与系统内已存在报废方式编码重复,进行验证	角色:超级管理员 报废方式页面正常显示	报废方式编码与系统内已存在报废方式编码重复 其他信息输入正确	登录成功,进入报废方式页面 输入相应信息,点击【保存】按钮	页面提示:与系统内的报废方式编码不能重复,字符长度限制在6~8位字符(含)以内,字符格式为"英文字母及数字的组合"	高	通过
12	修改报废方式	报废方式编码6位字符,进行验证	角色:超级管理员 报废方式页面正常显示	报废方式编码6位字符 其他信息输入正确	登录成功,进入报废方式页面 输入相应信息,点击【保存】按钮	保存当前修改内容,关闭当前窗口,回到列表页,在列表页修改一条记录,状态默认为"已启用"	高	通过
13	修改报废方式	报废方式编码7位字符,进行验证	角色:超级管理员 报废方式页面正常显示	报废方式编码7位字符 其他信息输入正确	登录成功,进入报废方式页面 输入相应信息,点击【保存】按钮	保存当前修改内容,关闭当前窗口,回到列表页,在列表页修改一条记录,状态默认为"已启用"	高	通过
14	修改报废方式	报废方式编码8位字符,进行验证	角色:超级管理员 报废方式页面正常显示	报废方式编码8位字符 其他信息输入正确	登录成功,进入报废方式页面 输入相应信息,点击【保存】按钮	保存当前修改内容,关闭当前窗口,回到列表页,在列表页修改一条记录,状态默认为"已启用"	高	通过
15	修改报废方式	报废方式编码9位字符,进行验证	角色:超级管理员 报废方式页面正常显示	报废方式编码9位字符 其他信息输入正确	登录成功,进入报废方式页面 输入相应信息,点击【保存】按钮	页面提示:与系统内的报废方式编码不能重复,字符长度限制在6~8位字符(含)以内,字符格式为"英文字母及数字的组合"	高	通过
16	修改报废方式	报废方式编码5位字符,进行验证	角色:超级管理员 报废方式页面正常显示	报废方式编码5位字符 其他信息输入正确	登录成功,进入报废方式页面 输入相应信息,点击【保存】按钮	页面提示:与系统内的报废方式编码不能重复,字符长度限制在6~8位字符(含)以内,字符格式为"英文字母及数字的组合"	高	通过

续表

测试用例编号	功能点	用例说明	前置条件	输入	执行步骤	预期结果	重要程度	执行用例测试结果
17	修改报废方式	报废方式编码纯数字,进行验证	角色:超级管理员 报废方式页面正常显示	报废方式编码纯数字 其他信息输入正确	登录成功,进入报废方式页面 输入相应信息,点击【保存】按钮	页面提示:与系统内的报废方式编码不能重复,字符长度限制在6~8位字符(纯)以内,字符格式为"英文字母及数字的组合"	高	通过
18	修改报废方式	报废方式编码纯字母,进行验证	角色:超级管理员 报废方式页面正常显示	报废方式编码纯字母 其他信息输入正确	登录成功,进入报废方式页面 输入相应信息,点击【保存】按钮	页面提示:与系统内的报废方式编码不能重复,字符长度限制在6~8位字符(纯)以内,字符格式为"英文字母及数字的组合"	高	通过
19	修改报废方式	报废方式编码纯特殊字符,进行验证	角色:超级管理员 报废方式页面正常显示	报废方式编码纯特殊字符 其他信息输入正确	登录成功,进入报废方式页面 输入相应信息,点击【保存】按钮	页面提示:与系统内的报废方式编码不能重复,字符长度限制在6~8位字符(纯)以内,字符格式为"英文字母及数字的组合"	高	通过
20	修改报废方式	报废方式编码格式为英文字符和数字的组合,进行验证	角色:超级管理员 报废方式页面正常显示	报废方式编码格式为英文字符和数字的组合 其他信息输入正确	登录成功,进入报废方式页面 输入相应信息,点击【保存】按钮	保存当前修改内容,关闭当前窗口,回到列表页,在列表页修改一条记录,状态默认为"已启用"	高	通过

5. 禁用报废方式

禁用报废方式见表 2-7-5。

表 2-7-5　禁用报废方式

测试用例编号	功能点	用例说明	前置条件	输入	执行步骤	预期结果	重要程度	执行用例测试结果
1	禁用报废方式	确认禁用有效性验证	角色:超级管理员 报废方式页面正常显示	无	登录成功,进入报废方式页面 在报废方式列表页,点击"已启用"状态报废方式后的【禁用】按钮 点击【确定】按钮	关闭提示信息,同时执行禁用操作;回到列表页,该类别状态变为"已禁用"	高	通过

6. 启用报废方式

启用报废方式见表 2-7-6。

表 2-7-6　启用报废方式

测试用例编号	功能点	用例说明	前置条件	输入	执行步骤	预期结果	重要程度	执行用例测试结果
1	启用报废方式	确认启用有效性验证	角色:超级管理员 报废方式页面正常显示	无	登录成功,进入报废方式页面 在报废方式列表页,点击"已启用"状态报废方式后的【启用】按钮 点击【确定】按钮	关闭提示信息,同时执行启用操作;回到列表页,该类别状态变为"已启用"	高	通过

2.8　供应商用例书写

业务描述：

"供应商"作为资产信息的属性而存在，超级管理员可以新增、修改、启用、禁用、查询、查看供应商详情。资产管理员可以查询、查看供应商详情。

需求描述：

登录系统后：

（1）超级管理员可以新增、修改、启用、禁用、查询供应商信息；

（2）资产管理员可以查询、查看供应商信息；

（3）供应商详情：供应商名称、类型、说明；

（4）供应商查询：支持按照供应商的状态及名称（模糊查询）进行查询。

用例书写思路：

查看当前页面中所有的信息，页面 UI 是否正确，页面按钮的功能性验证（如点击按钮是否有效，点击按钮是否弹出正确信息等），页面输入框中的字符正确性验证（如输入字符过长是否正确，输入字符过短是否正确，输入特殊字符验证，输入空格验证等），禁用、启用功能是否有效，查询数据是否有效，点击页面信息是否弹出正确窗口信息。

行为人：

行为人包括资产管理员、超级管理员。

UI 界面：

供应商界面如图 2-8-1 所示。

图 2-8-1　供应商界面

任务设计：

本次案例主要完成用户供应商模块，包括 UI 界面信息、界面按钮、新增供应商、修改供应商、禁用供应商、启用供应商、供应商详情、供应商查询的用例编写。

用例编写：

1. UI 界面信息

UI 界面信息见表 2-8-1。

表 2-8-1　UI 界面信息

测试用例编号	功能点	用例说明	前置条件	输入	执行步骤	预期结果	重要程度	执行用例测试结果
1	供应商功能测试	供应商界面文字正确性验证	角色：资产管理员、超级管理员 供应商页面正常显示	无	登录成功，进入供应商页面	界面显示文字和按钮文字显示正确	低	通过

2. 界面按钮

界面按钮见表 2-8-2。

表 2-8-2　界面按钮

测试用例编号	功能点	用例说明	前置条件	输入	执行步骤	预期结果	重要程度	执行用例测试结果
1	供应商功能测试	点击面包屑导航栏【首页】按钮有效性验证	角色：资产管理员、超级管理员 供应商页面正常显示	无	登录成功，进入供应商页面 点击面包屑导航栏【首页】按钮	进入首页页面	高	通过
2	供应商功能测试	点击左侧导航栏【供应商】按钮有效性验证	角色：资产管理员、超级管理员 供应商页面正常显示	无	登录成功，进入供应商页面 点击左侧导航栏【供应商】按钮	进入供应商页面	高	通过
3	新增供应商	供应商列表页，点击【新增】按钮有效性验证	角色：超级管理员 供应商页面正常显示	无	登录成功，进入供应商页面 供应商列表页，点击【新增】按钮	弹出"新增供应商"窗口	高	通过
4	新增供应商	点击【保存】按钮有效性验证	角色：超级管理员 供应商页面正常显示	无	登录成功，进入供应商页面 点击【保存】按钮	页面提示：请输入	高	通过
5	新增供应商	点击【取消】按钮有效性验证	角色：超级管理员 供应商页面正常显示	无	登录成功，进入供应商页面 点击【取消】按钮	不保存当前新增内容，关闭当前窗口，回到列表页	高	通过
6	新增供应商	点击【×】按钮有效性验证	角色：超级管理员 供应商页面正常显示	无	登录成功，进入供应商页面 点击【×】按钮	不保存当前新增内容，关闭当前窗口，回到列表页	高	通过
7	修改供应商	供应商列表页，点击【修改】按钮有效性验证	角色：超级管理员 供应商页面正常显示	无	登录成功，进入供应商页面 供应商列表页，点击【修改】按钮	弹出"修改供应商"窗口	高	通过
8	修改供应商	点击【保存】按钮有效性验证	角色：超级管理员 供应商页面正常显示	无	登录成功，进入供应商页面 点击【保存】按钮	页面提示：请输入	高	通过

续表

测试用例编号	功能点	用例说明	前置条件	输入	执行步骤	预期结果	重要程度	执行用例测试结果
9	修改供应商	点击【取消】按钮有效性验证	角色：超级管理员 供应商页面正常显示	无	登录成功，进入供应商页面 点击【取消】按钮	不保存当前修改内容，关闭当前窗口，回到列表页	高	通过
10	修改供应商	点击【×】按钮有效性验证	角色：超级管理员 供应商页面正常显示	无	登录成功，进入供应商页面 点击【×】按钮	不保存当前修改内容，关闭当前窗口，回到列表页。	高	通过
11	禁用供应商	在供应商列表页，点击"已启用"状态供应商后的【禁用】按钮，进行验证	角色：超级管理员 供应商页面正常显示	无	登录成功，进入供应商页面 在供应商列表页，点击"已启用"状态供应商后的【禁用】按钮	系统弹出提示信息"您确定要禁用该供应商吗？"	高	通过
12	禁用供应商	点击【确定】按钮有效性验证	角色：超级管理员 供应商页面正常显示	无	登录成功，进入供应商页面 在供应商列表页，点击"已启用"状态供应商后的【禁用】按钮 点击【确定】按钮	关闭提示信息，同时执行禁用操作；回到列表页，该类别状态变为"已禁用"	高	通过
13	禁用供应商	点击【取消】按钮有效性验证	角色：超级管理员 供应商页面正常显示	无	登录成功，进入供应商页面 在供应商列表页，点击"已启用"状态供应商后的【禁用】按钮 点击【取消】按钮	关闭提示信息，不执行禁用操作；回到列表页，该类别状态仍为"已启用"	高	通过
14	启用供应商	在供应商列表页，点击"已启用"状态供应商后的【启用】按钮，进行验证	角色：超级管理员 供应商页面正常显示	无	登录成功，进入供应商页面 在供应商列表页，点击"已启用"状态供应商后的【启用】按钮	系统弹出提示信息"您确定要启用该供应商吗？"	高	通过
15	启用供应商	点击【确定】按钮有效性验证	角色：超级管理员 供应商页面正常显示	无	登录成功，进入供应商页面 在供应商列表页，点击"已启用"状态供应商后的【启用】按钮 点击【确定】按钮	关闭提示信息，同时执行启用操作；回到列表页，该类别状态变为"已启用"	高	通过
16	启用供应商	点击【取消】按钮有效性验证	角色：超级管理员 供应商页面正常显示	无	登录成功，进入供应商页面 在供应商列表页，点击"已启用"状态供应商后的【启用】按钮 点击【取消】按钮	关闭提示信息，不执行启用操作；回到列表页，该类别状态仍为"已禁用"	高	通过
17	查看供应商详情	【关闭】按钮有效性验证	角色：超级管理员 供应商页面正常显示	无	登录成功，进入供应商页面 在供应商列表页，点击列表任意供应商名称 点击【关闭】按钮	关闭当前窗口，回到列表页	高	通过
18	供应商查询	【查询】按钮有效性验证	角色：超级管理员 供应商页面正常显示	无	登录成功，进入供应商页面 点击【查询】按钮	系统显示符合条件的供应商信息	高	通过

3. 新增供应商

新增供应商见表 2-8-3。

表 2-8-3 新增供应商

测试用例编号	功能点	用例说明	前置条件	输入	执行步骤	预期结果	重要程度	执行用例测试结果
1	新增供应商	输入全部正确信息，进行验证	角色：超级管理员 供应商页面正常显示	输入全部正确信息	登录成功，进入供应商页面 在供应商列表页，点击【新增】按钮 输入相应信息，点击【保存】按钮	保存当前新增内容，关闭当前窗口，回到列表页，在列表页新增一条记录，状态默认为"已启用"	高	通过
2	新增供应商	供应商名称为空，进行验证	角色：超级管理员 供应商页面正常显示	供应商名称为空 其他信息输入正确	登录成功，进入供应商页面 在供应商列表页，点击【新增】按钮 输入相应信息，点击【保存】按钮	页面提示：请输入供应商名称	高	通过
3	新增供应商	供应商名称与系统内已存在供应商名称重复，进行验证	角色：超级管理员 供应商页面正常显示	供应商名称与系统内已存在供应商名称重复 其他信息输入正确	登录成功，进入供应商页面 在供应商列表页，点击【新增】按钮 输入相应信息，点击【保存】按钮	页面提示：与系统内的供应商名称不能重复，字符长度限制在30位中文字符（含）以内	高	通过
4	新增供应商	供应商名称为30位中文字符，进行验证	角色：超级管理员 供应商页面正常显示	供应商名称为30位中文字符 其他信息输入正确	登录成功，进入供应商页面 在供应商列表页，点击【新增】按钮 输入相应信息，点击【保存】按钮	保存当前新增内容，关闭当前窗口，回到列表页，在列表页新增一条记录，状态默认为"已启用"	高	通过
5	新增供应商	供应商名称为29位中文字符，进行验证	角色：超级管理员 供应商页面正常显示	供应商名称为29位中文字符 其他信息输入正确	登录成功，进入供应商页面 在供应商列表页，点击【新增】按钮 输入相应信息，点击【保存】按钮	保存当前新增内容，关闭当前窗口，回到列表页，在列表页新增一条记录，状态默认为"已启用"	高	通过
6	新增供应商	供应商名称为31位中文字符，进行验证	角色：超级管理员 供应商页面正常显示	供应商名称为31位中文字符 其他信息输入正确	登录成功，进入供应商页面 在供应商列表页，点击【新增】按钮 输入相应信息，点击【保存】按钮	页面提示：与系统内的供应商名称不能重复，字符长度限制在30位中文字符（含）以内	高	通过
7	新增供应商	供应商名称含数字，进行验证	角色：超级管理员 供应商页面正常显示	供应商名称含数字 其他信息输入正确	登录成功，进入供应商页面 在供应商列表页，点击【新增】按钮 输入相应信息，点击【保存】按钮	页面提示：与系统内的供应商名称不能重复，字符长度限制在30位中文字符（含）以内	高	通过
8	新增供应商	供应商名称含英文字母，进行验证	角色：超级管理员 供应商页面正常显示	供应商名称含英文字母 其他信息输入正确	登录成功，进入供应商页面 在供应商列表页，点击【新增】按钮 输入相应信息，点击【保存】按钮	页面提示：与系统内的供应商名称不能重复，字符长度限制在30位中文字符（含）以内	高	通过

测试用例编号	功能点	用例说明	前置条件	输入	执行步骤	预期结果	重要程度	执行用例测试结果
9	新增供应商	供应商名称含特殊字符，进行验证	角色：超级管理员 供应商页面正常显示	供应商名称含特殊字符 其他信息输入正确	登录成功，进入供应商页面 在供应商列表页，点击【新增】按钮 输入相应信息，点击【保存】按钮	页面提示：与系统内的供应商名称不能重复，字符长度限制在 30 位中文字符（含）以内	高	通过
10	新增供应商	供应商类型为空，进行验证	角色：超级管理员 供应商页面正常显示	供应商类型为空 其他信息输入正确	登录成功，进入供应商页面 在供应商列表页，点击【新增】按钮 输入相应信息，点击【保存】按钮	页面提示：请选择供应商类型	高	通过
11	新增供应商	供应商类型下拉框按钮有效性验证	角色：超级管理员 供应商页面正常显示	无	登录成功，进入供应商页面 在供应商列表页，点击【新增】按钮 点击供应商类型下拉框按钮	供应商类型下拉框按钮有效	高	通过
12	新增供应商	供应商类型下拉框有效性验证	角色：超级管理员 供应商页面正常显示	无	登录成功，进入供应商页面 在供应商列表页，点击【新增】按钮 点击供应商类型下拉框	可选择下拉框字典为生产商、代理商、零件	高	通过
13	新增供应商	联系人为空，进行验证	角色：超级管理员 供应商页面正常显示	联系人为空 其他信息输入正确	登录成功，进入供应商页面 在供应商列表页，点击【新增】按钮 输入相应信息，点击【保存】按钮	页面提示：请输入联系人	高	通过
14	新增供应商	联系人与系统内已存在联系人重复，进行验证	角色：超级管理员 供应商页面正常显示	联系人与系统内已存在联系人重复 其他信息输入正确	登录成功，进入供应商页面 在供应商列表页，点击【新增】按钮 输入相应信息，点击【保存】按钮	页面提示：与系统内的联系人不能重复，字符长度限制在 20 位中文字符（含）以内	高	通过
15	新增供应商	联系人为 20 位中文字符，进行验证	角色：超级管理员 供应商页面正常显示	联系人为 20 位中文字符 其他信息输入正确	登录成功，进入供应商页面 在供应商列表页，点击【新增】按钮 输入相应信息，点击【保存】按钮	保存当前新增内容，关闭当前窗口，回到列表页，在列表页新增一条记录，状态默认为"已启用"	高	通过
16	新增供应商	联系人为 19 位中文字符，进行验证	角色：超级管理员 供应商页面正常显示	联系人为 19 位中文字符 其他信息输入正确	登录成功，进入供应商页面 在供应商列表页，点击【新增】按钮 输入相应信息，点击【保存】按钮	保存当前新增内容，关闭当前窗口，回到列表页，在列表页新增一条记录，状态默认为"已启用"	高	通过
17	新增供应商	联系人为 21 位中文字符，进行验证	角色：超级管理员 供应商页面正常显示	联系人为 21 位中文字符 其他信息输入正确	登录成功，进入供应商页面 在供应商列表页，点击【新增】按钮 输入相应信息，点击【保存】按钮	页面提示：与系统内的联系人不能重复，字符长度限制在 20 位中文字符（含）以内	高	通过
18	新增供应商	联系人含数字，进行验证	角色：超级管理员 供应商页面正常显示	联系人含数字 其他信息输入正确	登录成功，进入供应商页面 在供应商列表页，点击【新增】按钮 输入相应信息，点击【保存】按钮	页面提示：与系统内的联系人不能重复，字符长度限制在 20 位中文字符（含）以内	高	通过

测试用例编号	功能点	用例说明	前置条件	输入	执行步骤	预期结果	重要程度	执行用例测试结果
19	新增供应商	联系人含英文字母,进行验证	角色:超级管理员 供应商页面正常显示	联系人含英文字母 其他信息输入正确	登录成功,进入供应商页面 在供应商列表页,点击【新增】按钮 输入相应信息,点击【保存】按钮	页面提示:与系统内的联系人不能重复,字符长度限制在20位中文字符(含)以内	高	通过
20	新增供应商	联系人含特殊字符,进行验证	角色:超级管理员 供应商页面正常显示	联系人含特殊字符 其他信息输入正确	登录成功,进入供应商页面 在供应商列表页,点击【新增】按钮 输入相应信息,点击【保存】按钮	页面提示:与系统内的联系人不能重复,字符长度限制在20位中文字符(含)以内	高	通过
21	新增供应商	移动电话为空,进行验证	角色:资产管理员、超级管理员 个人信息页面正常显示	移动电话为空 其他信息输入正确	登录成功,进入供应商页面 在供应商列表页,点击【新增】按钮 输入相应信息,点击【保存】按钮	页面提示:请输入移动电话	高	通过
22	新增供应商	移动电话错误,进行验证	角色:资产管理员、超级管理员 个人信息页面正常显示	移动电话错误 其他信息输入正确	登录成功,进入供应商页面 在供应商列表页,点击【新增】按钮 输入相应信息,点击【保存】按钮	页面提示:移动电话错误	高	通过
23	新增供应商	移动电话为11位数字,进行验证	角色:资产管理员、超级管理员 个人信息页面正常显示	移动电话为11位数字 其他信息输入正确	登录成功,进入供应商页面 在供应商列表页,点击【新增】按钮 输入相应信息,点击【保存】按钮	保存成功	高	通过
24	新增供应商	移动电话为10位数字,进行验证	角色:资产管理员、超级管理员 个人信息页面正常显示	移动电话为10位数字 其他信息输入正确	登录成功,进入供应商页面 在供应商列表页,点击【新增】按钮 输入相应信息,点击【保存】按钮	页面提示:只能输入以1开头的11位数字,输入其他字符不能编辑成功	高	通过
25	新增供应商	移动电话为12位数字,进行验证	角色:资产管理员、超级管理员 个人信息页面正常显示	移动电话为12位数字 其他信息输入正确	登录成功,进入供应商页面 在供应商列表页,点击【新增】按钮 输入相应信息,点击【保存】按钮	页面提示:只能输入以1开头的11位数字,输入其他字符不能编辑成功	高	通过
26	新增供应商	移动电话含汉字,进行验证	角色:资产管理员、超级管理员 个人信息页面正常显示	移动电话含汉字 其他信息输入正确	登录成功,进入供应商页面 在供应商列表页,点击【新增】按钮 输入相应信息,点击【保存】按钮	页面提示:只能输入以1开头的11位数字,输入其他字符不能编辑成功	高	通过
27	新增供应商	移动电话含英文字母,进行验证	角色:资产管理员、超级管理员 个人信息页面正常显示	移动电话含英文字母 其他信息输入正确	登录成功,进入供应商页面 在供应商列表页,点击【新增】按钮 输入相应信息,点击【保存】按钮	页面提示:只能输入以1开头的11位数字,输入其他字符不能编辑成功	高	通过

测试用例编号	功能点	用例说明	前置条件	输入	执行步骤	预期结果	重要程度	执行用例测试结果
28	新增供应商	移动电话含特殊字符,进行验证	角色:资产管理员、超级管理员 个人信息页面正常显示	移动电话含特殊字符 其他信息输入正确	登录成功,进入供应商页面 在供应商列表页,点击【新增】按钮 输入相应信息,点击【保存】按钮	页面提示:只能输入以 1 开头的 11 位数字,输入其他字符不能编辑成功	高	通过
29	新增供应商	地址为空,进行验证	角色:超级管理员 供应商页面正常显示	地址为空 其他信息输入正确	登录成功,进入供应商页面 在供应商列表页,点击【新增】按钮 输入相应信息,点击【保存】按钮	页面提示:请输入地址	高	通过
30	新增供应商	地址与系统内已存在地址重复,进行验证	角色:超级管理员 供应商页面正常显示	地址与系统内已存在地址重复 其他信息输入正确	登录成功,进入供应商页面 在供应商列表页,点击【新增】按钮 输入相应信息,点击【保存】按钮	页面提示:与系统内的地址不能重复,字符长度限制在 20 位中文字符(含)以内	高	通过
31	新增供应商	地址为 20 位中文字符,进行验证	角色:超级管理员 供应商页面正常显示	地址为 20 位中文字符 其他信息输入正确	登录成功,进入供应商页面 在供应商列表页,点击【新增】按钮 输入相应信息,点击【保存】按钮	保存当前新增内容,关闭当前窗口,回到列表页,在列表页新增一条记录,状态默认为"已启用"	高	通过
32	新增供应商	地址为 19 位中文字符,进行验证	角色:超级管理员 供应商页面正常显示	地址为 19 位中文字符 其他信息输入正确	登录成功,进入供应商页面 在供应商列表页,点击【新增】按钮 输入相应信息,点击【保存】按钮	保存当前新增内容,关闭当前窗口,回到列表页,在列表页新增一条记录,状态默认为"已启用"	高	通过
33	新增供应商	地址为 21 位中文字符,进行验证	角色:超级管理员 供应商页面正常显示	地址为 21 位中文字符 其他信息输入正确	登录成功,进入供应商页面 在供应商列表页,点击【新增】按钮 输入相应信息,点击【保存】按钮	页面提示:与系统内的地址不能重复,字符长度限制在 20 位中文字符(含)以内	高	通过
34	新增供应商	地址含数字,进行验证	角色:超级管理员 供应商页面正常显示	地址含数字 其他信息输入正确	登录成功,进入供应商页面 在供应商列表页,点击【新增】按钮 输入相应信息,点击【保存】按钮	页面提示:与系统内的地址不能重复,字符长度限制在 20 位中文字符(含)以内	高	通过
35	新增供应商	地址含英文字母,进行验证	角色:超级管理员 供应商页面正常显示	地址含英文字母 其他信息输入正确	登录成功,进入供应商页面 在供应商列表页,点击【新增】按钮 输入相应信息,点击【保存】按钮	页面提示:与系统内的地址不能重复,字符长度限制在 20 位中文字符(含)以内	高	通过
36	新增供应商	地址含特殊字符,进行验证	角色:超级管理员 供应商页面正常显示	地址含特殊字符 其他信息输入正确	登录成功,进入供应商页面 在供应商列表页,点击【新增】按钮 输入相应信息,点击【保存】按钮	页面提示:与系统内的地址不能重复,字符长度限制在 20 位中文字符(含)以内	高	通过

4. 修改供应商

修改供应商见表 2-8-4。

表 2-8-4　修改供应商

测试用例编号	功能点	用例说明	前置条件	输入	执行步骤	预期结果	重要程度	执行用例测试结果
1	修改供应商	输入全部正确信息,进行验证	角色:超级管理员 供应商页面正常显示	输入全部正确信息	登录成功,进入供应商页面 在供应商列表页,点击【修改】按钮 输入相应信息,点击【保存】按钮	保存当前修改内容,关闭当前窗口,回到列表页,在列表页修改一条记录,状态默认为"已启用"	高	通过
2	修改供应商	供应商名称为空,进行验证	角色:超级管理员 供应商页面正常显示	供应商名称为空 其他信息输入正确	登录成功,进入供应商页面 在供应商列表页,点击【修改】按钮 输入相应信息,点击【保存】按钮	页面提示:请输入供应商名称	高	通过
3	修改供应商	供应商名称与系统内已存在供应商名称重复,进行验证	角色:超级管理员 供应商页面正常显示	供应商名称与系统内已存在供应商名称重复 其他信息输入正确	登录成功,进入供应商页面 在供应商列表页,点击【修改】按钮 输入相应信息,点击【保存】按钮	页面提示:与系统内的供应商名称不能重复,字符长度限制在30位中文字符(含)以内	高	通过
4	修改供应商	供应商名称为30位中文字符,进行验证	角色:超级管理员 供应商页面正常显示	供应商名称为30位中文字符 其他信息输入正确	登录成功,进入供应商页面 在供应商列表页,点击【修改】按钮 输入相应信息,点击【保存】按钮	保存当前修改内容,关闭当前窗口,回到列表页,在列表页修改一条记录,状态默认为"已启用"	高	通过
5	修改供应商	供应商名称为29位中文字符,进行验证	角色:超级管理员 供应商页面正常显示	供应商名称为29位中文字符 其他信息输入正确	登录成功,进入供应商页面 在供应商列表页,点击【修改】按钮 输入相应信息,点击【保存】按钮	保存当前修改内容,关闭当前窗口,回到列表页,在列表页修改一条记录,状态默认为"已启用"	高	通过
6	修改供应商	供应商名称为31位中文字符,进行验证	角色:超级管理员 供应商页面正常显示	供应商名称为31位中文字符 其他信息输入正确	登录成功,进入供应商页面 在供应商列表页,点击【修改】按钮 输入相应信息,点击【保存】按钮	页面提示:与系统内的供应商名称不能重复,字符长度限制在30位中文字符(含)以内	高	通过

测试用例编号	功能点	用例说明	前置条件	输入	执行步骤	预期结果	重要程度	执行用例测试结果
7	修改供应商	供应商名称含数字,进行验证	角色:超级管理员 供应商页面正常显示	供应商名称含数字 其他信息输入正确	登录成功,进入供应商页面 在供应商列表页,点击【修改】按钮输入相应信息,点击【保存】按钮	页面提示:与系统内的供应商名称不能重复,字符长度限制在30位中文字符(含)以内	高	通过
8	修改供应商	供应商名称含英文字母,进行验证	角色:超级管理员 供应商页面正常显示	供应商名称含英文字母 其他信息输入正确	登录成功,进入供应商页面 在供应商列表页,点击【修改】按钮输入相应信息,点击【保存】按钮	页面提示:与系统内的供应商名称不能重复,字符长度限制在30位中文字符(含)以内	高	通过
9	修改供应商	供应商名称含特殊字符,进行验证	角色:超级管理员 供应商页面正常显示	供应商名称含特殊字符 其他信息输入正确	登录成功,进入供应商页面 在供应商列表页,点击【修改】按钮输入相应信息,点击【保存】按钮	页面提示:与系统内的供应商名称不能重复,字符长度限制在30位中文字符(含)以内	高	通过
10	修改供应商	供应商类型为空,进行验证	角色:超级管理员 供应商页面正常显示	供应商类型为空 其他信息输入正确	登录成功,进入供应商页面 在供应商列表页,点击【修改】按钮输入相应信息,点击【保存】按钮	页面提示:请选择供应商类型	高	通过
11	修改供应商	供应商类型下拉框按钮有效性验证	角色:超级管理员 供应商页面正常显示	无	登录成功,进入供应商页面 在供应商列表页,点击【修改】按钮 点击供应商类型下拉框按钮	供应商类型下拉框按钮有效	高	通过
12	修改供应商	供应商类型下拉框有效性验证	角色:超级管理员 供应商页面正常显示	无	登录成功,进入供应商页面 在供应商列表页,点击【修改】按钮 点击供应商类型下拉框	可选择下拉框字典为生产商、代理商、零件	高	通过
13	修改供应商	联系人为空,进行验证	角色:超级管理员 供应商页面正常显示	联系人为空 其他信息输入正确	登录成功,进入供应商页面 在供应商列表页,点击【修改】按钮输入相应信息,点击【保存】按钮	页面提示:请输入联系人	高	通过

续表

测试用例编号	功能点	用例说明	前置条件	输入	执行步骤	预期结果	重要程度	执行用例测试结果
14	修改供应商	联系人与系统内已存在联系人重复，进行验证	角色：超级管理员 供应商页面正常显示	联系人与系统内已存在联系人重复 其他信息输入正确	登录成功，进入供应商页面 在供应列表页，点击【修改】按钮输入相应信息，点击【保存】按钮	页面提示：与系统内的联系人不能重复，字符长度限制在20位中文字符（含）以内	高	通过
15	修改供应商	联系人为20位中文字符，进行验证	角色：超级管理员 供应商页面正常显示	联系人为20位中文字符 其他信息输入正确	登录成功，进入供应商页面 在供应商列表页，点击【修改】按钮输入相应信息，点击【保存】按钮	保存当前修改内容，关闭当前窗口，回到列表页，在列表页修改一条记录，状态默认为"已启用"	高	通过
16	修改供应商	联系人为19位中文字符，进行验证	角色：超级管理员 供应商页面正常显示	联系人为19位中文字符 其他信息输入正确	登录成功，进入供应商页面 在供应商列表页，点击【修改】按钮输入相应信息，点击【保存】按钮	保存当前修改内容，关闭当前窗口，回到列表页，在列表页修改一条记录，状态默认为"已启用"	高	通过
17	修改供应商	联系人为21位中文字符，进行验证	角色：超级管理员 供应商页面正常显示	联系人为21位中文字符 其他信息输入正确	登录成功，进入供应商页面 在供应商列表页，点击【修改】按钮输入相应信息，点击【保存】按钮	页面提示：与系统内的联系人不能重复，字符长度限制在20位中文字符（含）以内	高	通过
18	修改供应商	联系人含数字，进行验证	角色：超级管理员 供应商页面正常显示	联系人含数字 其他信息输入正确	登录成功，进入供应商页面 在供应商列表页，点击【修改】按钮输入相应信息，点击【保存】按钮	页面提示：与系统内的联系人不能重复，字符长度限制在20位中文字符（含）以内	高	通过
19	修改供应商	联系人含英文字母，进行验证	角色：超级管理员 供应商页面正常显示	联系人含英文字母 其他信息输入正确	登录成功，进入供应商页面 在供应商列表页，点击【修改】按钮输入相应信息，点击【保存】按钮	页面提示：与系统内的联系人不能重复，字符长度限制在20位中文字符（含）以内	高	通过
20	修改供应商	联系人含特殊字符，进行验证	角色：超级管理员 供应商页面正常显示	联系人含特殊字符 其他信息输入正确	登录成功，进入供应商页面 在供应商列表页，点击【修改】按钮输入相应信息，点击【保存】按钮	页面提示：与系统内的联系人不能重复，字符长度限制在20位中文字符（含）以内	高	通过

续表

测试用例编号	功能点	用例说明	前置条件	输入	执行步骤	预期结果	重要程度	执行用例测试结果
21	修改供应商	移动电话为空，进行验证	角色：资产管理员、超级管理员 个人信息页面正常显示	移动电话为空 其他信息输入正确	登录成功，进入供应商页面 在供应商列表页，点击【修改】按钮 输入相应信息，点击【保存】按钮	页面提示：请输入移动电话	高	通过
22	修改供应商	移动电话错误，进行验证	角色：资产管理员、超级管理员 个人信息页面正常显示	移动电话错误 其他信息输入正确	登录成功，进入供应商页面 在供应商列表页，点击【修改】按钮 输入相应信息，点击【保存】按钮	页面提示：移动电话错误	高	通过
23	修改供应商	移动电话为11位数字，进行验证	角色：资产管理员、超级管理员 个人信息页面正常显示	移动电话为11位数字 其他信息输入正确	登录成功，进入供应商页面 在供应商列表页，点击【修改】按钮 输入相应信息，点击【保存】按钮	保存成功	高	通过
24	修改供应商	移动电话为10位数字，进行验证	角色：资产管理员、超级管理员 个人信息页面正常显示	移动电话为10位数字 其他信息输入正确	登录成功，进入供应商页面 在供应商列表页，点击【修改】按钮 输入相应信息，点击【保存】按钮	页面提示：只能输入以1开头的11位数字，输入其他字符不能编辑成功	高	通过
25	修改供应商	移动电话为12位数字，进行验证	角色：资产管理员、超级管理员 个人信息页面正常显示	移动电话为12位数字 其他信息输入正确	登录成功，进入供应商页面 在供应商列表页，点击【修改】按钮 输入相应信息，点击【保存】按钮	页面提示：只能输入以1开头的11位数字，输入其他字符不能编辑成功	高	通过
26	修改供应商	移动电话含汉字，进行验证	角色：资产管理员、超级管理员 个人信息页面正常显示	移动电话含汉字 其他信息输入正确	登录成功，进入供应商页面 在供应商列表页，点击【修改】按钮 输入相应信息，点击【保存】按钮	页面提示：只能输入以1开头的11位数字，输入其他字符不能编辑成功	高	通过
27	修改供应商	移动电话含英文字母，进行验证	角色：资产管理员、超级管理员 个人信息页面正常显示	移动电话含英文字母 其他信息输入正确	登录成功，进入供应商页面 在供应商列表页，点击【修改】按钮 输入相应信息，点击【保存】按钮	页面提示：只能输入以1开头的11位数字，输入其他字符不能编辑成功	高	通过
28	修改供应商	移动电话含特殊字符，进行验证	角色：资产管理员、超级管理员 个人信息页面正常显示	移动电话含特殊字符 其他信息输入正确	登录成功，进入供应商页面 在供应商列表页，点击【修改】按钮 输入相应信息，点击【保存】按钮	页面提示：只能输入以1开头的11位数字，输入其他字符不能编辑成功	高	通过

测试用例编号	功能点	用例说明	前置条件	输入	执行步骤	预期结果	重要程度	执行用例测试结果
29	修改供应商	地址为空，进行验证	角色：超级管理员供应商页面正常显示	地址为空其他信息输入正确	登录成功，进入供应商页面在供应商列表页，点击【修改】按钮输入相应信息，点击【保存】按钮	页面提示：请输入地址	高	通过
30	修改供应商	地址与系统内已存在地址重复，进行验证	角色：超级管理员供应商页面正常显示	地址与系统内已存在地址重复其他信息输入正确	登录成功，进入供应商页面在供应商列表页，点击【修改】按钮输入相应信息，点击【保存】按钮	页面提示：与系统内的地址不能重复，字符长度限制在 20 位中文字符（含）以内	高	通过
31	修改供应商	地址为 20 位中文字符，进行验证	角色：超级管理员供应商页面正常显示	地址为 20 位中文字符其他信息输入正确	登录成功，进入供应商页面在供应商列表页，点击【修改】按钮输入相应信息，点击【保存】按钮	保存当前修改内容，关闭当前窗口，回到列表页，在列表页修改一条记录，状态默认为"已启用"	高	通过
32	修改供应商	地址为 19 位中文字符，进行验证	角色：超级管理员供应商页面正常显示	地址为 19 位中文字符其他信息输入正确	登录成功，进入供应商页面在供应商列表页，点击【修改】按钮输入相应信息，点击【保存】按钮	保存当前修改内容，关闭当前窗口，回到列表页，在列表页修改一条记录，状态默认为"已启用"	高	通过
33	修改供应商	地址为 21 位中文字符，进行验证	角色：超级管理员供应商页面正常显示	地址为 21 位中文字符其他信息输入正确	登录成功，进入供应商页面在供应商列表页，点击【修改】按钮输入相应信息，点击【保存】按钮	页面提示：与系统内的地址不能重复，字符长度限制在 20 位中文字符（含）以内	高	通过
34	修改供应商	地址含数字，进行验证	角色：超级管理员供应商页面正常显示	地址含数字其他信息输入正确	登录成功，进入供应商页面在供应商列表页，点击【修改】按钮输入相应信息，点击【保存】按钮	页面提示：与系统内的地址不能重复，字符长度限制在 20 位中文字符（含）以内	高	通过
35	修改供应商	地址含英文字母，进行验证	角色：超级管理员供应商页面正常显示	地址含英文字母其他信息输入正确	登录成功，进入供应商页面在供应商列表页，点击【修改】按钮输入相应信息，点击【保存】按钮	页面提示：与系统内的地址不能重复，字符长度限制在 20 位中文字符（含）以内	高	通过
36	修改供应商	地址含特殊字符，进行验证	角色：超级管理员供应商页面正常显示	地址含特殊字符其他信息输入正确	登录成功，进入供应商页面在供应商列表页，点击【修改】按钮输入相应信息，点击【保存】按钮	页面提示：与系统内的地址不能重复，字符长度限制在 20 位中文字符（含）以内	高	通过

5. 启用供应商

启用供应商见表 2-8-5。

表 2-8-5　启用供应商

测试用例编号	功能点	用例说明	前置条件	输入	执行步骤	预期结果	重要程度	执行用例测试结果
1	启用供应商	确认启用有效性验证	角色：超级管理员 供应商页面正常显示	无	登录成功，进入供应商页面 在供应商列表页，点击"已启用"状态供应商后的【启用】按钮 点击【确定】按钮	关闭提示信息，同时执行启用操作；回到列表页，该类别状态变为"已启用"	高	通过

6. 供应商详情

供应商详情见表 2-8-6。

表 2-8-6　供应商详情

测试用例编号	功能点	用例说明	前置条件	输入	执行步骤	预期结果	重要程度	执行用例测试结果
1	查看供应商详情	在供应商列表页，点击列表任意"供应商名称"，进行验证	角色：超级管理员 供应商页面正常显示	无	登录成功，进入供应商页面 在供应商列表页，点击列表任意供应商名称	弹出"资产供应商详情"窗口	高	通过

7. 供应商查询

供应商查询见表 2-8-7。

表 2-8-7　供应商查询

测试用例编号	功能点	用例说明	前置条件	输入	执行步骤	预期结果	重要程度	执行用例测试结果
1	查看供应商详情	在供应商列表页，点击列表任意供应商名称，进行验证	角色：超级管理员 供应商页面正常显示	无	登录成功，进入供应商页面 在供应商列表页，点击列表任意供应商名称	弹出"资产供应商详情"窗口	高	通过
2	供应商查询	按供应商类型查询验证	角色：超级管理员 供应商页面正常显示	按供应商类型查询	登录成功，进入供应商页面 输入相应信息，点击【查询】按钮	系统显示符合条件的供应商信息	高	通过
3	供应商查询	按供应商状态查询验证	角色：超级管理员 供应商页面正常显示	按供应商状态查询	登录成功，进入供应商页面 输入相应信息，点击【查询】按钮	系统显示符合条件的供应商信息	高	通过

测试用例编号	功能点	用例说明	前置条件	输入	执行步骤	预期结果	重要程度	执行用例测试结果
4	供应商查询	按供应商名称精准查询验证	角色：超级管理员 供应商页面正常显示	按供应商名称精准查询	登录成功，进入供应商页面 输入相应信息，点击【查询】按钮	系统显示符合条件的供应商信息	高	通过
5	供应商查询	按供应商名称模糊查询验证	角色：超级管理员 供应商页面正常显示	按供应商名称模糊查询	登录成功，进入供应商页面 输入相应信息，点击【查询】按钮	系统显示符合条件的供应商信息	高	通过
6	供应商查询	按供应商名称不存在查询验证	角色：超级管理员 供应商页面正常显示	按供应商名称不存在查询	登录成功，进入供应商页面 输入相应信息，点击【查询】按钮	系统显示无符合条件的供应商信息	高	通过
7	供应商查询	按供应商名称+供应商状态查询验证	角色：超级管理员 供应商页面正常显示	按供应商名称+供应商状态查询	登录成功，进入供应商页面 输入相应信息，点击【查询】按钮	系统显示符合条件的供应商信息	高	通过
8	供应商查询	按供应商名称+供应商类型查询验证	角色：超级管理员 供应商页面正常显示	按供应商名称+供应商类型查询	登录成功，进入供应商页面 输入相应信息，点击【查询】按钮	系统显示符合条件的供应商信息	高	通过

2.9　存放地点用例书写

业务描述：

"存放地点"作为资产信息的属性而存在，超级管理员可以新增、修改、启用、禁用、查询、查看存放地点详情。资产管理员可以查询、查看存放地点详情。

需求描述：

登录系统后：

（1）超级管理员可以新增、修改、启用、禁用、查询存放地点信息；

（2）资产管理员可以查询、查看存放地点信息；

（3）查看存放地点详情：存放地点名称、类型、说明；

（4）存放地点查询：支持按照存放地点的状态及名称（模糊查询）进行查询。

用例书写思路：

查看当前页面中所有的信息，界面 UI 是否正确，页面按钮的功能性验证（如点击按钮是否有效，点击按钮是否弹出正确信息等），页面输入框中的字符正确性验证（如输入字符过长是否正确，输入字符过短是否正确，输入特殊字符验证，输入空格验证等），禁用、启用功能是否有效，查询数据是否有效，点击页面信息是否弹出正确信息。

行为人：

行为人包括资产管理员、超级管理员。

UI 界面：

存放地点界面如图 2-9-1 所示。

图 2-9-1 存放地点界面

任务设计：

本次案例主要完成用户存放地点模块，包括 UI 界面信息、界面按钮、新增存放地点、修改存放地点，禁用存放地点、启用存放地点、存放地点详情、存放地点查询的用例编写。

用例编写：

1. UI 界面信息

UI 界面信息见表 2-9-1。

表 2-9-1 UI 界面信息

测试用例编号	功能点	用例说明	前置条件	输入	执行步骤	预期结果	重要程度	执行用例测试结果
1	存放地点功能测试	存放地点界面文字正确性验证	角色：资产管理员、超级管理员 存放地点页面正常显示	无	登录成功，进入存放地点页面	界面显示文字和按钮文字显示正确	低	通过

2. 界面按钮

界面按钮见表 2-9-2。

表 2-9-2　界面按钮

测试用例编号	功能点	用例说明	前置条件	输入	执行步骤	预期结果	重要程度	执行用例测试结果
1	存放地点功能测试	点击面包屑导航栏【首页】按钮有效性验证	角色：资产管理员、超级管理员 存放地点页面正常显示	无	登录成功，进入存放地点页面 点击面包屑【首页】按钮	进入首页页面	高	通过
2	存放地点功能测试	点击左侧导航栏【存放地点】按钮有效性验证	角色：资产管理员、超级管理员 存放地点页面正常显示	无	登录成功，进入存放地点页面 点击左侧导航栏【存放地点】按钮	进入存放地点页面	高	通过
3	新增存放地点	存放地点列表页，点击【新增】按钮有效性验证	角色：超级管理员 存放地点页面正常显示	无	登录成功，进入存放地点页面 存放地点列表页，点击【新增】按钮	弹出"新增存放地点"窗口	高	通过
4	新增存放地点	点击【保存】按钮有效性验证	角色：超级管理员 存放地点页面正常显示	无	登录成功，进入存放地点页面 点击【保存】按钮	页面提示：请输入	高	通过
5	新增存放地点	点击【取消】按钮有效性验证	角色：超级管理员 存放地点页面正常显示	无	登录成功，进入存放地点页面 点击【取消】按钮	不保存当前新增内容，关闭当前窗口，回到列表页	高	通过
6	新增存放地点	点击【×】按钮有效性验证	角色：超级管理员 存放地点页面正常显示	无	登录成功，进入存放地点页面 点击【×】按钮	不保存当前新增内容，关闭当前窗口，回到列表页	高	通过
7	修改存放地点	存放地点列表页，点击【修改】按钮有效性验证	角色：超级管理员 存放地点页面正常显示	无	登录成功，进入存放地点页面 存放地点列表页，点击【修改】按钮	弹出"修改存放地点"窗口	高	通过
8	修改存放地点	点击【保存】按钮有效性验证	角色：超级管理员 存放地点页面正常显示	无	登录成功，进入存放地点页面 点击【保存】按钮	页面提示：请输入	高	通过
9	修改存放地点	点击【取消】按钮有效性验证	角色：超级管理员 存放地点页面正常显示	无	登录成功，进入存放地点页面 点击【取消】按钮	不保存当前修改内容，关闭当前窗口，回到列表页	高	通过
10	修改存放地点	点击【×】按钮有效性验证	角色：超级管理员 存放地点页面正常显示	无	登录成功，进入存放地点页面 点击【×】按钮	不保存当前修改内容，关闭当前窗口，回到列表页	高	通过
11	禁用存放地点	在存放地点列表页，点击"已启用"状态存放地点后的【禁用】按钮，进行验证	角色：超级管理员 存放地点页面正常显示	无	登录成功，进入存放地点页面 在存放地点列表页，点击"已启用"状态存放地点后的【禁用】按钮	系统弹出提示信息"您确定要禁用该存放地点吗？"	高	通过

续表

测试用例编号	功能点	用例说明	前置条件	输入	执行步骤	预期结果	重要程度	执行用例测试结果
12	禁用存放地点	点击【确定】按钮有效性验证	角色:超级管理员存放地点页面正常显示	无	登录成功,进入存放地点页面在存放地点列表页,点击"已启用"状态存放地点后的【禁用】按钮点击【确定】按钮	关闭提示信息,同时执行禁用操作;回到列表页,该类别状态变为"已禁用"	高	通过
13	禁用存放地点	点击【取消】按钮有效性验证	角色:超级管理员存放地点页面正常显示	无	登录成功,进入存放地点页面在存放地点列表页,点击"已启用"状态存放地点后的【禁用】按钮点击【取消】按钮	关闭提示信息,不执行禁用操作;回到列表页,该类别状态仍为"已启用"	高	通过
14	启用存放地点	在存放地点列表页,点击"已启用"状态存放地点后的【启用】按钮,进行验证	角色:超级管理员存放地点页面正常显示	无	登录成功,进入存放地点页面在存放地点列表页,点击"已启用"状态存放地点后的【启用】按钮	系统弹出提示信息"您确定要启用该存放地点吗?"	高	通过
15	启用存放地点	点击【确定】按钮有效性验证	角色:超级管理员存放地点页面正常显示	无	登录成功,进入存放地点页面在存放地点列表页,点击"已启用"状态存放地点后的【启用】按钮点击【确定】按钮	关闭提示信息,同时执行启用操作;回到列表页,该类别状态变为"已启用"	高	通过
16	启用存放地点	点击【取消】按钮有效性验证	角色:超级管理员存放地点页面正常显示	无	登录成功,进入存放地点页面在存放地点列表页,点击"已启用"状态存放地点后的【启用】按钮点击【取消】按钮	关闭提示信息,不执行启用操作;回到列表页,该类别状态仍为"已禁用"	高	通过
17	查看存放地点详情	【关闭】按钮有效性验证	角色:超级管理员存放地点页面正常显示	无	登录成功,进入存放地点页面在存放地点列表页,点击列表任意"存放地点名称"点击【关闭】按钮	关闭当前窗口,回到列表页	高	通过
18	存放地点查询	【查询】按钮有效性验证	角色:超级管理员存放地点页面正常显示	无	登录成功,进入存放地点页面点击【查询】按钮	系统显示符合条件的存放地点信息	高	通过

3. 新增存放地点

新增存放地点见表 2-9-3。

表 2-9-3　新增存放地点

测试用例编号	功能点	用例说明	前置条件	输入	执行步骤	预期结果	重要程度	执行用例测试结果
1	新增存放地点	输入全部正确信息,进行验证	角色:超级管理员存放地点页面正常显示	输入全部正确信息	登录成功,进入存放地点页面在存放地点列表页,点击【新增】按钮输入相应信息,点击【保存】按钮	保存当前新增内容,关闭当前窗口,回到列表页,在列表页新增一条记录,状态默认为"已启用"	高	通过
2	新增存放地点	存放地点名称为空,进行验证	角色:超级管理员存放地点页面正常显示	存放地点名称为空其他信息输入正确	登录成功,进入存放地点页面在存放地点列表页,点击【新增】按钮输入相应信息,点击【保存】按钮	页面提示:请输入存放地点名称	高	通过
3	新增存放地点	存放地点名称与系统内已存在存放地点名称重复,进行验证	角色:超级管理员存放地点页面正常显示	存放地点名称与系统内已存在存放地点名称重复其他信息输入正确	登录成功,进入存放地点页面在存放地点列表页,点击【新增】按钮输入相应信息,点击【保存】按钮	页面提示:与系统内的存放地点名称不能重复,字符长度限制在30位中文字符(含)以内	高	通过
4	新增存放地点	存放地点名称为30位中文字符,进行验证	角色:超级管理员存放地点页面正常显示	存放地点名称为30位中文字符其他信息输入正确	登录成功,进入存放地点页面在存放地点列表页,点击【新增】按钮输入相应信息,点击【保存】按钮	保存当前新增内容,关闭当前窗口,回到列表页,在列表页新增一条记录,状态默认为"已启用"	高	通过
5	新增存放地点	存放地点名称为29位中文字符,进行验证	角色:超级管理员存放地点页面正常显示	存放地点名称为29位中文字符其他信息输入正确	登录成功,进入存放地点页面在存放地点列表页,点击【新增】按钮输入相应信息,点击【保存】按钮	保存当前新增内容,关闭当前窗口,回到列表页,在列表页新增一条记录,状态默认为"已启用"	高	通过
6	新增存放地点	存放地点名称为31位中文字符,进行验证	角色:超级管理员存放地点页面正常显示	存放地点名称为31位中文字符其他信息输入正确	登录成功,进入存放地点页面在存放地点列表页,点击【新增】按钮输入相应信息,点击【保存】按钮	页面提示:与系统内的存放地点名称不能重复,字符长度限制在30位中文字符(含)以内	高	通过

测试用例编号	功能点	用例说明	前置条件	输入	执行步骤	预期结果	重要程度	执行用例测试结果
7	新增存放地点	存放地点名称含数字,进行验证	角色:超级管理员 存放地点页面正常显示	存放地点名称含数字 其他信息输入正确	登录成功,进入存放地点页面 在存放地点列表页,点击【新增】按钮 输入相应信息,点击【保存】按钮	页面提示:与系统内的存放地点名称不能重复,字符长度限制在30位中文字符(含)以内	高	通过
8	新增存放地点	存放地点名称含英文字母,进行验证	角色:超级管理员 存放地点页面正常显示	存放地点名称含英文字母 其他信息输入正确	登录成功,进入存放地点页面 在存放地点列表页,点击【新增】按钮 输入相应信息,点击【保存】按钮	页面提示:与系统内的存放地点名称不能重复,字符长度限制在30位中文字符(含)以内	高	通过
9	新增存放地点	存放地点名称含特殊字符,进行验证	角色:超级管理员 存放地点页面正常显示	存放地点名称含特殊字符 其他信息输入正确	登录成功,进入存放地点页面 在存放地点列表页,点击【新增】按钮 输入相应信息,点击【保存】按钮	页面提示:与系统内的存放地点名称不能重复,字符长度限制在30位中文字符(含)以内	高	通过
10	新增存放地点	存放地点类型为空,进行验证	角色:超级管理员 存放地点页面正常显示	存放地点类型为空 其他信息输入正确	登录成功,进入存放地点页面 在存放地点列表页,点击【新增】按钮 输入相应信息,点击【保存】按钮	页面提示:请选择存放地点类型	高	通过
11	新增存放地点	存放地点类型下拉框按钮有效性验证	角色:超级管理员 存放地点页面正常显示	无	登录成功,进入存放地点页面 在存放地点列表页,点击【新增】按钮 点击存放地点类型下拉框按钮	存放地点类型下拉框按钮有效	高	通过
12	新增存放地点	存放地点类型下拉框有效性验证	角色:超级管理员 存放地点页面正常显示	无	登录成功,进入存放地点页面 在存放地点列表页,点击【新增】按钮 点击存放地点类型下拉框	可选择下拉框字典为固定资产、耗材物品	高	通过
13	新增存放地点	备注为空,进行验证	角色:超级管理员 存放地点页面正常显示	备注为空 其他信息输入正确	登录成功,进入存放地点页面 在存放地点列表页,点击【新增】按钮 输入相应信息,点击【保存】按钮	页面提示:请输入备注	高	通过

测试用例编号	功能点	用例说明	前置条件	输入	执行步骤	预期结果	重要程度	执行用例测试结果
14	新增存放地点	备注与系统内已存在备注重复,进行验证	角色:超级管理员 存放地点页面正常显示	备注与系统内已存在备注重复 其他信息输入正确	登录成功,进入存放地点页面 在存放地点列表页,点击【新增】按钮 输入相应信息,点击【保存】按钮	页面提示:与系统内的备注不能重复,字符长度限制在50位中文字符(含)以内	高	通过
15	新增存放地点	备注为50位中文字符,进行验证	角色:超级管理员 存放地点页面正常显示	备注为50位中文字符 其他信息输入正确	登录成功,进入存放地点页面 在存放地点列表页,点击【新增】按钮 输入相应信息,点击【保存】按钮	保存当前新增内容,关闭当前窗口,回到列表页,在列表页新增一条记录,状态默认为"已启用"	高	通过
16	新增存放地点	备注为49位中文字符,进行验证	角色:超级管理员 存放地点页面正常显示	备注为49位中文字符 其他信息输入正确	登录成功,进入存放地点页面 在存放地点列表页,点击【新增】按钮 输入相应信息,点击【保存】按钮	保存当前新增内容,关闭当前窗口,回到列表页,在列表页新增一条记录,状态默认为"已启用"	高	通过
17	新增存放地点	备注为51位中文字符,进行验证	角色:超级管理员 存放地点页面正常显示	备注为51位中文字符 其他信息输入正确	登录成功,进入存放地点页面 在存放地点列表页,点击【新增】按钮 输入相应信息,点击【保存】按钮	页面提示:与系统内的备注不能重复,字符长度限制在50位中文字符(含)以内	高	通过
18	新增存放地点	备注含数字,进行验证	角色:超级管理员 存放地点页面正常显示	备注含数字 其他信息输入正确	登录成功,进入存放地点页面 在存放地点列表页,点击【新增】按钮 输入相应信息,点击【保存】按钮	页面提示:与系统内的备注不能重复,字符长度限制在50位中文字符(含)以内	高	通过
19	新增存放地点	备注含英文字母,进行验证	角色:超级管理员 存放地点页面正常显示	备注含英文字母 其他信息输入正确	登录成功,进入存放地点页面 在存放地点列表页,点击【新增】按钮 输入相应信息,点击【保存】按钮	页面提示:与系统内的备注不能重复,字符长度限制在50位中文字符(含)以内	高	通过
20	新增存放地点	备注含特殊字符,进行验证	角色:超级管理员 存放地点页面正常显示	备注含特殊字符 其他信息输入正确	登录成功,进入存放地点页面 在存放地点列表页,点击【新增】按钮 输入相应信息,点击【保存】按钮	页面提示:与系统内的备注不能重复,字符长度限制在50位中文字符(含)以内	高	通过

4. 修改存放地点

修改存放地点见表 2-9-4。

表 2-9-4　修改存放地点

测试用例编号	功能点	用例说明	前置条件	输入	执行步骤	预期结果	重要程度	执行用例测试结果
1	修改存放地点	输入全部正确信息，进行验证	角色：超级管理员存放地点页面正常显示	输入全部正确信息	登录成功，进入存放地点页面在存放地点列表页，点击【修改】按钮输入相应信息，点击【保存】按钮	保存当前修改内容，关闭当前窗口，回到列表页，在列表页修改一条记录，状态默认为"已启用"	高	通过
2	修改存放地点	存放地点名称为空，进行验证	角色：超级管理员存放地点页面正常显示	存放地点名称为空其他信息输入正确	登录成功，进入存放地点页面在存放地点列表页，点击【修改】按钮输入相应信息，点击【保存】按钮	页面提示：请输入存放地点名称	高	通过
3	修改存放地点	存放地点名称与系统内已存在存放地点名称重复，进行验证	角色：超级管理员存放地点页面正常显示	存放地点名称与系统内已存在存放地点名称重复其他信息输入正确	登录成功，进入存放地点页面在存放地点列表页，点击【修改】按钮输入相应信息，点击【保存】按钮	页面提示：与系统内的存放地点名称不能重复，字符长度限制在30位中文字符（含）以内	高	通过
4	修改存放地点	存放地点名称为30位中文字符，进行验证	角色：超级管理员存放地点页面正常显示	存放地点名称为30位中文字符其他信息输入正确	登录成功，进入存放地点页面在存放地点列表页，点击【修改】按钮输入相应信息，点击【保存】按钮	保存当前修改内容，关闭当前窗口，回到列表页，在列表页修改一条记录，状态默认为"已启用"	高	通过
5	修改存放地点	存放地点名称为29位中文字符，进行验证	角色：超级管理员存放地点页面正常显示	存放地点名称为29位中文字符其他信息输入正确	登录成功，进入存放地点页面在存放地点列表页，点击【修改】按钮输入相应信息，点击【保存】按钮	保存当前修改内容，关闭当前窗口，回到列表页，在列表页修改一条记录，状态默认为"已启用"	高	通过
6	修改存放地点	存放地点名称为31位中文字符，进行验证	角色：超级管理员存放地点页面正常显示	存放地点名称为31位中文字符其他信息输入正确	登录成功，进入存放地点页面在存放地点列表页，点击【修改】按钮输入相应信息，点击【保存】按钮	页面提示：与系统内的存放地点名称不能重复，字符长度限制在30位中文字符（含）以内	高	通过

测试用例编号	功能点	用例说明	前置条件	输入	执行步骤	预期结果	重要程度	执行用例测试结果
7	修改存放地点	存放地点名称含数字，进行验证	角色：超级管理员 存放地点页面正常显示	存放地点名称含数字 其他信息输入正确	登录成功，进入存放地点页面 在存放地点列表页，点击【修改】按钮 输入相应信息，点击【保存】按钮	页面提示：与系统内的存放地点名称不能重复，字符长度限制在30位中文字符（含）以内	高	通过
8	修改存放地点	存放地点名称含英文字母，进行验证	角色：超级管理员 存放地点页面正常显示	存放地点名称含英文字母 其他信息输入正确	登录成功，进入存放地点页面 在存放地点列表页，点击【修改】按钮 输入相应信息，点击【保存】按钮	页面提示：与系统内的存放地点名称不能重复，字符长度限制在30位中文字符（含）以内	高	通过
9	修改存放地点	存放地点名称含特殊字符，进行验证	角色：超级管理员 存放地点页面正常显示	存放地点名称含特殊字符 其他信息输入正确	登录成功，进入存放地点页面 在存放地点列表页，点击【修改】按钮 输入相应信息，点击【保存】按钮	页面提示：与系统内的存放地点名称不能重复，字符长度限制在30位中文字符（含）以内	高	通过
10	修改存放地点	存放地点类型为空，进行验证	角色：超级管理员 存放地点页面正常显示	存放地点类型为空 其他信息输入正确	登录成功，进入存放地点页面 在存放地点列表页，点击【修改】按钮 输入相应信息，点击【保存】按钮	页面提示：请选择存放地点类型	高	通过
11	修改存放地点	存放地点类型下拉框按钮有效性验证	角色：超级管理员 存放地点页面正常显示	无	登录成功，进入存放地点页面 在存放地点列表页，点击【修改】按钮 点击存放地点类型下拉框按钮	存放地点类型下拉框按钮有效	高	通过
12	修改存放地点	存放地点类型下拉框有效性验证	角色：超级管理员 存放地点页面正常显示	无	登录成功，进入存放地点页面 在存放地点列表页，点击【修改】按钮 点击存放地点类型下拉框	可选择下拉框字典为固定资产、耗材物品	高	通过
13	修改存放地点	备注为空，进行验证	角色：超级管理员 存放地点页面正常显示	备注为空 其他信息输入正确	登录成功，进入存放地点页面 在存放地点列表页，点击【修改】按钮 输入相应信息，点击【保存】按钮	页面提示：请输入备注	高	通过
14	修改存放地点	备注与系统内已存在备注重复，进行验证	角色：超级管理员 存放地点页面正常显示	备注与系统内已存在备注重复 其他信息输入正确	登录成功，进入存放地点页面 在存放地点列表页，点击【修改】按钮 输入相应信息，点击【保存】按钮	页面提示：与系统内的备注不能重复，字符长度限制在50位中文字符（含）以内	高	通过

测试用例编号	功能点	用例说明	前置条件	输入	执行步骤	预期结果	重要程度	执行用例测试结果
15	修改存放地点	备注为 50 位中文字符，进行验证	角色:超级管理员 存放地点页面正常显示	备注为 50 位中文字符 其他信息输入正确	登录成功，进入存放地点页面 在存放地点列表页，点击【修改】按钮 输入相应信息，点击【保存】按钮	保存当前修改内容，关闭当前窗口，回到列表页，在列表页修改一条记录，状态默认为"已启用"	高	通过
16	修改存放地点	备注为 49 位中文字符，进行验证	角色:超级管理员 存放地点页面正常显示	备注为 49 位中文字符 其他信息输入正确	登录成功，进入存放地点页面 在存放地点列表页，点击【修改】按钮 输入相应信息，点击【保存】按钮	保存当前修改内容，关闭当前窗口，回到列表页，在列表页修改一条记录，状态默认为"已启用"	高	通过
17	修改存放地点	备注为 51 位中文字符，进行验证	角色:超级管理员 存放地点页面正常显示	备注为 51 位中文字符 其他信息输入正确	登录成功，进入存放地点页面 在存放地点列表页，点击【修改】按钮 输入相应信息，点击【保存】按钮	页面提示:与系统内的备注不能重复，字符长度限制在50位中文字符（含）以内	高	通过
18	修改存放地点	备注含数字，进行验证	角色:超级管理员 存放地点页面正常显示	备注含数字 其他信息输入正确	登录成功，进入存放地点页面 在存放地点列表页，点击【修改】按钮 输入相应信息，点击【保存】按钮	页面提示:与系统内的备注不能重复，字符长度限制在50位中文字符（含）以内	高	通过
19	修改存放地点	备注含英文字母，进行验证	角色:超级管理员 存放地点页面正常显示	备注含英文字母 其他信息输入正确	登录成功，进入存放地点页面 在存放地点列表页，点击【修改】按钮 输入相应信息，点击【保存】按钮	页面提示:与系统内的备注不能重复，字符长度限制在50位中文字符（含）以内	高	通过
20	修改存放地点	备注含特殊字符，进行验证	角色:超级管理员 存放地点页面正常显示	备注含特殊字符 其他信息输入正确	登录成功，进入存放地点页面 在存放地点列表页，点击【修改】按钮 输入相应信息，点击【保存】按钮	页面提示:与系统内的备注不能重复，字符长度限制在50位中文字符（含）以内	高	通过

5. 启用存放地点

启用存放地点见表 2-9-5。

表 2-9-5　启用存放地点

测试用例编号	功能点	用例说明	前置条件	输入	执行步骤	预期结果	重要程度	执行用例测试结果
1	启用存放地点	确认启用有效性验证	角色：超级管理员 存放地点页面正常显示	无	登录成功，进入存放地点页面 在存放地点列表页，点击"已启用"状态存放地点后的【启用】按钮 点击【确定】按钮	关闭提示信息，同时执行启用操作；回到列表页，该类别状态变为"已启用"	高	通过

6. 存放地点详情

存放地点详情见表 2-9-6。

表 2-9-6　存放地点详情

测试用例编号	功能点	用例说明	前置条件	输入	执行步骤	预期结果	重要程度	执行用例测试结果
1	查看存放地点详情	在存放地点列表页，点击列表任意"存放地点名称"，进行验证	角色：超级管理员 存放地点页面正常显示	无	登录成功，进入存放地点页面 在存放地点列表页，点击列表任意"存放地点名称"	弹出"资产存放地点详情"窗口	高	通过

7. 存放地点查询

存放地点查询见表 2-9-7。

表 2-9-7　存放地点查询

测试用例编号	功能点	用例说明	前置条件	输入	执行步骤	预期结果	重要程度	执行用例测试结果
1	存放地点查询	按存放地点名称模糊查询验证	角色：超级管理员 存放地点页面正常显示	按存放地点名称模糊查询	登录成功，进入存放地点页面 输入相应信息，点击【查询】按钮	系统显示符合条件的存放地点信息	高	通过
2	存放地点查询	按存放地点名称不存在查询验证	角色：超级管理员 存放地点页面正常显示	按存放地点名称不存在查询	登录成功，进入存放地点页面 输入相应信息，点击【查询】按钮	系统显示无符合条件的存放地点信息	高	通过
3	存放地点查询	按存放地点名称+存放地点状态查询验证	角色：超级管理员 存放地点页面正常显示	按存放地点名称+存放地点状态查询	登录成功，进入存放地点页面 输入相应信息，点击【查询】按钮	系统显示符合条件的存放地点信息	高	通过

2.10　部门管理用例书写

业务描述：

该模块用于资产管理员对组织机构信息进行管理，资产管理员可以新增、修改部门信息。该模块超级管理员不可见。

需求描述：

登录系统后：

资产管理员可以新增、修改部门信息；超级管理员可查看部门字段，包括部门编码、部门名称。

用例书写思路：

查看当前页面中所有的信息，界面 UI 是否正确，页面按钮的功能性验证（如点击按钮是否有效，点击按钮是否弹出正确信息等），页面输入框中的字符正确性验证（如输入字符过长是否正确，输入字符过短是否正确，输入特殊字符验证，输入空格验证等）。

行为人：

行为人包括资产管理员、超级管理员。

UI 界面：

部门管理界面如图 2-10-1 所示。

图 2-10-1 部门管理界面

任务设计：

本次案例主要完成用户部门管理模块，包括 UI 界面信息、界面按钮、新增部门管理、修改部门管理的用例编写。

用例编写：

1. UI 界面信息

UI 界面信息见表 2-10-1。

表 2-10-1　UI 界面信息

测试用例编号	功能点	用例说明	前置条件	输入	执行步骤	预期结果	重要程度	执行用例测试结果
1	部门管理功能测试	部门管理界面文字正确性验证	角色：资产管理员、超级管理员 部门管理页面正常显示	无	登录成功，进入部门管理页面	界面显示文字和按钮文字显示正确	低	通过

2. 界面按钮

界面按钮见表 2-10-2。

表 2-10-2　界面按钮

测试用例编号	功能点	用例说明	前置条件	输入	执行步骤	预期结果	重要程度	执行用例测试结果
1	部门管理功能测试	点击面包屑导航栏【首页】按钮有效性验证	角色：资产管理员 部门管理页面正常显示	无	登录成功，进入部门管理页面 点击面包屑导航栏【首页】按钮	进入首页页面	高	通过
2	部门管理功能测试	点击左侧导航栏【部门管理】按钮有效性验证	角色：资产管理员 部门管理页面正常显示	无	登录成功，进入部门管理页面 点击左侧导航栏【部门管理】按钮	进入部门管理页面	高	通过
3	新增部门管理	部门管理列表页，点击【新增】按钮有效性验证	角色：资产管理员 部门管理页面正常显示	无	登录成功，进入部门管理页面 部门管理列表页，点击【新增】按钮	弹出"新增部门管理"窗口	高	通过
4	新增部门管理	点击【保存】按钮有效性验证	角色：资产管理员 部门管理页面正常显示	无	登录成功，进入部门管理页面 点击【保存】按钮	页面提示：请输入	高	通过
5	新增部门管理	点击【取消】按钮有效性验证	角色：资产管理员 部门管理页面正常显示	无	登录成功，进入部门管理页面 点击【取消】按钮	不保存当前新增内容，关闭当前窗口，回到列表页	高	通过
6	新增部门管理	点击【×】按钮有效性验证	角色：资产管理员 部门管理页面正常显示	无	登录成功，进入部门管理页面 点击【×】按钮	不保存当前新增内容，关闭当前窗口，回到列表页	高	通过
7	修改部门管理	部门管理列表页，点击【修改】按钮有效性验证	角色：资产管理员 部门管理页面正常显示	无	登录成功，进入部门管理页面 部门管理列表页，点击【修改】按钮	弹出"修改部门管理"窗口	高	通过

测试用例编号	功能点	用例说明	前置条件	输入	执行步骤	预期结果	重要程度	执行用例测试结果
8	修改部门管理	点击【保存】按钮有效性验证	角色：资产管理员 部门管理页面正常显示	无	登录成功，进入部门管理页面 点击【保存】按钮	页面提示：请输入	高	通过
9	修改部门管理	点击【取消】按钮有效性验证	角色：资产管理员 部门管理页面正常显示	无	登录成功，进入部门管理页面 点击【取消】按钮	不保存当前修改内容，关闭当前窗口，回到列表页	高	通过
10	修改部门管理	点击【×】按钮有效性验证	角色：资产管理员 部门管理页面正常显示	无	登录成功，进入部门管理页面 点击【×】按钮	不保存当前修改内容，关闭当前窗口，回到列表页	高	通过
11	部门管理功能测试	点击面包屑【首页】按钮有效性验证	角色：资产管理员 部门管理页面正常显示	无	登录成功，进入部门管理页面 点击面包屑【首页】按钮	进入首页页面	高	通过
12	部门管理功能测试	点击左侧导航栏【部门管理】按钮有效性验证	角色：资产管理员 部门管理页面正常显示	无	登录成功，进入部门管理页面 点击左侧导航栏【部门管理】按钮	进入部门管理页面	高	通过

3. 新增部门管理

新增部门管理见表 2-10-3。

表 2-10-3　新增部门管理

测试用例编号	功能点	用例说明	前置条件	输入	执行步骤	预期结果	重要程度	执行用例测试结果
1	新增部门管理	输入全部正确信息有效性验证	角色：资产管理员 部门管理页面正常显示	输入全部正确信息	登录成功，进入部门管理页面 输入相应信息，点击【保存】按钮	保存当前新增内容，关闭当前窗口，回到列表页，在列表页新增一条记录，状态默认为"已启用"	高	通过
2	新增部门管理	部门名称为空，进行验证	角色：资产管理员 部门管理页面正常显示	部门名称为空 其他信息输入正确	登录成功，进入部门管理页面 输入相应信息，点击【保存】按钮	页面提示：请输入部门名称	高	通过
3	新增部门管理	部门名称与系统内已存在部门名称重复，进行验证	角色：资产管理员 部门管理页面正常显示	部门名称与系统内已存在部门名称重复 其他信息输入正确	登录成功，进入部门管理页面 输入相应信息，点击【保存】按钮	页面提示：与系统内的部门管理名称不能重复，字符长度限制在 10 位中文字符（含）以内	高	通过

续表

测试用例编号	功能点	用例说明	前置条件	输入	执行步骤	预期结果	重要程度	执行用例测试结果
4	新增部门管理	部门名称 10 位中文字符，进行验证	角色：资产管理员 部门管理页面正常显示	部门名称 10 位中文字符 其他信息输入正确	登录成功，进入部门管理页面 输入相应信息，点击【保存】按钮	保存当前新增内容，关闭当前窗口，回到列表页，在列表页新增一条记录，状态默认为"已启用"	高	通过
5	新增部门管理	部门名称 9 位中文字符，进行验证	角色：资产管理员 部门管理页面正常显示	部门名称 9 位中文字符 其他信息输入正确	登录成功，进入部门管理页面 输入相应信息，点击【保存】按钮	保存当前新增内容，关闭当前窗口，回到列表页，在列表页新增一条记录，状态默认为"已启用"	高	通过
6	新增部门管理	部门名称 11 位中文字符，进行验证	角色：资产管理员 部门管理页面正常显示	部门名称 11 位中文字符 其他信息输入正确	登录成功，进入部门管理页面 输入相应信息，点击【保存】按钮	页面提示：与系统内的部门管理名称不能重复，字符长度限制在 10 位中文字符（含）以内	高	通过
7	新增部门管理	部门名称含数字，进行验证	角色：资产管理员 部门管理页面正常显示	部门名称含数字 其他信息输入正确	登录成功，进入部门管理页面 输入相应信息，点击【保存】按钮	页面提示：与系统内的部门管理名称不能重复，字符长度限制在 10 位中文字符（含）以内	高	通过
8	新增部门管理	部门名称含字母，进行验证	角色：资产管理员 部门管理页面正常显示	部门名称含字母 其他信息输入正确	登录成功，进入部门管理页面 输入相应信息，点击【保存】按钮	页面提示：与系统内的部门管理名称不能重复，字符长度限制在 10 位中文字符（含）以内	高	通过
9	新增部门管理	部门名称含特殊字符，进行验证	角色：资产管理员 部门管理页面正常显示	部门名称含特殊字符 其他信息输入正确	登录成功，进入部门管理页面 输入相应信息，点击【保存】按钮	页面提示：与系统内的部门管理名称不能重复，字符长度限制在 10 位中文字符（含）以内	高	通过
10	新增部门管理	部门编码为空，进行验证	角色：资产管理员 部门管理页面正常显示	部门编码为空 其他信息输入正确	登录成功，进入部门管理页面 输入相应信息，点击【保存】按钮	页面提示：请输入部门编码	高	通过
11	新增部门管理	部门编码与系统内已存在部门编码重复，进行验证	角色：资产管理员 部门管理页面正常显示	部门编码与系统内已存在部门编码重复 其他信息输入正确	登录成功，进入部门管理页面 输入相应信息，点击【保存】按钮	页面提示：系统内的部门管理编码不能重复，字符长度限制在 10 位字符（含）以内，字符格式为"英文字母及数字的组合"	高	通过

测试用例编号	功能点	用例说明	前置条件	输入	执行步骤	预期结果	重要程度	执行用例测试结果
12	新增部门管理	部门编码10位字符，进行验证	角色：资产管理员 部门管理页面正常显示	部门编码10位字符 其他信息输入正确	登录成功，进入部门管理页面 输入相应信息，点击【保存】按钮	保存当前新增内容，关闭当前窗口，回到列表页，在列表页新增一条记录，状态默认为"已启用"	高	通过
13	新增部门管理	部门编码9位字符，进行验证	角色：资产管理员 部门管理页面正常显示	部门编码9位字符 其他信息输入正确	登录成功，进入部门管理页面 输入相应信息，点击【保存】按钮	保存当前新增内容，关闭当前窗口，回到列表页，在列表页新增一条记录，状态默认为"已启用"	高	通过
14	新增部门管理	部门编码11位字符，进行验证	角色：资产管理员 部门管理页面正常显示	部门编码11位字符 其他信息输入正确	登录成功，进入部门管理页面 输入相应信息，点击【保存】按钮	页面提示：系统内的部门管理编码不能重复，字符长度限制在10位字符（含）以内，字符格式为"英文字母及数字的组合"	高	通过
15	新增部门管理	部门编码含数字，进行验证	角色：资产管理员 部门管理页面正常显示	部门编码含数字 其他信息输入正确	登录成功，进入部门管理页面 输入相应信息，点击【保存】按钮	页面提示：系统内的部门管理编码不能重复，字符长度限制在10位字符（含）以内，字符格式为"英文字母及数字的组合"	高	通过
16	新增部门管理	部门编码含字母，进行验证	角色：资产管理员 部门管理页面正常显示	部门编码含字母 其他信息输入正确	登录成功，进入部门管理页面 输入相应信息，点击【保存】按钮	页面提示：系统内的部门管理编码不能重复，字符长度限制在10位字符（含）以内，字符格式为"英文字母及数字的组合"	高	通过
17	新增部门管理	部门编码含特殊字符，进行验证	角色：资产管理员 部门管理页面正常显示	部门编码含特殊字符 其他信息输入正确	登录成功，进入部门管理页面 输入相应信息，点击【保存】按钮	页面提示：系统内的部门管理编码不能重复，字符长度限制在10位字符（含）以内，字符格式为"英文字母及数字的组合"	高	通过

测试用例编号	功能点	用例说明	前置条件	输入	执行步骤	预期结果	重要程度	执行用例测试结果
18	新增部门管理	类别编码纯字母，进行验证	角色：资产管理员 部门管理页面正常显示	类别编码纯字母 其他信息输入正确	登录成功，进入部门管理页面 输入相应信息，点击【保存】按钮	页面提示：系统内的部门管理编码不能重复，字符长度限制在10位字符（含）以内，字符格式为"英文字母及数字的组合"	高	通过

4. 修改部门管理

修改部门管理见表 2-10-4。

表 2-10-4　修改部门管理

测试用例编号	功能点	用例说明	前置条件	输入	执行步骤	预期结果	重要程度	执行用例测试结果
1	修改部门管理	输入全部正确信息有效性验证	角色：资产管理员 部门管理页面正常显示	输入全部正确信息	登录成功，进入部门管理页面 输入相应信息，点击【保存】按钮	保存当前修改内容，关闭当前窗口，回到列表页，在列表页修改一条记录，状态默认为"已启用"	高	通过
2	修改部门管理	部门名称为空，进行验证	角色：资产管理员 部门管理页面正常显示	部门名称为空 其他信息输入正确	登录成功，进入部门管理页面 输入相应信息，点击【保存】按钮	页面提示：请输入部门名称	高	通过
3	修改部门管理	部门名称与系统内已存在部门名称重复，进行验证	角色：资产管理员 部门管理页面正常显示	部门名称与系统内已存在部门名称重复 其他信息输入正确	登录成功，进入部门管理页面 输入相应信息，点击【保存】按钮	页面提示：与系统内的部门管理名称不能重复，字符长度限制在10位中文字符（含）以内	高	通过
4	修改部门管理	部门名称10位中文字符，进行验证	角色：资产管理员 部门管理页面正常显示	部门名称10位中文字符 其他信息输入正确	登录成功，进入部门管理页面 输入相应信息，点击【保存】按钮	保存当前修改内容，关闭当前窗口，回到列表页，在列表页修改一条记录，状态默认为"已启用"	高	通过
5	修改部门管理	部门名称9位中文字符，进行验证	角色：资产管理员 部门管理页面正常显示	部门名称9位中文字符 其他信息输入正确	登录成功，进入部门管理页面 输入相应信息，点击【保存】按钮	保存当前修改内容，关闭当前窗口，回到列表页，在列表页修改一条记录，状态默认为"已启用"	高	通过

测试用例编号	功能点	用例说明	前置条件	输入	执行步骤	预期结果	重要程度	执行用例测试结果
6	修改部门管理	部门名称 11 位中文字符，进行验证	角色：资产管理员 部门管理页面正常显示	部门名称 11 位中文字符 其他信息输入正确	登录成功，进入部门管理页面 输入相应信息，点击【保存】按钮	页面提示：与系统内的部门管理名称不能重复，字符长度限制在 10 位中文字符（含）以内	高	通过
7	修改部门管理	部门名称含数字，进行验证	角色：资产管理员 部门管理页面正常显示	部门名称含数字 其他信息输入正确	登录成功，进入部门管理页面 输入相应信息，点击【保存】按钮	页面提示：与系统内的部门管理名称不能重复，字符长度限制在 10 位中文字符（含）以内	高	通过
8	修改部门管理	部门名称含字母，进行验证	角色：资产管理员 部门管理页面正常显示	部门名称含字母 其他信息输入正确	登录成功，进入部门管理页面 输入相应信息，点击【保存】按钮	页面提示：与系统内的部门管理名称不能重复，字符长度限制在 10 位中文字符（含）以内	高	通过
9	修改部门管理	部门名称含特殊字符，进行验证	角色：资产管理员 部门管理页面正常显示	部门名称含特殊字符 其他信息输入正确	登录成功，进入部门管理页面 输入相应信息，点击【保存】按钮	页面提示：与系统内的部门管理名称不能重复，字符长度限制在 10 位中文字符（含）以内	高	通过
10	修改部门管理	部门编码为空，进行验证	角色：资产管理员 部门管理页面正常显示	部门编码为空 其他信息输入正确	登录成功，进入部门管理页面 输入相应信息，点击【保存】按钮	页面提示：请输入部门编码	高	通过
11	修改部门管理	部门编码与系统内已存在部门编码重复，进行验证	角色：资产管理员 部门管理页面正常显示	部门编码与系统内已存在部门编码重复 其他信息输入正确	登录成功，进入部门管理页面 输入相应信息，点击【保存】按钮	页面提示：系统内的部门管理编码不能重复，字符长度限制在 10 位字符（含）以内，字符格式为"英文字母及数字的组合"	高	通过
12	修改部门管理	部门编码 10 位字符，进行验证	角色：资产管理员 部门管理页面正常显示	部门编码 10 位字符 其他信息输入正确	登录成功，进入部门管理页面 输入相应信息，点击【保存】按钮	保存当前修改内容，关闭当前窗口，回到列表页，在列表页修改一条记录，状态默认为"已启用"	高	通过

续表

测试用例编号	功能点	用例说明	前置条件	输入	执行步骤	预期结果	重要程度	执行用例测试结果
13	修改部门管理	部门编码 9 位字符,进行验证	角色:资产管理员 部门管理页面正常显示	部门编码9位字符 其他信息输入正确	登录成功,进入部门管理页面 输入相应信息,点击【保存】按钮	保存当前修改内容,关闭当前窗口,回到列表页,在列表页修改一条记录,状态默认为"已启用"	高	通过
14	修改部门管理	部门编码 11 位字符,进行验证	角色:资产管理员 部门管理页面正常显示	部门编码 11 位字符 其他信息输入正确	登录成功,进入部门管理页面 输入相应信息,点击【保存】按钮	页面提示:系统内的部门管理编码不能重复,字符长度限制在 10 位字符(含)以内,字符格式为"英文字母及数字的组合"	高	通过
15	修改部门管理	部门编码含数字,进行验证	角色:资产管理员 部门管理页面正常显示	部门编码含数字 其他信息输入正确	登录成功,进入部门管理页面 输入相应信息,点击【保存】按钮	页面提示:系统内的部门管理编码不能重复,字符长度限制在 10 位字符(含)以内,字符格式为"英文字母及数字的组合"	高	通过
16	修改部门管理	部门编码含字母,进行验证	角色:资产管理员 部门管理页面正常显示	部门编码含字母 其他信息输入正确	登录成功,进入部门管理页面 输入相应信息,点击【保存】按钮	页面提示:系统内的部门管理编码不能重复,字符长度限制在10位字符(含)以内,字符格式为"英文字母及数字的组合"	高	通过
17	修改部门管理	部门编码含特殊字符,进行验证	角色:资产管理员 部门管理页面正常显示	部门编码含特殊字符 其他信息输入正确	登录成功,进入部门管理页面 输入相应信息,点击【保存】按钮	页面提示:系统内的部门管理编码不能重复,字符长度限制在 10 位字符(含)以内,字符格式为"英文字母及数字的组合"	高	通过
18	修改部门管理	类别编码纯字母,进行验证	角色:资产管理员 部门管理页面正常显示	类别编码纯字母 其他信息输入正确	登录成功,进入部门管理页面 输入相应信息,点击【保存】按钮	页面提示:系统内的部门管理编码不能重复,字符长度限制在 10 位字符(含)以内,字符格式为"英文字母及数字的组合"	高	通过

2.11　资产入库用例书写

业务描述：

该模块用于资产管理员对资产的入库过程进行管理，登录系统后，资产管理员可以进行资产入库登记、修改、查询、导出资产信息。该模块超级管理员不可见。

需求描述：

资产字段包括资产编码、资产名称、资产类别、供应商、入库日期、取得方式、存放地点、资产图片。

用例书写思路：

查看当前页面中所有的信息，页面 UI 是否正确，页面按钮的功能性验证（如点击按钮是否有效，点击按钮是否弹出正确信息等），页面输入框中的字符正确性验证（如输入字符过长是否正确，输入字符过短是否正确，输入特殊字符验证，输入空格验证等），查询数据信息是否有效，点击页面信息是否弹出正确信息。

行为人：

行为人包括资产管理员、超级管理员。

UI 界面：

资产入库界面如图 2-11-1 所示。

图 2-11-1　资产入库界面

任务设计：

本次案例主要完成用户资产入库模块，包括 UI 界面信息、界面按钮、资产入库登记、资产信息修改、资产查询的用例编写。

用例编写：

1. UI 界面信息

UI 界面信息见表 2-11-1。

表 2-11-1　UI 界面信息

测试用例编号	功能点	用例说明	前置条件	输入	执行步骤	预期结果	重要程度	执行用例测试结果
1	资产入库功能测试	页面标题查看验证	角色：资产管理员资产入库页面正常显示	无	登录成功，进入资产入库页面	页面标题显示"资产管理-资产入库"	高	通过
2	资产入库功能测试	列表按照资产入库日期降序验证	角色：资产管理员资产入库页面正常显示	无	登录成功，进入资产入库页面	列表按照资产入库日期降序	高	通过
3	资产入库功能测试	当列表记录超过 10 条时，进行验证	角色：资产管理员资产入库页面正常显示	无	登录成功，进入资产入库页面当列表记录超过10条时	列表显示翻页功能	高	通过
4	资产入库功能测试	当列表记录不超过 10 条时，进行验证	角色：资产管理员资产入库页面正常显示	无	登录成功，进入资产入库页面当列表记录不超过 10 条时	列表不显示翻页功能	高	通过
5	资产入库功能测试	点击列表下方的页码，进行验证	角色：资产管理员资产入库页面正常显示	无	登录成功，进入资产入库页面点击列表下方的页码	切换至页码	高	通过
6	资产入库功能测试	点击列表下方的首页，进行验证	角色：资产管理员资产入库页面正常显示	无	登录成功，进入资产入库页面点击列表下方的首页	切换至首页	高	通过
7	资产入库功能测试	点击列表下方的末页，进行验证	角色：资产管理员资产入库页面正常显示	无	登录成功，进入资产入库页面点击列表下方的末页	切换至末页	高	通过
8	资产入库功能测试	选中当前页，应高亮显示验证	角色：资产管理员资产入库页面正常显示	无	登录成功，进入资产入库页面选中当前页	选中当前页，高亮显示	高	通过

2. 界面按钮

界面按钮见表 2-11-2。

表 2-11-2　界面按钮

测试用例编号	功能点	用例说明	前置条件	输入	执行步骤	预期结果	重要程度	执行用例测试结果
1	资产入库功能测试	面包屑导航栏【首页】按钮有效性验证	角色：资产管理员、超级管理员资产入库页面正常显示	无	登录成功，进入资产入库页面点击面包屑导航栏左上角【首页】按钮	进入首页页面	高	通过
2	资产入库功能测试	页面左上角【资产入库】按钮有效性验证	角色：资产管理员、超级管理员资产入库页面正常显示	无	登录成功，进入资产入库页面点击页面左上角【资产入库】按钮	进入资产入库页面	高	通过
3	资产入库登记	在资产入库列表页，点击【入库登记】按钮有效性验证	角色：资产管理员资产入库页面正常显示	无	登录成功，进入资产入库页面在资产入库列表页，点击【入库登记】按钮	进入资产入库登记页面	高	通过
4	资产入库登记	【提交】按钮有效性验证	角色：资产管理员资产入库页面正常显示	无	登录成功，进入资产入库页面在资产入库列表页，点击【入库登记】按钮点击【提交】按钮	页面提示：请输入	高	通过
5	资产入库登记	【取消】按钮有效性验证	角色：资产管理员资产入库页面正常显示	无	登录成功，进入资产入库页面在资产入库列表页，点击【入库登记】按钮点击【取消】按钮	不保存当前新增内容，返回至列表页	高	通过
6	资产入库登记	【×】按钮有效性验证	角色：资产管理员资产入库页面正常显示	无	登录成功，进入资产入库页面在资产入库列表页，点击【入库登记】按钮点击【×】按钮	不保存当前新增内容，返回至列表页	高	通过
7	资产入库登记	点击【选择图片】按钮，进行验证	角色：资产管理员资产入库页面正常显示	无	登录成功，进入资产入库页面点击【选择图片】按钮	弹出"弹出图片文件"	高	通过
8	修改资产信息	在资产入库列表页，点击【修改】按钮有效性验证	角色：资产管理员资产入库页面正常显示	无	登录成功，进入资产入库页面在资产入库列表页，点击【修改】按钮	进入资产修改页面	高	通过
9	修改资产信息	【提交】按钮有效性验证	角色：资产管理员资产入库页面正常显示	无	登录成功，进入资产入库页面在资产入库列表页，点击【修改】按钮点击【提交】按钮	页面提示：请输入	高	通过
10	修改资产信息	【取消】按钮有效性验证	角色：资产管理员资产入库页面正常显示	无	登录成功，进入资产入库页面在资产入库列表页，点击【修改】按钮点击【取消】按钮	不保存当前新增内容，返回至列表页	高	通过

续表

测试用例编号	功能点	用例说明	前置条件	输入	执行步骤	预期结果	重要程度	执行用例测试结果
11	修改资产信息	【×】按钮有效性验证	角色：资产管理员 资产入库页面正常显示	无	登录成功，进入资产入库页面 在资产入库列表页，点击【修改】按钮 点击【×】按钮	不保存当前新增内容，返回至列表页	高	通过
12	修改资产信息	点击【选择图片】按钮，进行验证	角色：资产管理员 资产入库页面正常显示	无	登录成功，进入资产入库页面 点击【选择图片】按钮	弹出"弹出图片文件"	高	通过
13	资产查询	【查询】按钮有效性验证	角色：资产管理员 资产入库页面正常显示	无	登录成功，进入资产入库页面 点击【查询】按钮	系统显示符合条件的资产信息	高	通过

3. 资产入库登记

资产入库登记见表 2-11-3。

表 2-11-3　资产入库登记

测试用例编号	功能点	用例说明	前置条件	输入	执行步骤	预期结果	重要程度	执行用例测试结果
1	资产入库登记	输入全部正确信息，进行验证	角色：资产管理员 资产入库页面正常显示	输入全部正确信息	登录成功，进入资产入库页面 在资产入库列表页，点击【入库登记】按钮 输入相应信息，点击【提交】按钮	保存当前新增内容，系统自动生成资产编码（任务 ID_学生用户名_资产流水号），同时自动取当前操作日期为"入库日期"；同时返回至列表页，在列表页新增一条记录	高	通过
2	资产入库登记	资产名称为空，进行验证	角色：资产管理员 资产入库页面正常显示	资产名称为空 其他信息输入正确	登录成功，进入资产入库页面 在资产入库列表页，点击【入库登记】按钮 输入相应信息，点击【提交】按钮	页面提示：请输入资产名称	高	通过
3	资产入库登记	资产名称与系统内已存在资产名称重复，进行验证	角色：资产管理员 资产入库页面正常显示	资产名称与系统内已存在资产名称重复 其他信息输入正确	登录成功，进入资产入库页面 在资产入库列表页，点击【入库登记】按钮 输入相应信息，点击【提交】按钮	页面提示：与系统内的资产名称不能重复，字符长度限制在 10 位字符（含）以内	高	通过
4	资产入库登记	资产名称为 10 位字符，进行验证	角色：资产管理员 资产入库页面正常显示	资产名称为 10 位字符 其他信息输入正确	登录成功，进入资产入库页面 在资产入库列表页，点击【入库登记】按钮 输入相应信息，点击【提交】按钮	保存当前新增内容，系统自动生成资产编码（任务 ID_学生用户名_资产流水号），同时自动取当前操作日期为"入库日期"；同时返回至列表页，在列表页新增一条记录	高	通过

续表

测试用例编号	功能点	用例说明	前置条件	输入	执行步骤	预期结果	重要程度	执行用例测试结果
5	资产入库登记	资产名称为9位字符，进行验证	角色：资产管理员 资产入库页面正常显示	资产名称为9位字符 其他信息输入正确	登录成功，进入资产入库页面 在资产入库列表页，点击【入库登记】按钮 输入相应信息，点击【提交】按钮	保存当前新增内容，系统自动生成资产编码（任务ID_学生用户名_资产流水号），同时自动取当前操作日期为"入库日期"；同时返回至列表页，在列表页新增一条记录	高	通过
6	资产入库登记	资产名称为11位字符，进行验证	角色：资产管理员 资产入库页面正常显示	资产名称为11位字符 其他信息输入正确	登录成功，进入资产入库页面 在资产入库列表页，点击【入库登记】按钮 输入相应信息，点击【提交】按钮	页面提示：与系统内的资产名称不能重复，字符长度限制在10位字符（含）以内	高	通过
7	资产入库登记	资产名称纯汉字，进行验证	角色：资产管理员 资产入库页面正常显示	资产名称纯汉字 其他信息输入正确	登录成功，进入资产入库页面 在资产入库列表页，点击【入库登记】按钮 输入相应信息，点击【提交】按钮	页面提示：与系统内的资产名称不能重复，字符长度限制在10位字符（纯）以内	高	通过
8	资产入库登记	资产名称纯英文字母，进行验证	角色：资产管理员 资产入库页面正常显示	资产名称纯英文字母 其他信息输入正确	登录成功，进入资产入库页面 在资产入库列表页，点击【入库登记】按钮 输入相应信息，点击【提交】按钮	页面提示：与系统内的资产名称不能重复，字符长度限制在10位字符（纯）以内	高	通过
9	资产入库登记	资产名称纯特殊字符，进行验证	角色：资产管理员 资产入库页面正常显示	资产名称纯特殊字符 其他信息输入正确	登录成功，进入资产入库页面 在资产入库列表页，点击【入库登记】按钮 输入相应信息，点击【提交】按钮	页面提示：与系统内的资产名称不能重复，字符长度限制在10位字符（纯）以内	高	通过
10	资产入库登记	资产类别为空，进行验证	角色：资产管理员 资产入库页面正常显示	资产类别为空 其他信息输入正确	登录成功，进入资产入库页面 在资产入库列表页，点击【入库登记】按钮 输入相应信息，点击【提交】按钮	页面提示：请选择资产类别	高	通过
11	资产入库登记	资产类别下拉框按钮有效性验证	角色：资产管理员 资产入库页面正常显示	无	登录成功，进入资产入库页面 在资产入库列表页，点击【入库登记】按钮 点击资产类别下拉框按钮	资产类别下拉框按钮有效	高	通过
12	资产入库登记	资产类别下拉框有效性验证	角色：资产管理员 资产入库页面正常显示	无	登录成功，进入资产入库页面 在资产入库列表页，点击【入库登记】按钮 点击资产类别下拉框按钮	从下拉菜单中选择资产类别（来自资产类别字典中"已启用"状态的记录），默认为"请选择"	高	通过

测试用例编号	功能点	用例说明	前置条件	输入	执行步骤	预期结果	重要程度	执行用例测试结果
13	资产入库登记	资产类别下拉框不显示已禁用资产类别，进行验证	角色：资产管理员资产入库页面正常显示	无	登录成功，进入资产入库页面在资产入库列表页，点击【入库登记】按钮点击资产类别下拉框按钮	资产类别下拉框不显示已禁用资产类别	高	通过
14	资产入库登记	资产类别下拉框选择值，进行验证	角色：资产管理员资产入库页面正常显示	资产类别下拉框选择值其他信息输入正确	登录成功，进入资产入库页面点击资产类别下拉框按钮输入相应信息，点击【提交】按钮	保存当前新增内容，系统自动生成资产编码（任务 ID_学生用户名_资产流水号），同时自动取当前操作日期为"入库日期"；同时返回至列表页，在列表页新增一条记录	高	通过
15	资产入库登记	供应商为空，进行验证	角色：资产管理员资产入库页面正常显示	供应商为空其他信息输入正确	登录成功，进入资产入库页面在资产入库列表页，点击【入库登记】按钮输入相应信息，点击【提交】按钮	页面提示：请选择供应商	高	通过
16	资产入库登记	供应商下拉框按钮有效性验证	角色：资产管理员资产入库页面正常显示	无	登录成功，进入资产入库页面在资产入库列表页，点击【入库登记】按钮点击供应商下拉框按钮	供应商下拉框按钮有效	高	通过
17	资产入库登记	供应商下拉框有效性验证	角色：资产管理员资产入库页面正常显示	无	登录成功，进入资产入库页面在资产入库列表页，点击【入库登记】按钮点击供应商下拉框按钮	从下拉菜单中选择供应商（来自供应商字典中"正常"状态的记录），默认为"请选择"	高	通过
18	资产入库登记	供应商下拉框不显示已报废供应商，进行验证	角色：资产管理员资产入库页面正常显示	无	登录成功，进入资产入库页面在资产入库列表页，点击【入库登记】按钮点击供应商下拉框按钮	供应商下拉框不显示已报废供应商	高	通过
19	资产入库登记	供应商下拉框选择值，进行验证	角色：资产管理员资产入库页面正常显示	供应商下拉框选择值其他信息输入正确	登录成功，进入资产入库页面点击供应商下拉框按钮输入相应信息，点击【提交】按钮	保存当前新增内容，系统自动生成资产编码（任务 ID_学生用户名_资产流水号），同时自动取当前操作日期为"入库日期"；同时返回至列表页，在列表页新增一条记录	高	通过
20	资产入库登记	取得方式为空，进行验证	角色：资产管理员资产入库页面正常显示	取得方式为空其他信息输入正确	登录成功，进入资产入库页面在资产入库列表页，点击【入库登记】按钮输入相应信息，点击【提交】按钮	页面提示：请选择取得方式	高	通过

续表

测试用例编号	功能点	用例说明	前置条件	输入	执行步骤	预期结果	重要程度	执行用例测试结果
21	资产入库登记	取得方式下拉框按钮有效性验证	角色：资产管理员 资产入库页面正常显示	无	登录成功,进入资产入库页面 在资产入库列表页,点击【入库登记】按钮 点击取得方式下拉框按钮	取得方式下拉框按钮有效	高	通过
22	资产入库登记	取得方式下拉框有效性验证	角色：资产管理员 资产入库页面正常显示	无	登录成功,进入资产入库页面 在资产入库列表页,点击【入库登记】按钮 点击取得方式下拉框按钮	从下拉菜单中选择取得方式（来自取得方式字典中"已启用"状态的记录），默认为"请选择"	高	通过
23	资产入库登记	取得方式下拉框不显示已禁用取得方式,进行验证	角色：资产管理员 资产入库页面正常显示	无	登录成功,进入资产入库页面 在资产入库列表页,点击【入库登记】按钮 点击取得方式下拉框按钮	取得方式下拉框不显示已禁用取得方式	高	通过
24	资产入库登记	取得方式下拉框选择值,进行验证	角色：资产管理员 资产入库页面正常显示	取得方式下拉框选择值 其他信息输入正确	登录成功,进入资产入库页面 点击取得方式下拉框按钮 输入相应信息, 点击【提交】按钮	保存当前新增内容,系统自动生成资产编码（任务ID_学生用户名_资产流水号），同时自动取当前操作日期为"入库日期"；同时返回至列表页,在列表页新增一条记录	高	通过
25	资产入库登记	存放地点为空,进行验证	角色：资产管理员 资产入库页面正常显示	存放地点为空 其他信息输入正确	登录成功,进入资产入库页面 在资产入库列表页,点击【入库登记】按钮 输入相应信息, 点击【提交】按钮	页面提示：请选择存放地点	高	通过
26	资产入库登记	存放地点下拉框按钮有效性验证	角色：资产管理员 资产入库页面正常显示	无	登录成功,进入资产入库页面 在资产入库列表页,点击【入库登记】按钮 点击存放地点下拉框按钮	存放地点下拉框按钮有效	高	通过
27	资产入库登记	存放地点下拉框有效性验证	角色：资产管理员 资产入库页面正常显示	无	登录成功,进入资产入库页面 在资产入库列表页,点击【入库登记】按钮 点击存放地点下拉框按钮	从下拉菜单中选择存放地点（来自存放地点字典中"正常"状态的记录），默认为"请选择"	高	通过
28	资产入库登记	存放地点下拉框不显示已报废存放地点,进行验证	角色：资产管理员 资产入库页面正常显示	无	登录成功,进入资产入库页面 在资产入库列表页,点击【入库登记】按钮 点击存放地点下拉框按钮	存放地点下拉框不显示已报废存放地点	高	通过

测试用例编号	功能点	用例说明	前置条件	输入	执行步骤	预期结果	重要程度	执行用例测试结果
29	资产入库登记	存放地点下拉框选择值,进行验证	角色：资产管理员 资产入库页面正常显示	存放地点下拉框选择值 其他信息输入正确	登录成功,进入资产入库页面 点击存放地点下拉框按钮 输入相应信息,点击【提交】按钮	保存当前新增内容,系统自动生成资产编码(任务 ID_学生用户名_资产流水号),同时自动取当前操作日期为"入库日期";同时返回至列表页,在列表页新增一条记录	高	通过
30	资产入库登记	资产图片为空,进行验证	角色：资产管理员 资产入库页面正常显示	资产图片为空 其他信息输入正确	登录成功,进入资产入库页面	页面提示：请选择资产图片	高	通过
31	资产入库登记	点击【选择图片】按钮,进行验证	角色：资产管理员 资产入库页面正常显示	无	登录成功,进入资产入库页面 点击【选择图片】按钮	弹出"弹出图片文件"	高	通过
32	资产入库登记	上传一张资产图片验证	角色：资产管理员 资产入库页面正常显示	无	登录成功,进入资产入库页面 点击【选择图片】按钮 上传一张资产图片	上传成功	高	通过
33	资产入库登记	上传两张资产图片验证	角色：资产管理员 资产入库页面正常显示	无	登录成功,进入资产入库页面 点击【选择图片】按钮 上传两张资产图片	页面提示：每次只能上传一张	高	通过
34	资产入库登记	上传三张资产图片验证	角色：资产管理员 资产入库页面正常显示	无	登录成功,进入资产入库页面 点击【选择图片】按钮 上传三张资产图片	页面提示：每次只能上传一张	高	通过
35	资产入库登记	上传资产图片大小为 3M,进行验证	角色：资产管理员 资产入库页面正常显示	无	登录成功,进入资产入库页面 点击【选择图片】按钮 上传资产图片大小为 3M	上传成功	高	通过
36	资产入库登记	上传资产图片大小大于 3M,进行验证	角色：资产管理员 资产入库页面正常显示	无	登录成功,进入资产入库页面 点击【选择图片】按钮 上传资产图片大小大于 3M	页面提示：上传资产图片为 3M	高	通过
37	资产入库登记	上传资产图片大小小于 3M,进行验证	角色：资产管理员 资产入库页面正常显示	无	登录成功,进入资产入库页面 点击【选择图片】按钮 上传资产图片大小小于 3M	页面提示：上传资产图片为 3M	高	通过
38	资产入库登记	上传常见资产图片格式验证	角色：资产管理员 资产入库页面正常显示	无	登录成功,进入资产入库页面 点击【选择图片】按钮 上传一张 JPG 格式的资产图片	上传成功	高	通过
39	资产入库登记	格式验证通过后可删除图片重新上传,进行验证	角色：资产管理员 资产入库页面正常显示	无	登录成功,进入资产入库页面 点击【选择图片】按钮 格式验证通过后删除图片重新上传	格式验证通过后可删除图片重新上传	高	通过

4. 资产信息修改

资产信息修改见表 2-11-4。

表 2-11-4 资产信息修改

测试用例编号	功能点	用例说明	前置条件	输入	执行步骤	预期结果	重要程度	执行用例测试结果
1	修改资产信息	输入全部正确信息,进行验证	角色:资产管理员 资产入库页面正常显示	输入全部正确信息	登录成功,进入资产入库页面 在资产入库列表页,点击【修改】按钮 输入相应信息,点击【提交】按钮	保存当前新增内容,系统自动生成资产编码(任务 ID_学生用户名_资产流水号),同时自动取当前操作日期为"入库日期";同时返回至列表页,在列表页新增一条记录	高	通过
2	修改资产信息	资产名称为空,进行验证	角色:资产管理员 资产入库页面正常显示	资产名称为空 其他信息输入正确	登录成功,进入资产入库页面 在资产入库列表页,点击【修改】按钮 输入相应信息,点击【提交】按钮	页面提示:请输入资产名称	高	通过
3	修改资产信息	资产名称与系统内已存在资产名称重复,进行验证	角色:资产管理员 资产入库页面正常显示	资产名称与系统内已存在资产名称重复 其他信息输入正确	登录成功,进入资产入库页面 在资产入库列表页,点击【修改】按钮 输入相应信息,点击【提交】按钮	页面提示:与系统内的资产名称不能重复,字符长度限制在10位字符(含)以内	高	通过
4	修改资产信息	资产名称为10位字符,进行验证	角色:资产管理员 资产入库页面正常显示	资产名称为10位字符 其他信息输入正确	登录成功,进入资产入库页面 在资产入库列表页,点击【修改】按钮 输入相应信息,点击【提交】按钮	保存当前新增内容,系统自动生成资产编码(任务 ID_学生用户名_资产流水号),同时自动取当前操作日期为"入库日期";同时返回至列表页,在列表页新增一条记录	高	通过
5	修改资产信息	资产名称为9位字符,进行验证	角色:资产管理员 资产入库页面正常显示	资产名称为9位字符 其他信息输入正确	登录成功,进入资产入库页面 在资产入库列表页,点击【修改】按钮 输入相应信息,点击【提交】按钮	保存当前新增内容,系统自动生成资产编码(任务 ID_学生用户名_资产流水号),同时自动取当前操作日期为"入库日期";同时返回至列表页,在列表页新增一条记录	高	通过
6	修改资产信息	资产名称为11位字符,进行验证	角色:资产管理员 资产入库页面正常显示	资产名称为11位字符 其他信息输入正确	登录成功,进入资产入库页面 在资产入库列表页,点击【修改】按钮 输入相应信息,点击【提交】按钮	页面提示:与系统内的资产名称不能重复,字符长度限制在10位字符(含)以内	高	通过
7	修改资产信息	资产名称纯汉字,进行验证	角色:资产管理员 资产入库页面正常显示	资产名称纯汉字 其他信息输入正确	登录成功,进入资产入库页面 在资产入库列表页,点击【修改】按钮 输入相应信息,点击【提交】按钮	页面提示:与系统内的资产名称不能重复,字符长度限制在10位字符(纯)以内	高	通过
8	修改资产信息	资产名称纯英文字母,进行验证	角色:资产管理员 资产入库页面正常显示	资产名称纯英文字母 其他信息输入正确	登录成功,进入资产入库页面 在资产入库列表页,点击【修改】按钮 输入相应信息,点击【提交】按钮	页面提示:与系统内的资产名称不能重复,字符长度限制在10位字符(纯)以内	高	通过

续表

测试用例编号	功能点	用例说明	前置条件	输入	执行步骤	预期结果	重要程度	执行用例测试结果
9	修改资产信息	资产名称纯特殊字符,进行验证	角色:资产管理员资产入库页面正常显示	资产名称纯特殊字符其他信息输入正确	登录成功,进入资产入库页面在资产入库列表页,点击【修改】按钮输入相应信息,点击【提交】按钮	页面提示:与系统内的资产名称不能重复,字符长度限制在10位字符(纯)以内	高	通过
10	修改资产信息	资产类别为空,进行验证	角色:资产管理员资产入库页面正常显示	资产类别为空其他信息输入正确	登录成功,进入资产入库页面在资产入库列表页,点击【修改】按钮输入相应信息,点击【提交】按钮	页面提示:请选择资产类别	高	通过
11	修改资产信息	资产类别下拉框按钮有效性验证	角色:资产管理员资产入库页面正常显示	无	登录成功,进入资产入库页面在资产入库列表页,点击【修改】按钮点击资产类别下拉框按钮	资产类别下拉框按钮有效	高	通过
12	修改资产信息	资产类别下拉框有效性验证	角色:资产管理员资产入库页面正常显示	无	登录成功,进入资产入库页面在资产入库列表页,点击【修改】按钮点击资产类别下拉框按钮	从下拉菜单中选择资产类别(来自资产类别字典中"已启用"状态的记录),默认为"请选择"	高	通过
13	修改资产信息	资产类别下拉框不显示已禁用资产类别,进行验证	角色:资产管理员资产入库页面正常显示	无	登录成功,进入资产入库页面在资产入库列表页,点击【修改】按钮点击资产类别下拉框按钮	资产类别下拉框不显示已禁用资产类别	高	通过
14	修改资产信息	资产类别下拉框选择值,进行验证	角色:资产管理员资产入库页面正常显示	资产类别下拉框选择值其他信息输入正确	登录成功,进入资产入库页面点击资产类别下拉框按钮输入相应信息,点击【提交】按钮	保存当前新增内容,系统自动生成资产编码(任务ID_学生用户名_资产流水号),同时自动取当前操作日期为"入库日期";同时返回至列表页,在列表页新增一条记录	高	通过
15	修改资产信息	供应商为空,进行验证	角色:资产管理员资产入库页面正常显示	供应商为空其他信息输入正确	登录成功,进入资产入库页面在资产入库列表页,点击【修改】按钮输入相应信息,点击【提交】按钮	页面提示:请选择供应商	高	通过
16	修改资产信息	供应商下拉框按钮有效性验证	角色:资产管理员资产入库页面正常显示	无	登录成功,进入资产入库页面在资产入库列表页,点击【修改】按钮点击供应商下拉框按钮	供应商下拉框按钮有效	高	通过
17	修改资产信息	供应商下拉框有效性验证	角色:资产管理员资产入库页面正常显示	无	登录成功,进入资产入库页面在资产入库列表页,点击【修改】按钮点击供应商下拉框按钮	从下拉菜单中选择供应商(来自供应商字典中"正常"状态的记录),默认为"请选择"	高	通过
18	修改资产信息	供应商下拉框不显示已报废供应商,进行验证	角色:资产管理员资产入库页面正常显示	无	登录成功,进入资产入库页面在资产入库列表页,点击【修改】按钮点击供应商下拉框按钮	供应商下拉框不显示已报废供应商	高	通过

续表

测试用例编号	功能点	用例说明	前置条件	输入	执行步骤	预期结果	重要程度	执行用例测试结果
19	修改资产信息	供应商下拉框选择值，进行验证	角色：资产管理员 资产入库页面正常显示	供应商下拉框选择值 其他信息输入正确	登录成功，进入资产入库页面 点击供应商下拉框按钮 输入相应信息，点击【提交】按钮	保存当前新增内容，系统自动生成资产编码（任务 ID_学生用户名_资产流水号），同时自动取当前操作日期为"入库日期"；同时返回至列表页，在列表页新增一条记录	高	通过
20	修改资产信息	取得方式为空，进行验证	角色：资产管理员 资产入库页面正常显示	取得方式为空 其他信息输入正确	登录成功，进入资产入库页面 在资产入库列表页，点击【修改】按钮 输入相应信息，点击【提交】按钮	页面提示请选择取得方式	高	通过
21	修改资产信息	取得方式下拉框按钮有效性验证	角色：资产管理员 资产入库页面正常显示	无	登录成功，进入资产入库页面 在资产入库列表页，点击【修改】按钮 点击取得方式下拉框按钮	取得方式下拉框按钮有效	高	通过
22	修改资产信息	取得方式下拉框有效性验证	角色：资产管理员 资产入库页面正常显示	无	登录成功，进入资产入库页面` 在资产入库列表页，点击【修改】按钮 点击取得方式下拉框按钮	从下拉菜单中选择取得方式（来自取得方式字典中"已启用"状态的记录），默认为"请选择"	高	通过
23	修改资产信息	取得方式下拉框不显示已禁用取得方式，进行验证	角色：资产管理员 资产入库页面正常显示	无	登录成功，进入资产入库页面 在资产入库列表页，点击【修改】按钮 点击取得方式下拉框按钮	取得方式下拉框不显示已禁用取得方式	高	通过
24	修改资产信息	取得方式下拉框选择值，进行验证	角色：资产管理员 资产入库页面正常显示	取得方式下拉框选择值 其他信息输入正确	登录成功，进入资产入库页面 点击取得方式下拉框按钮 输入相应信息，点击【提交】按钮	保存当前新增内容，系统自动生成资产编码（任务 ID_学生用户名_资产流水号），同时自动取当前操作日期为"入库日期"；同时返回至列表页，在列表页新增一条记录	高	通过
25	修改资产信息	存放地点为空，进行验证	角色：资产管理员 资产入库页面正常显示	存放地点为空 其他信息输入正确	登录成功，进入资产入库页面 在资产入库列表页，点击【修改】按钮 输入相应信息，点击【提交】按钮	页面提示：请选择存放地点	高	通过
26	修改资产信息	存放地点下拉框按钮有效性验证	角色：资产管理员 资产入库页面正常显示	无	登录成功，进入资产入库页面 在资产入库列表页，点击【修改】按钮 点击存放地点下拉框按钮	存放地点下拉框按钮有效	高	通过

续表

测试用例编号	功能点	用例说明	前置条件	输入	执行步骤	预期结果	重要程度	执行用例测试结果
27	修改资产信息	存放地点下拉框有效性验证	角色：资产管理员 资产入库页面正常显示	无	登录成功，进入资产入库页面 在资产入库列表页，点击【修改】按钮 点击存放地点下拉框按钮	从下拉菜单中选择存放地点（来自存放地点字典中"正常"状态的记录），默认为"请选择"	高	通过
28	修改资产信息	存放地点下拉框不显示已报废存放地点，进行验证	角色：资产管理员 资产入库页面正常显示	无	登录成功，进入资产入库页面 在资产入库列表页，点击【修改】按钮 点击存放地点下拉框按钮	存放地点下拉框不显示已报废存放地点	高	通过
29	修改资产信息	存放地点下拉框选择值，进行验证	角色：资产管理员 资产入库页面正常显示	存放地点下拉框选择值 其他信息输入正确	登录成功，进入资产入库页面 点击存放地点下拉框按钮 输入相应信息，点击【提交】按钮	保存当前新增内容，系统自动生成资产编码（任务 ID_学生用户名_资产流水号），同时自动取当前操作日期为"入库日期"；同时返回至列表页，在列表页新增一条记录	高	通过
30	修改资产信息	资产图片为空，进行验证	角色：资产管理员 资产入库页面正常显示	资产图片为空 其他信息输入正确	登录成功，进入资产入库页面	页面提示请选择资产图片	高	通过
31	修改资产信息	点击【选择图片】按钮，进行验证	角色：资产管理员 资产入库页面正常显示	无	登录成功，进入资产入库页面 点击【选择图片】按钮	弹出"弹出图片文件"	高	通过
32	修改资产信息	上传一张资产图片验证	角色：资产管理员 资产入库页面正常显示	无	登录成功，进入资产入库页面 点击【选择图片】按钮 上传一张资产图片	上传成功	高	通过
33	修改资产信息	上传两张资产图片验证	角色：资产管理员 资产入库页面正常显示	无	登录成功，进入资产入库页面 点击【选择图片】按钮 上传两张资产图片	页面提示：每次只能上传一张	高	通过
34	修改资产信息	上传三张资产图片验证	角色：资产管理员 资产入库页面正常显示	无	登录成功，进入资产入库页面 点击【选择图片】按钮 上传三张资产图片	页面提示：每次只能上传一张	高	通过
35	修改资产信息	上传资产图片大小为3M，进行验证	角色：资产管理员 资产入库页面正常显示	无	登录成功，进入资产入库页面 点击【选择图片】按钮 上传资产图片大小为3M	上传成功	高	通过
36	修改资产信息	上传资产图片大小大于3M，进行验证	角色：资产管理员 资产入库页面正常显示	无	登录成功，进入资产入库页面 点击【选择图片】按钮 上传资产图片大小大于3M	页面提示：上传资产图片为3M	高	通过

续表

测试用例编号	功能点	用例说明	前置条件	输入	执行步骤	预期结果	重要程度	执行用例测试结果
37	修改资产信息	上传资产图片大小小于3M，进行验证	角色：资产管理员 资产入库页面正常显示	无	登录成功，进入资产入库页面 点击【选择图片】按钮 上传资产图片大小小于3M	页面提示：上传资产图片为3M	高	通过
38	修改资产信息	上传常见资产图片格式验证	角色：资产管理员 资产入库页面正常显示	无	登录成功，进入资产入库页面 点击【选择图片】按钮 上传一张JPG格式的资产图片	上传成功	高	通过
39	修改资产信息	格式验证通过后可删除图片重新上传，进行验证	角色：资产管理员 资产入库页面正常显示	无	登录成功，进入资产入库页面 点击【选择图片】按钮 格式验证通过后删除图片重新上传	格式验证通过后可删除图片重新上传	高	通过

5. 资产查询

资产查询见表2-11-5。

表2-11-5　资产查询

测试用例编号	功能点	用例说明	前置条件	输入	执行步骤	预期结果	重要程度	执行用例测试结果
1	资产查询	按资产类别查询验证	角色：资产管理员 资产入库页面正常显示	按资产类别查询	登录成功，进入资产入库页面 输入相应信息，点击【查询】按钮	系统显示符合条件的资产信息	高	通过
2	资产查询	按资产状态查询验证	角色：资产管理员 资产入库页面正常显示	按资产状态查询	登录成功，进入资产入库页面 输入相应信息，点击【查询】按钮	系统显示符合条件的资产信息	高	通过
3	资产查询	按取得方式查询验证	角色：资产管理员 资产入库页面正常显示	按取得方式查询	登录成功，进入资产入库页面 输入相应信息，点击【查询】按钮	系统显示符合条件的资产信息	高	通过
4	资产查询	按资产名称精准查询验证	角色：资产管理员 资产入库页面正常显示	按资产名称精准查询	登录成功，进入资产入库页面 输入相应信息，点击【查询】按钮	系统显示符合条件的资产信息	高	通过
5	资产查询	按资产名称模糊查询验证	角色：资产管理员 资产入库页面正常显示	按资产名称模糊查询	登录成功，进入资产入库页面 输入相应信息，点击【查询】按钮	系统显示符合条件的资产信息	高	通过
6	资产查询	按资产名称不存在查询验证	角色：资产管理员 资产入库页面正常显示	按资产名称不存在查询	登录成功，进入资产入库页面 输入相应信息，点击【查询】按钮	系统显示无符合条件的资产信息	高	通过
7	资产查询	按资产编码精准查询验证	角色：资产管理员 资产入库页面正常显示	按资产编码精准查询	登录成功，进入资产入库页面 输入相应信息，点击【查询】按钮	系统显示符合条件的资产信息	高	通过
8	资产查询	按资产编码模糊查询验证	角色：资产管理员 资产入库页面正常显示	按资产编码模糊查询	登录成功，进入资产入库页面 输入相应信息，点击【查询】按钮	系统显示符合条件的资产信息	高	通过

续表

测试用例编号	功能点	用例说明	前置条件	输入	执行步骤	预期结果	重要程度	执行用例测试结果
9	资产查询	按资产编码不存在查询验证	角色:资产管理员 资产入库页面正常显示	按资产编码不存在查询	登录成功,进入资产入库页面输入相应信息,点击【查询】按钮	系统显示无符合条件的资产信息	高	通过
10	资产查询	按资产名称+资产类别查询验证	角色:资产管理员 资产入库页面正常显示	按资产名称+资产类别查询	登录成功,进入资产入库页面输入相应信息,点击【查询】按钮	系统显示符合条件的资产信息	高	通过
11	资产查询	按资产名称+资产状态查询验证	角色:资产管理员 资产入库页面正常显示	按资产名称+资产状态查询	登录成功,进入资产入库页面输入相应信息,点击【查询】按钮	系统显示符合条件的资产信息	高	通过
12	资产查询	按资产名称+取得方式查询验证	角色:资产管理员 资产入库页面正常显示	按资产名称+取得方式查询	登录成功,进入资产入库页面输入相应信息,点击【查询】按钮	系统显示符合条件的资产信息	高	通过
13	资产查询	按资产编码+资产类别查询验证	角色:资产管理员 资产入库页面正常显示	按资产编码+资产类别查询	登录成功,进入资产入库页面输入相应信息,点击【查询】按钮	系统显示符合条件的资产信息	高	通过
14	资产查询	按资产编码+资产状态查询验证	角色:资产管理员 资产入库页面正常显示	按资产编码+资产状态查询	登录成功,进入资产入库页面输入相应信息,点击【查询】按钮	系统显示符合条件的资产信息	高	通过
15	资产查询	按资产编码+取得方式查询验证	角色:资产管理员 资产入库页面正常显示	按资产编码+取得方式查询	登录成功,进入资产入库页面输入相应信息,点击【查询】按钮	系统显示符合条件的资产信息	高	通过
16	资产查询	按资产名称+资产类别+资产状态查询验证	角色:资产管理员 资产入库页面正常显示	按资产名称+资产类别+资产状态查询	登录成功,进入资产入库页面输入相应信息,点击【查询】按钮	系统显示符合条件的资产信息	高	通过
17	资产查询	按资产名称+取得方式+资产状态查询验证	角色:资产管理员 资产入库页面正常显示	按资产名称+取得方式+资产状态查询	登录成功,进入资产入库页面输入相应信息,点击【查询】按钮	系统显示符合条件的资产信息	高	通过
18	资产查询	按资产名称+资产类别+取得方式查询验证	角色:资产管理员 资产入库页面正常显示	按资产名称+资产类别+取得方式查询	登录成功,进入资产入库页面输入相应信息,点击【查询】按钮	系统显示符合条件的资产信息	高	通过
19	资产查询	按资产名称+资产类别+资产状态查询验证	角色:资产管理员 资产入库页面正常显示	按资产名称+资产类别+资产状态查询	登录成功,进入资产入库页面输入相应信息,点击【查询】按钮	系统显示符合条件的资产信息	高	通过
20	资产查询	按资产名称+取得方式+资产状态查询验证	角色:资产管理员 资产入库页面正常显示	按资产名称+取得方式+资产状态查询	登录成功,进入资产入库页面输入相应信息,点击【查询】按钮	系统显示符合条件的资产信息	高	通过
21	资产查询	按资产名称+资产类别+取得方式查询验证	角色:资产管理员 资产入库页面正常显示	按资产名称+资产类别+取得方式查询	登录成功,进入资产入库页面输入相应信息,点击【查询】按钮	系统显示符合条件的资产信息	高	通过
22	资产查询	按资产编码+资产类别+资产状态查询验证	角色:资产管理员 资产入库页面正常显示	按资产编码+资产类别+资产状态查询	登录成功,进入资产入库页面输入相应信息,点击【查询】按钮	系统显示符合条件的资产信息	高	通过

测试用例编号	功能点	用例说明	前置条件	输入	执行步骤	预期结果	重要程度	执行用例测试结果
23	资产查询	按资产编码+取得方式+资产状态查询验证	角色：资产管理员资产入库页面正常显示	按资产编码+取得方式+资产状态查询	登录成功，进入资产入库页面输入相应信息，点击【查询】按钮	系统显示符合条件的资产信息	高	通过
24	资产查询	按资产编码+资产类别+取得方式查询验证	角色：资产管理员资产入库页面正常显示	按资产编码+资产类别+取得方式查询	登录成功，进入资产入库页面输入相应信息，点击【查询】按钮	系统显示符合条件的资产信息	高	通过
25	资产查询	按资产名称+资产类别+资产状态+取得方式查询验证	角色：资产管理员资产入库页面正常显示	按资产名称+资产类别+资产状态+取得方式查询	登录成功，进入资产入库页面输入相应信息，点击【查询】按钮	系统显示符合条件的资产信息	高	通过
26	资产查询	按资产编码+资产类别+资产状态+取得方式查询验证	角色：资产管理员资产入库页面正常显示	按资产编码+资产类别+资产状态+取得方式查询	登录成功，进入资产入库页面输入相应信息，点击【查询】按钮	系统显示符合条件的资产信息	高	通过

第 3 章　bug 查找规律

3.1　常见的 bug 类型

查找 bug 时，需要有精准的定位，查找过程应遵循企业标准，应依据需求说明书客观地验证软件开发产品。bug 的定位方法是无穷尽的，经验确实可以解决曾遇到的问题，但也不可能解决所有问题。

宁允展是南车青岛四方机车车辆股份有限公司车辆钳工，他是国内第一位从事高铁转向架"定位臂"研磨的工人，也是这道工序最高技能水平的代表。转向架是高速动车组九大关键技术之一，转向架上有个"定位臂"，是关键中的关键。宁允展的工作，就是确保这个间隙小于 0.05mm。他的"风动砂轮纯手工研磨操作法"，将研磨效率提高了 1 倍多，接触面的贴合率也从原来的 75% 提高到了 90% 以上。他发明的"精加工表面缺陷焊修方法"，修复精度最高可达到 0.01mm，相当于一根细头发丝的 1/5。他执着于创新研究，主持了多项课题攻关，发明了多种工装技术。

在现象层面，显发 bug 现象，而背后也必然隐藏着一个根本原因，首先要对系统有一个深刻的理解，把系统分解成几部分，了解它们之间是如何耦合的，数据是沿什么样的路径流动的，有哪些控制信号等，然后假设 bug 在其中哪个部分，要像"定位臂"研磨工人一样在保持效率的基础上，严谨的查找出问题所在。

3.1.1　bug 查找目的

（1）软件测试是为了发现错误而执行程序的过程。

（2）测试是为了证明程序有错，而不是证明程序无错（发现错误不是唯一目的）。

（3）一个好的测试用例在于它发现至今未发现的错误。

（4）一个成功的测试是发现了至今未发现的错误的测试。

测试是不可穷尽的，测试人员不可能发现系统中所有的缺陷，每个版本发布前也不可能保证所有已知的缺陷都会得到修复，所以反复测试是为了发现更多的缺陷，预防风险。

（5）测试人员跟踪需求、验证质量、提交缺陷的同时也促进了开发人员技术的提升，在这个过程中牵扯到项目流程管理的问题，一个优秀的测试在这个过程中会建立一套完成的体系来提高整个团队的工作效率，从而来降低开发成本进而把控产品质量，但需要明确的是，软件的质量不只是测试人员来把关，最终质量好坏是整个团队的结果。

（6）软件测试整体是验证功能的实现、可用性，检查程序的错误，最终是为了提高用户体验；在测试过程中，有一些缺陷级别低，解决与否都不影响用户使用，且缺陷存在本身用户也不会有感知，这时就需要从用户体验的角度去考量是否要定义该类问题为缺陷。

3.1.2　常见 bug 类型

1. 界面布局 bug

查看存放地点页面内容显示是否正确。若存放地点页面面包屑导航栏当前位置显示错误，则为一个 UI 界面 bug。使用"截图工具" 截取页面并保存，如图 3-1-1 所示。

图 3-1-1 存放地点页面

2. 输入框 bug

点击"手机号"输入框输入小于 11 位数的数字，点击【保存】按钮查看手机号是否修改成功。

若修改成功，则为一个功能性 bug。使用"截图工具" 截取页面并保存，如图 3-1-2 所示。

图 3-1-2 个人信息页面

3. 排序 bug

在报废方式页面，查看新增的报废方式是否按照时间降序排列。若没有，则为一个功能性 bug。

使用"截图工具" 截取页面并保存，如图 3-1-3 所示。

序号	报废方式编码	报废方式名称	状态	操作
1	a02	报废01	已启用	修改 禁用
2	a01	报废¥	已启用	修改 禁用

图 3-1-3　报废方式页面

4. 特殊字符 bug

在报废方式页面中的报废方式名称输入框输入特殊字符，点击【保存】按钮查看是否保存成功。若修改成功，则为一个功能性 bug。使用"截图工具"  截取页面并保存，如图 3-1-4 所示。

图 3-1-4　报废方式页面

5. 查询列表

在存放地点页面，输入正确名称，点击【查询】按钮，查询结果与输入条件是否匹配，若查询结果与实际结果不匹配，则为一个功能性 bug。使用"截图工具"  截取页面并保存，如图 3-1-5 所示。

图 3-1-5　存放地点页面

6. 按钮失效

检查修改部门管理页面【取消】按钮是否失效。若按钮失效，则为一个功能性 bug。使用"截图工具" 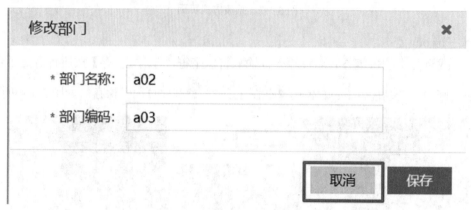截取页面并保存，如图 3-1-6 所示。

图 3-1-6　修改部门管理页面

7. 权限错误

点击任意资产名称，看是否能够查看资产存放地点详情页面。若可以查看，则为一个功能性 bug。使用"截图工具" 截取页面并保存，如图 3-1-7 所示。

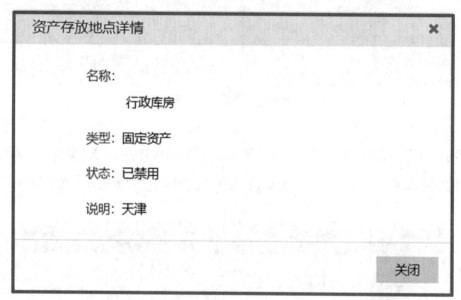

图 3-1-7　资产存放地点详情页面

3.2　用户登录模块 bug 查找

业务描述：

资产管理员、超级管理员需要通过登录页面进入资产管理系统，登录页面是进入该系统的唯一入口。

需求描述：

用户名为工号，资产管理员获得密码和任务 ID 后，分别输入相应输入框，并输入验证码后面显示的数字或字母，点击【登录】即可登录该系统。点击【换一张】可更换验证码。用户名、密码、任务 ID 和验证码都输入正确才能登录成功。

UI 界面：

用户登录 UI 界面如图 3-2-1 所示。

图 3-2-1　用户登录 UI 界面（一）

任务设计：

本次案例主要完成用户登录模块 bug 的查找：

（1）对 UI 界面与被测系统界面进行测试，发现文字 bug。

（2）点击用户登录页面中按钮，发现功能性 bug。

（3）查看任务 ID 输入框，发现功能性 Bug 与系统性 bug。

（4）查看用户名输入框，发现功能性 Bug 与系统性 bug。

（5）查看密码输入框，发现功能性 Bug 与系统性 bug。

1. 测试登录模块 bug

（1）通过查看需求说明书 UI 界面与被测系统界面进行测试，查找是否有文字错误。登录页面中，"登陆"应为"登录"，这就是一个一个文字 bug。使用"截图工具" 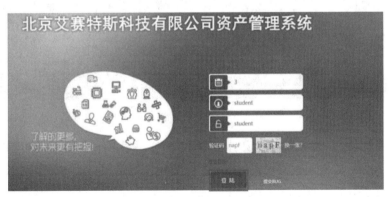 截取页面并保存，如图 3-2-2 所示。

图 3-2-2　用户登录 UI 界面（二）

（2）用户登录界面中，点击【换一张】按钮，查看验证码是否切换。若无法完成切换，则为一个功能性 bug。使用"截图工具" 截取页面并保存，如图 3-2-3 所示。

图 3-2-3　用户登录 UI 界面（三）

（3）查看用户登录界面中【忘记密码？】颜色搭配是否合理。若与背景色冲突，则为一个 UI 界面性 bug。使用"截图工具" 截取页面并保存，如图 3-2-4 所示。

图 3-2-4　用户登录 UI 界面（四）

（4）用户登录界面中，输入正确用户名、密码、验证码后，任务 ID 输入框输入 ID 为过长的整数，点击【登录】按钮，查看是否出现系统错误，若出现系统错误，则为一个功能性 bug。使用"截图工具" 截取页面并保存，如图 3-2-5 和图 3-2-6 所示。

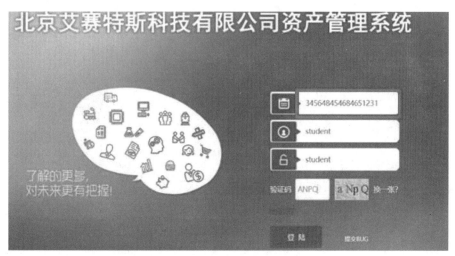

图 3-2-5　用户登录 UI 界面（五）

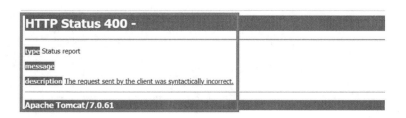

图 3-2-6　系统错误界面

（5）用户登录界面中，输入正确的任务 ID、密码、验证码后，用户名输入框输入大小写混淆的字母，点击【登录】按钮查看是否登录成功。若登录成功，则为一个功能性 bug。使用"截图工具" 截取页面并保存，如图 3-2-7 所示。

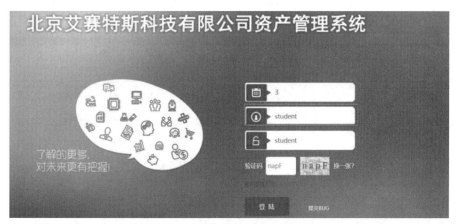

图 3-2-7　用户登录 UI 界面（六）

（6）在用户登录界面中输入密码，查看密码是否以密文形式显示。若未以密文形式显示，则为一个功能性 bug。使用"截图工具" 截取页面并保存，如图 3-2-8 所示。

图 3-2-8　用户登录 UI 界面（七）

（7）在用户登录界面中，查看密码输入框字符是否可复制、粘贴。若可以复制、粘贴则为一个功能性 bug。使用"截图工具" 截取页面并保存，如图 3-2-9 所示：

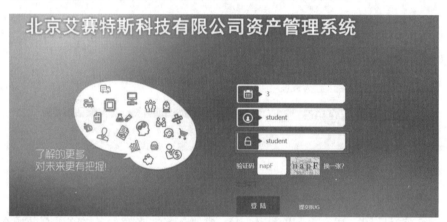

图 3-2-9　用户登录 UI 界面（八）

（8）在用户登录界面中，双击密码输入框，查看是否出现下拉框。若出现下拉框，则为一个功能性 bug。使用"截图工具" 截取页面并保存，如图 3-2-10 所示。

图 3-2-10　用户登录 UI 界面（九）

（9）在登录页面中，若用户名大小写混淆仍可登录成功，则为一个功能性 bug。使用"截图工具" 截取页面并保存，如图 3-2-11 所示。

图 3-2-11　用户登录 UI 界面（十）

1. 登录模块 bug

登录模块 bug 见表 3-2-1。

表 3-2-1　登录模块 bug

缺陷编号	模块名称	摘要描述	操作步骤	预期结果	实际结果	缺陷严重程度	附件说明
1	登录	登录页面中,文字显示错误,"登陆"应为"登录"	浏览器：Chrome 浏览器版本：49 操作步骤： 正确打开登录页面	界面文字显示正确	文字显示错误,"登陆"应为"登录"	高	
2	登录	登录页面中,"忘记密码"颜色与背景色冲突	浏览器：Chrome 浏览器版本：49 操作步骤： 正确打开登录页面	界面色彩搭配应合理	"忘记密码"颜色与背景色冲突	高	
3	登录	登录页面中,"提交 bug"应为黑色	浏览器：Chrome 浏览器版本：49 操作步骤： 正确打开登录页面	界面色彩搭配应合理	"提交 bug"应为黑色	高	

续表

缺陷编号	模块名称	摘要描述	操作步骤	预期结果	实际结果	缺陷严重程度	附件说明
4	登录	登录页面中，验证码【换一张】按钮失效	浏览器：Chrome 浏览器版本：49 操作步骤： 1.正确打开登录页面 2.点击【换一张】按钮	【换一张】按钮正常使用	【换一张】按钮失效	高	
5	登录	登录页面中，密码以明文形式显示	浏览器：Chrome 浏览器版本：49 操作步骤： 1.正确打开登录页面 2.在密码输入框中输入密码	密码输入框应以密文形式显示	密码以明文形式显示	高	
6	登录	登录页面中，密码输入框可复制粘贴	浏览器：Chrome 浏览器版本：49 操作步骤： 1.正确打开登录页面 2.在密码输入框中对密码进行复制	密码输入框不可复制粘贴	密码输入框可复制粘贴	高	
7	登录	登录页面中，密码输入框存在下拉框	浏览器：Chrome 浏览器版本：49 操作步骤： 1.正确打开登录页面 2.点击密码输入框	密码输入框不应该出现下拉框	密码输入框存在下拉框	高	
8	登录	登录页面中，任务 ID 输入过长，报错	浏览器：Chrome 浏览器版本：49 操作步骤： 1.正确打开登录页面 2.输入任务 ID（过长）	任务 ID 过长提示任务 ID 未分配	任务 ID 输入过长，报错	高	

续表

缺陷编号	模块名称	摘要描述	操作步骤	预期结果	实际结果	缺陷严重程度	附件说明
9	登录	登录页面中，用户名大小写混淆仍可登录成功	浏览器：Chrome 浏览器版本：49 操作步骤： 1.正确打开登录页面 2.用户名大写登录	用户名大小写混淆应登录失败	用户名大小写混淆仍可登录成功	高	

3.3　个人信息模块 bug 查找

业务描述：

登录系统后，资产管理员/超级管理员可以查看个人信息，姓名、手机号、工号等。可修改手机号、修改登录密码和退出系统。

需求描述：

1）资产管理员能够在该页面查看个人的详细信息，其中姓名、工号、性别、部门和职位只能查看，不能修改，手机号初始为空，输入手机号后需要点击后面的【保存】，资产管理员可以自行修改。只能输入以 1 开头的 11 位数字，输入其他字符不能编辑成功。

2）点击页面右上角的【修改密码】，弹出修改密码浮层，可以修改资产管理员的登录密码。需要输入当前密码和新密码及确认新密码，其中三个输入框不能为空，如果当前密码输入错误或新密码和确认密码不一致则不能修改成功。出于安全性考虑，新密码不能为连续或相同数字、英文字母。修改成功后下次登录需要使用新密码。

3）点击页面右上角的【退出】，可以退出该系统，返回登录页。如果再次登录，需要重新输入用户名、密码、任务 ID 和验证码。

UI 界面：

如图 3-1 所示：

图 3-1　个人信息 UI 界面

点击【修改密码】按钮，弹出修改密码窗口，如图 3-3-2 所示。

图 3-3-2　修改密码窗口

任务设计：

本次案例主要完成个人信息模块 bug 的查找：

（1）测试手机号是否以正常条件保存，发现功能性 bug。

（2）测试修改密码功能是否以正常条件修改，发现功能性 bug。

1. 测试个人信息模块 bug

（1）点击"手机号"输入框，输入小于 11 位数的数字，点击【保存】按钮，查看手机号是否修改成功。若修改成功，则为一个功能性 bug。使用"截图工具" 截取页面并保存，如图 3-3-3 所示。

图 3-3-3　个人信息 UI 界面（一）

（2）点击"手机号"输入框，输入特殊字符，点击【保存】按钮，查看手机号是否修改成功。若修改成功，则为一个功能性 bug。使用"截图工具" 截取页面并保存，如图 3-3-4 所示。

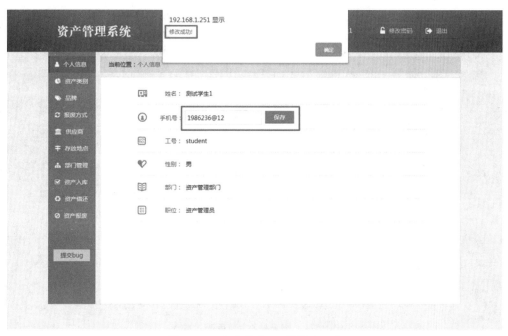

图 3-3-4　个人信息 UI 界面（二）

（3）点击"手机号"输入框，输入非以 1 开头的 11 位数的数字，点击【保存】按钮，查看手机号是否修改成功。若修改成功，则为一个功能性 bug。使用"截图工具" 截取页面并保存，如图 3-3-5 所示。

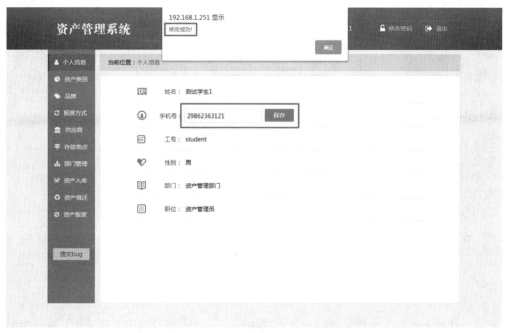

图 3-3-5　个人信息 UI 界面（三）

（4）点击"手机号"输入框，输入非数字，点击【保存】按钮，查看手机号是否修改成功。若修改成功，则为一个功能性 bug。使用"截图工具"截取页面并保存，如图 3-3-6 所示。

图 3-3-6　个人信息 UI 界面（四）

（5）点击"手机号"输入框，输入空格，点击【保存】按钮，查看手机号是否修改成功。若修改成功，则为一个功能性 bug。使用"截图工具"截取页面并保存，如图 3-3-7 所示。

图 3-3-7　个人信息 UI 界面（五）

（6）点击【修改密码】按钮，弹出修改密码窗口。点击"当前密码"输入框，输入与原密码不匹的配信息，点击【保存】按钮，查看是否修改成功。若修改成功，则为一个功能性 bug。使用"截图工具"截取页面并保存，如图 3-3-8 所示。

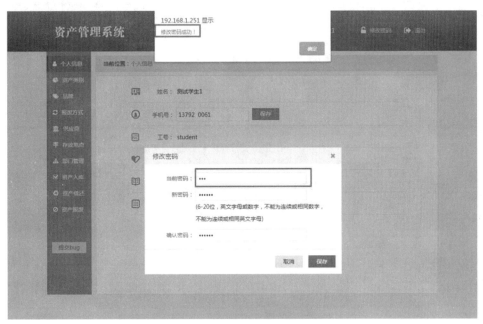

图 3-3-8　修改密码窗口（一）

（7）点击【修改密码】按钮，弹出修改密码窗口。点击"新密码"输入框，输入相同字母，点击【保存】按钮，查看是否修改成功。若修改成功，则为一个功能性 bug。使用"截图工具" 截取页面并保存，如图 3-3-9 所示。

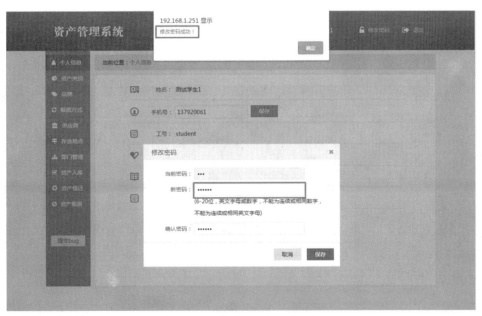

图 3-3-9　修改密码窗口（二）

（8）点击【修改密码】按钮，弹出修改密码窗口。点击"新密码"输入框，输入相同数字，点击【保存】按钮，查看是否修改成功。若修改成功，则为一个功能性 bug。使用"截图工具" 截取页面并保存，如图 3-3-10 所示。

图 3-3-10　修改密码窗口（三）

（9）点击【修改密码】按钮，弹出修改密码窗口。点击"新密码"输入框，输入连续字母，点击【保存】按钮，查看是否修改成功。若修改成功，则为一个功能性 bug。使用"截图工具" 截取页面并保存，如图 3-3-11 所示。

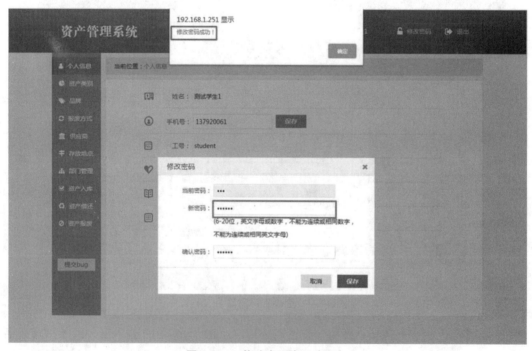

图 3-3-11　修改密码窗口（四）

（10）点击【修改密码】按钮，弹出修改密码窗口。点击"新密码"输入框，输入连续数字，点击【保存】按钮，查看是否修改成功。若修改成功，则为一个功能性 bug。使用"截图工具"

截取页面并保存，如图 3-3-12 所示。

图 3-3-12　修改密码窗口（五）

（11）点击【修改密码】按钮，弹出修改密码窗口。新密码输入框与确认密码输入框输入不一致的信息，点击【保存】按钮，查看是否修改成功。若修改成功，则为一个功能性 bug。使用"截图工具"🛠截取页面并保存如图 3-3-13 所示。

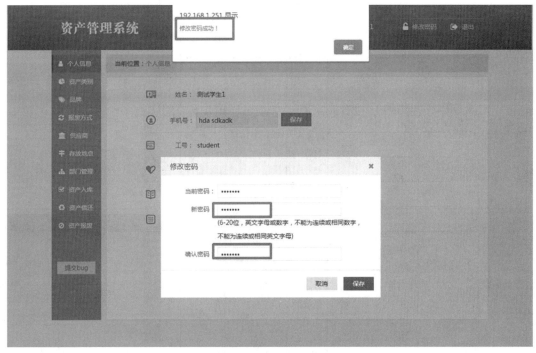

图 3-3-13　修改密码窗口（六）

2. 个人信息模块 bug

个人信息模块 bug 见表 3-3-1。

表 3-3-1 个人信息模块 bug

缺陷编号	模块名称	摘要描述	操作步骤	预期结果	实际结果	缺陷严重程度	附件说明
1	个人信息	个人信息页面，手机号小于11位数字应保存失败	浏览器：Chrome 浏览器版本：49 操作步骤： 1.用户登录成功 2.进入个人信息页面 3.输入手机号小于11位	手机号为1开头的11位数字	手机号小于11位数字保存成功	高	
2	个人信息	个人信息页面中，手机号输入特殊字符应保存失败	浏览器：Chrome 浏览器版本：49 操作步骤： 1.用户登录成功 2.进入个人信息页面 3.手机号输入特殊字符	手机号为1开头的11位数字	手机号输入特殊字符提示保存成功	高	
3	个人信息	个人信息页面中，手机号输入非1开头数字应保存失败	浏览器：Chrome 浏览器版本：49 操作步骤： 1.用户登录成功 2.进入个人信息页面 3.手机号输入非1开头	手机号为1开头的11位数字	手机号输入非1开头数字保存成功	高	
4	个人信息	个人信息页面中，手机号输入非数字应保存失败	浏览器：Chrome 浏览器版本：49 操作步骤： 1.用户登录成功 2.进入个人信息页面 3.手机号输入非数字	手机号为1开头的11位数字	手机号输入非数字保存成功	高	
5	个人信息	个人信息页面中，手机号包含空格应保存失败	浏览器：Chrome 浏览器版本：49 操作步骤： 1.用户登录成功 2.进入个人信息页面 3.手机号输入包含空格	手机号为1开头的11位数字	手机号包含空格保存成功	高	

缺陷编号	模块名称	摘要描述	操作步骤	预期结果	实际结果	缺陷严重程度	附件说明
6	修改密码	修改密码浮层中，当前密码错误应修改失败	浏览器：Chrome 浏览器版本：49 操作步骤： 1.用户登录成功 2.进入个人信息页面 3.进入修改密码浮层 4.当前密码输入错误	当前密码输入错误，应修改失败	当前密码错误仍可修改成功	高	
7	修改密码	修改密码浮层中，新密码为连续英文字母或数字应保存失败	浏览器：Chrome 浏览器版本：49 操作步骤： 1.用户登录成功 2.进入个人信息页面 3.进入修改密码浮层 4.新密码输入连续英文字母或数字	新密码不能为连续或相同的字母和数字	新密码为连续数字或英文字母可保存成功	高	
8	修改密码	修改密码浮层中，新密码为相同英文或数字应保存失败	浏览器：Chrome 浏览器版本：49 操作步骤： 1.用户登录成功 2.进入个人信息页面 3.进入修改密码浮层 4.新密码输入相同英文字母或数字	新密码不能为连续或相同的字母和数字	新密码为相同英文或数字可保存成功	高	

3.4　资产类别模块 bug 查找

业务描述：

"资产类别"作为资产信息的属性而存在。该模块用于资产管理员、超级管理员对资产类别进行管理。

需求描述：

（1）登录系统后，资产管理员及超级管理员可以对资产类别进行管理，包括资产类别的新增、修改、启用和禁用。资产类别字段包括类别编码、类别名称、状态。

（2）新增资产类别（注意，必填项使用红色星号"*"标注）：

在资产类别列表页，点击【新增】按钮，弹出"新增资产类别"窗口；

类别名称：必填项，与系统内的资产类别名称不能重复，字符长度限制在 10 位字符（含）以内；

类别编码：必填项，与系统内的资产类别编码不能重复，字符长度限制在 10 位字符（含）以内，字符格式为"英文字母及数字的组合"；

点击【保存】，保存当前新增内容，关闭当前窗口，回到列表页，在列表页新增一条记录，状态

默认为"已启用";

点击【取消】，不保存当前新增内容，关闭当前窗口，回到列表页。

（3）修改资产类别（注意，必填项使用红色星号"*"标注）：

在资产类别列表页，点击【修改】按钮，弹出"修改资产类别"窗口，显示带入的"类别名称"及"类别编码"信息；

类别名称：必填项，带入原值，修改时与系统内的资产类别名称不能重复，字符长度限制在10位字符（含）以内；

类别编码：必填项，带入原值，修改时与系统内的资产类别编码不能重复，字符长度限制在10位字符（含）以内，字符格式为"英文字母及数字的组合"；

点击【保存】，保存当前编辑内容，关闭当前窗口，回到列表页，列表页相应内容随之更新；

点击【取消】，不保存当前编辑内容，关闭当前窗口，回到列表页，列表页相应内容前后不变。

（4）禁用资产类别：

在资产类别列表页，点击"已启用"状态资产类别后的【禁用】按钮，系统弹出提示信息"您确定要禁用该资产类别吗？"：

点击【确定】，关闭提示信息，同时执行禁用操作；回到列表页，该类别状态变为"已禁用"；

点击【取消】，关闭提示信息，不执行禁用操作；回到列表页，该类别状态仍为"已启用"。

（5）启用资产类别：

在资产类别列表页，点击"已禁用"状态资产类别后的【启用】按钮，系统弹出提示信息"您确定要启用该资产类别吗？"：

点击【确定】，关闭提示信息，同时执行启用操作；回到列表页，该类别状态变为"已启用"；

点击【取消】，关闭提示信息，不执行启用操作；回到列表页，该类别状态仍为"已禁用"。

点击左侧导航栏中的"资产类别"，可进入资产类别管理页面，页面标题显示"资产类别"，页面上方面包屑导航显示"当前位置：资产类别"；列表按照类别创建时间降序显示全部的资产类别。

UI 界面：

资产类别 UI 界面如图 3-4-1 所示。

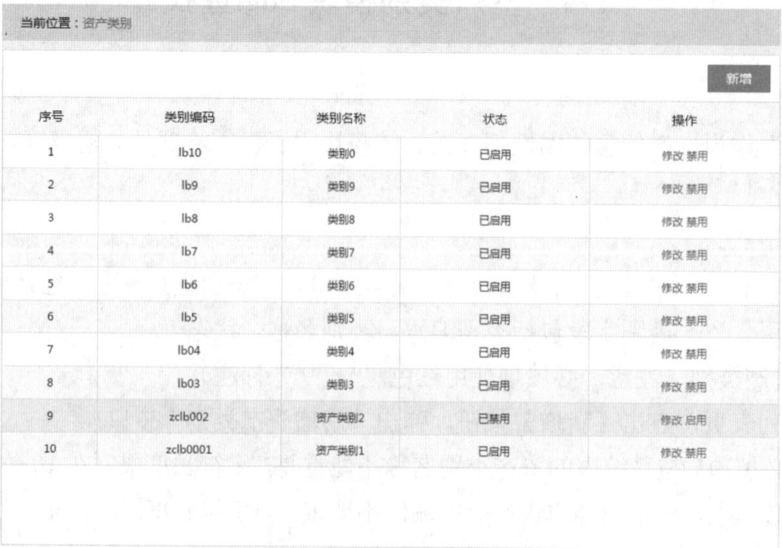

当前位置：资产类别

新增

序号	类别编码	类别名称	状态	操作
1	lb10	类别0	已启用	修改 禁用
2	lb9	类别9	已启用	修改 禁用
3	lb8	类别8	已启用	修改 禁用
4	lb7	类别7	已启用	修改 禁用
5	lb6	类别6	已启用	修改 禁用
6	lb5	类别5	已启用	修改 禁用
7	lb04	类别4	已启用	修改 禁用
8	lb03	类别3	已启用	修改 禁用
9	zclb002	资产类别2	已禁用	修改 启用
10	zclb0001	资产类别1	已启用	修改 禁用

图 3-4-1 资产类别 UI 界面

点击【新增】按钮弹出新增资产类别窗口，如图 3-4-2 所示。

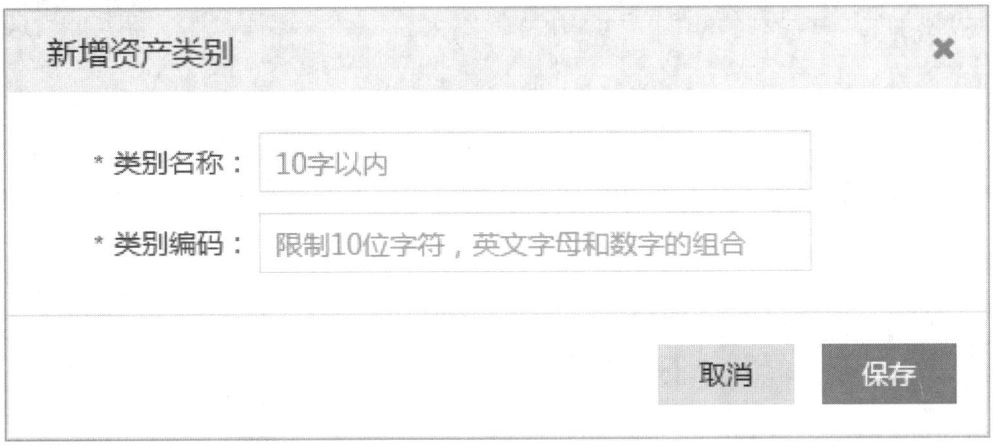

图 3-4-2　新增资产类别窗口

点击【修改】按钮，弹出修改资产类别窗口，如图 3-4-3 所示。

图 3-4-3　修改资产类别窗口

任务设计：

本次案例主要完成资产类别模块 bug 的查找：

（1）测试新增资产类别窗口，查找功能性 bug。

（2）测试资产类别界面，查找功能性 bug。

（3）测试修改资产类别窗口，查找功能性 bug。

1. 测试资产类型模块 bug

（1）进入资产类别管理界面，点击【新增】按钮，弹出新增资产类别窗口，查看需求描述新增资产类别是否正常添加，发现 UI 缺陷 bug，报废方式名称前未显示红色必填标识。使用"截图工具"截取页面并保存，如图 3-4-4 所示。

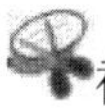

图 3-4-4　新增资产类别窗口（一）

（2）新增资产类别窗口中，资产类别编码输入框输入包含特殊字符名称，点击【保存】按钮，查看是否保存成功。若保存成功，则为一个功能性 bug。使用"截图工具" 截取页面并保存，如图 3-4-5 所示。

图 3-4-5　新增资产类别窗口（二）

（3）新增资产类别窗口中，资产类别名称输入框输入包含特殊字符名称，点击【保存】按钮，查看是否保存成功。若保存成功，则为一个功能性 bug。使用"截图工具" 截取页面并保存，如图 4-6 所示。

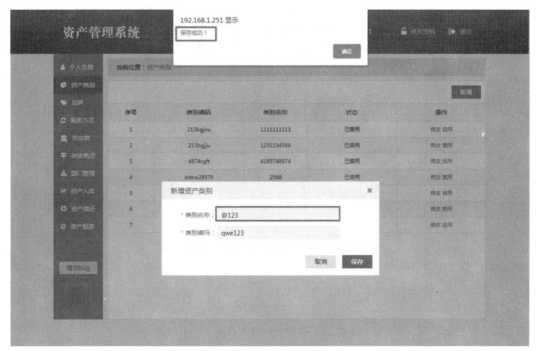

图 3-4-6　新增资产类别窗口（三）

（4）资产类别管理页面中，查看需求描述与资产类别整体条件，发现功能性 bug——新增的资产类别序号未按时间降序排列。使用"截图工具"截取页面并保存，如图 3-4-7 所示。

图 3-4-7　资产类别管理界面（一）

（5）资产类别管理页面中，查看需求描述与资产类别整体条件，发现功能性 bug——【禁用】按钮失效。使用"截图工具"截取页面并保存，如图 3-4-8 所示。

图 3-4-8　资产类别管理界面（二）

（6）修改资产窗口，点击【修改】按钮弹出修改资产类别窗口，点击【取消】按钮测试是否有效。若【取消】按钮无效，则为一个功能性 bug。使用"截图工具" 截取页面并保存，如图 3-4-9 所示。

图 3-4-9　修改资产类别窗口（一）

（7）修改资产窗口中，资产类别名称输入框输入包含特殊字符名称，点击【保存】按钮，查看是否保存成功。若保存成功，则为一个功能性 bug。使用"截图工具" 截取页面并保存，如图 3-4-10 所示。

图 3-4-10　修改资产类别窗口（二）

（8）修改资产类别窗口中，资产类别编码输入框输入包含特殊字符名称，点击【保存】按钮，查看是否保存成功。若保存成功，则为一个功能性 bug。使用"截图工具" 截取页面并保存，如图 3-4-11 所示。

图 3-4-11　修改资产类别窗口（三）

（9）修改资产类别窗口中，输入相应正确信息，点击【保存】按钮，查看是否保存成功。若保存失败，则为一个功能性 bug。使用"截图工具" 截取页面并保存，如图 3-4-12 所示。

图 3-4-12 修改资产类别窗口（四）

（10）修改资产类别窗口中，资产类别编码重复，点击【保存】按钮，查看是否保存成功。若保存失败，则为一个功能性 bug。使用"截图工具" 截取页面并保存，如图 3-4-13 所示。

图 3-4-13 资产类别管理界面（三）

（11）修改资产类别窗口中，品牌编码重复，点击【保存】按钮，查看是否保存成功。若保存失败，则为一个功能性 bug。使用"截图工具" 截取页面并保存，如图 3-4-14 所示。

图 3-4-14　资产类别管理界面（四）

2. 资产类别模块 bug

资产类别模块 bug 见表 3-4-1。

表 3-4-1　资产类别模块 bug

缺陷编号	模块名称	摘要描述	操作步骤	预期结果	实际结果	缺陷严重程度	附件说明
1	资产类别	新增资产类别页面中，页面文字错误"类别编玛"应为"类别编码"	浏览器：Chrome 浏览器版本：49 操作步骤： 1.用户登录成功 2.进入资产类别页面 3.进入新增资产类别页面	页面无文字错误	"类别编玛"文字错误	低	
2	资产类别	新增资产类别页面中，类别名称输入特殊字符应保存失败	浏览器：Chrome 浏览器版本：49 操作步骤： 1.用户登录成功 2.进入资产类别页面 3.进入新增资产类别页面 4.类别名称输入特殊字符	类别编码限制 10 位，为英文数字和字母的组合	类别名称输入特殊字符仍可保存成功	高	

续表

缺陷编号	模块名称	摘要描述	操作步骤	预期结果	实际结果	缺陷严重程度	附件说明
3	资产类别	修改资产类别页面中，【保存】按钮应正常使用	浏览器：Chrome 浏览器版本：49 操作步骤： 1.用户登录成功 2.进入资产类别页面 3.进入修改资产类别页面 4.点击【保存】按钮	【保存】按钮正常使用	【保存】按钮失效	高	
4	资产类别	资产类别页面中，序号未排重	浏览器：Chrome 浏览器版本：49 操作步骤： 1.用户登录成功 2.进入资产类别页面	序号应排重	序号未排重	高	

3.5 品牌管理模块

业务描述：

"品牌"作为资产信息的属性而存在，该模块用于资产管理员、超级管理员对品牌信息进行管理。

需求描述：

（1）登录系统后，资产管理员及超级管理员可以对品牌进行管理，包括品牌的新增、修改、启用和禁用。

（2）品牌字段包括品牌编码、品牌名称、状态。

（3）品牌管理列表页：点击左侧导航栏中的"品牌"，可进入品牌管理页面，页面标题显示"品牌管理"，页面上方面包屑导航显示"当前位置：品牌管理"，列表按照品牌创建时间降序显示全部品牌。

（4）新增品牌（注意，必填项使用红色星号"*"标注）：

在品牌列表页，点击【新增】按钮，弹出"新增品牌"窗口。

品牌名称：必填项，与系统内的品牌名称不能重复，字符长度限制在10位字符（含）以内。

品牌编码：必填项，与系统内的品牌编码不能重复，字符长度限制在10位字符（含）以内，字符格式为"英文字母及数字的组合"。

点击【保存】，保存当前新增内容；关闭当前窗口，回到列表页，在列表页新增一条记录，状态默认为"已启用"。

点击【取消】，不保存当前新增内容；关闭当前窗口，回到列表页。

（5）修改品牌（注意，必填项使用红色星号"*"标注）：

在品牌列表页，点击【修改】按钮，弹出"修改品牌"窗口，显示带入的"品牌名称"及"品牌编码"信息。

品牌名称：必填项，带入原值，修改时与系统内的品牌名称不能重复，字符长度限制在 10 位字符（含）以内。

品牌编码：必填项，带入原值，修改时与系统内的品牌编码不能重复，字符长度限制在 10 位字符（含）以内，字符格式为"英文字母及数字的组合"。

点击【保存】，保存当前编辑内容；关闭当前窗口，回到列表页，列表页相应内容随之更新。

点击【取消】，不保存当前编辑内容；关闭当前窗口，回到列表页，列表页相应内容前后不变。

（6）禁用品牌：在品牌列表页，点击"已启用"状态品牌后的【禁用】按钮，系统弹出提示信息"您确定要禁用该品牌吗？"。

点击【确定】，关闭提示信息，同时执行禁用操作。回到列表页，该品牌状态变为"已禁用"。

点击【取消】，关闭提示信息，不执行禁用操作。回到列表页，该品牌状态仍为"已启用"。

（7）启用品牌：在品牌列表页，点击"已禁用"状态资产类别后的【启用】按钮，系统弹出提示信息"您确定要启用该品牌吗？"

点击【确定】，关闭提示信息，同时执行启用操作。回到列表页，该品牌状态变为"已启用"。

点击【取消】，关闭提示信息，不执行启用操作。回到列表页，该品牌状态仍为"已禁用"。

UI 界面：

点击左侧导航栏中的"品牌"，可进入品牌管理列表页面，如图 3-5-1 所示。

当前位置：品牌				
				新增
序号	品牌编码	品牌名称	状态	操作
1	pp002	品牌2	已禁用	修改 启用
2	pp001	品牌1	已启用	修改 禁用

图 3-5-1　品牌管理列表页面

点击【新增】按钮，弹出"新增品牌"窗口，如图 3-5-2 所示。

图 5-2　新增品牌窗口

点击【修改】按钮，弹出"修改品牌"窗口，如图 3-5-3 所示。

图 3-5-3　修改品牌窗口

任务设计：

本次案例主要完成品牌管理模块 bug 查找：

（1）测试新增品牌窗口，发现功能性 bug 及 UI 显示 bug。

（2）测试品牌管理界面，发现功能性 bug。

（3）测试修改品牌窗口，发现功能性 bug。

1．测试品牌模块 bug

（1）进入品牌管理界面，点击【新增】按钮，弹出新增品牌窗口，查看需求描述新增品牌是否正常添加，发现 UI bug，品牌名称前未显示红色必填标识。使用"截图工具" 截取页面并保存，如图 3-5-4 所示。

图 3-5-4　新增品牌窗口（一）

（2）新增品牌窗口中，品牌编码输入框输入包含特殊字符，点击【保存】按钮，查看是否保存成功。若保存成功，则为一个功能性 bug。使用"截图工具"  截取页面并保存，如图 3-5-5 所示。

图 3-5-5　新增品牌窗口（二）

（3）新增品牌窗口中，品牌名称输入框输入包含特殊字符，点击【保存】按钮，查看是否保存成功。若保存成功，则为一个功能性 bug。使用"截图工具" 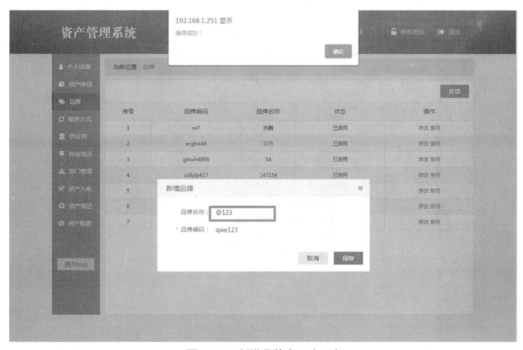 截取页面并保存，如图 3-5-6 所示。

图 3-5-6　新增品牌窗口（三）

（4）品牌管理页面中，查看需求描述与品牌整体条件，发现功能性 bug——新增的品牌序号未按时间降序排列。使用"截图工具" 截取页面并保存，如图 3-5-7 所示。

图 3-5-7　品牌管理界面（一）

（5）品牌管理页面中，查看需求描述与品牌整体条件，发现功能性 bug——【禁用】按钮失效。使用"截图工具" 截取页面并保存，如图 3-5-8 所示。

图 3-5-8　品牌管理界面（二）

（6）品牌管理页面中，点击【修改】按钮，弹出修改品牌窗口，点击【取消】按钮，测试是否有效。若【取消】按钮无效，则为一个功能性 bug。使用"截图工具"  截取页面并保存，如图 3-5-9 所示。

图 3-5-9　修改品牌窗口（一）

（7）修改品牌窗口中，品牌名称输入框输入包含特殊字符，点击【保存】按钮，查看是否保存成功。若保存成功，则为一个功能性 bug。使用"截图工具" 截取页面并保存，如图 3-5-10 所示。

图 3-5-10　修改品牌窗口（二）

（8）修改品牌窗口中，品牌编码输入框输入包含特殊字符，点击【保存】按钮，查看是否保存成功。若保存成功，则为一个功能性 bug。使用"截图工具" 截取页面并保存，如图 3-5-11 所示。

图 3-5-11　修改品牌窗口（三）

（9）修改品牌窗口中，输入相应正确信息，点击【保存】按钮，查看是否保存成功。若保存失败，则为一个功能性 bug。使用"截图工具"　截取页面并保存，如图 3-5-12 所示。

图 3-5-12　修改品牌窗口

（10）修改品牌窗口中，品牌编码重复，点击【保存】按钮，查看是否保存成功。若保存成功，则为一个功能性 bug。使用"截图工具"　截取页面并保存，如图 3-5-13 所示。

图 3-5-13　品牌管理界面（三）

2. 品牌模块 bug

品牌模块 bug 见表 3-5-1。

表 3-5-1 品牌模块 bug

缺陷编号	模块名称	摘要描述	操作步骤	预期结果	实际结果	缺陷严重程度	附件说明
1	品牌	新增品牌页面中，品牌名称包含特殊字符应保存失败	浏览器：Chrome 浏览器版本：49 操作步骤： 1.用户登录成功 2.进入品牌页面 3.进入新增品牌页面	品牌名称包含特殊字符应保存失败	品牌名称包含特殊字符可保存成功	高	
2	品牌	新增品牌页面中，品牌名称前未显示必填标识符	浏览器：Chrome 浏览器版本：49 操作步骤： 1.用户登录成功 2.进入品牌页面 3.进入新增品牌页面	必填项前显示必填标识符	品牌名称前未显示必填标识符	高	
3	品牌	修改品牌页面中，品牌名称包含特殊字符应保存失败	浏览器：Chrome 浏览器版本：49 操作步骤： 1.用户登录成功 2.进入品牌页面 3.进入修改品牌页面	品牌名称包含特殊字符应保存失败	品牌名称包含特殊字符可保存成功	高	
4	品牌	修改品牌页面中，【取消】按钮应正常使用	浏览器：Chrome 浏览器版本：49 操作步骤： 1.用户登录成功 2.进入品牌页面 3.进入修改品牌页面	按钮正常使用	【取消】按钮失效	高	
5	品牌	品牌页面中序号未排重	浏览器：Chrome 浏览器版本：49 操作步骤： 1.用户登录成功 2.进入品牌页面	序号应排重	序号未排重	高	

3.6 报废方式模块

业务描述

"报废方式"主要作为资产报废的处理方式。该模块用于资产管理员、超级管理员对资产报废方式进行管理。

需求描述

报废方式管理列表页：

点击左侧导航栏中的"报废方式"，页面标题显示"报废方式"，页面上方面包屑导航显示"当前位置：报废方式"，可进入报废方式管理页面，列表按照报废方式创建时间降序显示全部报废方式。

（1）新增报废方式（注意，必填项使用红色星号"*"标注）；

在报废方式列表页，点击【新增】按钮，弹出"新增报废方式"窗口；

报废方式名称：必填项，与系统内的报废方式名称不能重复，字符长度限制在10位字符（含）以内；

报废方式编码：必填项，与系统内的报废方式编码不能重复，字符长度限制在10位字符（含）以内，字符格式为"英文字母及数字的组合"。

点击【保存】，保存当前新增内容，关闭当前窗口，回到列表页，在列表页新增一条记录，状态默认为"已启用"；

点击【取消】，不保存当前新增内容，关闭当前窗口，回到列表页。

（2）修改报废方式（注意，必填项使用红色星号"*"标注）：

在报废方式列表页，点击【修改】按钮，弹出"修改报废方式"窗口，显示带入的"报废方式名称"及"报废方式编码"信息；

报废方式名称：必填项，带入原值，修改时与系统内的报废方式名称不能重复，字符长度限制在10位字符（含）以内；

报废方式编码：必填项，带入原值，修改时与系统内的报废方式编码不能重复，字符长度限制在10位字符（含）以内，字符格式为"英文字母及数字的组合"；

点击【保存】，保存当前编辑内容，关闭当前窗口，回到列表页，列表页相应内容随之更新；

点击【取消】，不保存当前编辑内容，关闭当前窗口，回到列表页，列表页相应内容前后不变。

（3）禁用报废方式：

在报废方式列表页，点击"已启用"状态报废方式后的【禁用】按钮，系统弹出提示信息"您确定要禁用该报废方式吗？"：

点击【确定】，关闭提示信息，同时执行禁用操作；回到列表页，该报废方式状态变为"已禁用"；

点击【取消】，关闭提示信息，不执行禁用操作；回到列表页，该报废方式状态仍为"已启用"。

（4）启用报废方式：

在报废方式列表页，点击"已禁用"状态报废方式后的【启用】按钮，系统弹出提示信息"您确定要启用该报废方式吗？"：

点击【确定】，关闭提示信息，同时执行启用操作；回到列表页，该报废方式状态变为"已启用"；

点击【取消】，关闭提示信息，不执行启用操作；回到列表页，该报废方式状态仍为"已禁用"。

UI 界面：

点击报废方式进入报废方式页面，如图 3-6-1 所示。

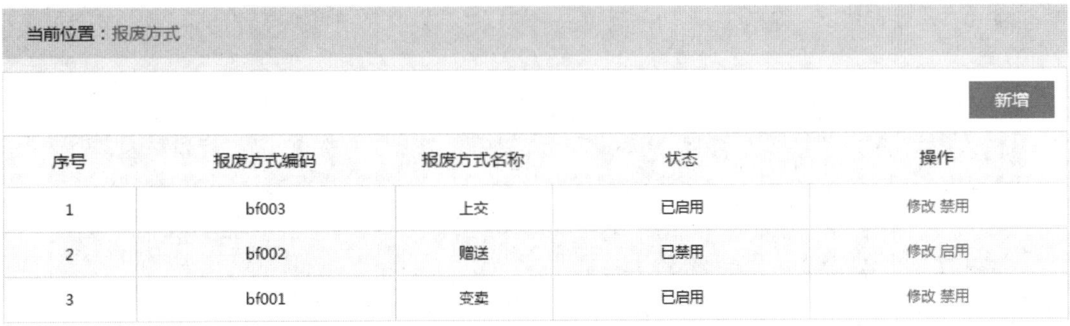

当前位置：报废方式				
				新增
序号	报废方式编码	报废方式名称	状态	操作
1	bf003	上交	已启用	修改 禁用
2	bf002	赠送	已禁用	修改 启用
3	bf001	变卖	已启用	修改 禁用

图 3-6-1　报废方式管理：列表页

点击【新增】按钮，进入新增报废方式窗口，如图 3-6-2 所示。

新增报废方式　✖

* 报废方式名称：　10字以内

* 报废方式编码：　限制10位字符，英文字母和数字的组合

取消　保存

图 3-6-2　报废方式管理："新增报废方式"窗口

点击【修改】按钮，进入修改报废方式窗口，如图 6-3 所示。

修改报废方式　✖

* 报废方式名称：　上交

* 报废方式编码：　BF01

取消　保存

图 3-6-3　报废方式管理："修改报废方式"窗口

任务设计：

本次案例主要完成报废方式模块 bug 的查找：

（1）通过查看需求说明书的业务规则，查看新增报废方式是否正常添加，发现功能性 bug。

（2）通过查看需求说明书的业务规则，查看修改报废方式是否正常添加，发现功能性 bug。

（3）通过查看需求说明书的业务规则，查看报废方式整体条件，发现功能性 bug。

1. 测试报废方式模块 bug

（1）新增报废方式窗口中，报废方式编码输入框输入包含特殊字符，点击【保存】按钮，查看是否保存成功。若保存成功，则为一个功能性 bug。使用"截图工具" 截取页面并保存，如图 3-6-4 所示。

图 3-6-4　新增报废方式窗口（一）

（2）新增报废方式窗口中，报废方式名称输入框输入包含特殊字符，点击【保存】按钮，查看是否保存成功。若保存成功，则为一个功能性 bug。使用"截图工具" 截取页面并保存，如图 3-6-5 所示。

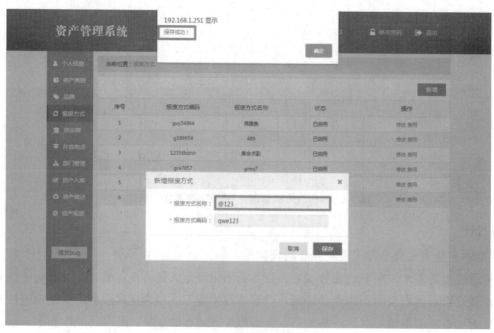

图 3-6-5　新增报废方式窗口（二）

（3）报废方式管理页面中，查看需求描述与报废方式整体条件，发现功能性 bug——新增的报废方式序号未按时间降序排列。使用"截图工具" 截取页面并保存，如图 6-6 所示。

图 3-6-6　报废方式管理界面（一）

（4）报废方式管理页面中，查看需求描述与报废方式整体条件，发现功能性 bug——【禁用】按钮失效。使用"截图工具" 截取页面并保存，如图 3-6-7 所示。

图 3-6-7　报废方式管理界面（二）

（5）报废方式管理页面中，点击【修改】按钮，弹出修改报废方式窗口，点击【取消】按钮，测试是否有效。若【取消】按钮无效，则为一个功能性 bug。使用"截图工具" 截取页面并保存，如图 3-6-8 所示。

图 3-6-8　修改报废方式窗口（一）

（6）修改报废方式窗口中，报废方式名称输入框输入包含特殊字符，点击【保存】按钮，查看是否保存成功。若保存成功，则为一个功能性 bug。使用"截图工具" 截取页面并保存，如图 3-6-9 所示。

图 3-6-9　修改报废方式窗口（二）

（7）修改报废方式窗口中，报废方式编码输入框输入包含特殊字符，点击【保存】按钮，查看是否保存成功。若保存成功，则为一个功能性 bug。使用"截图工具" 截取页面并保存，如图 3-6-10 所示。

图 3-6-10　修改资产类别窗口（一）

（8）修改报废方式窗口中，输入相应正确信息，点击【保存】按钮，查看是否保存成功。若保存失败，则为一个功能性 bug。使用"截图工具" 截取页面并保存，如图 3-6-11 所示。

图 3-6-11　修改报废方式窗口（二）

（9）修改报废方式窗口中，报废方式编码重复，点击【保存】按钮，查看是否保存成功。若保存成功，则为一个功能性 bug。使用"截图工具"  截取页面并保存，如图 3-6-12 所示。

图 3-6-12 资产类别管理界面

报废方式模块 bug 见表 3-6-1。

表 3-6-1 报废方式模块 bug

缺陷编号	模块名称	摘要描述	操作步骤	预期结果	实际结果	缺陷严重程度	附件说明
1	报废方式	新增报废方式页面中，报废方式名称包含特殊字符应保存失败	浏览器：Chrome 浏览器版本：49 操作步骤： 1.用户登录成功 2.进入报废方式页面 3.进入新增报废方式页面	报废方式名包含特殊字符应保存失败	报废方式名称包含特殊字符保存成功	高	
2	报废方式	修改报废方式页面中，报废方式名称包含特殊字符应保存失败	浏览器：Chrome 浏览器版本：49 操作步骤： 1.用户登录成功 2.进入报废方式页面 3.进入修改报废方式页面	报废方式名包含特殊字符应保存失败	报废方式名称包含特殊字符保存成功	高	

续表

缺陷编号	模块名称	摘要描述	操作步骤	预期结果	实际结果	缺陷严重程度	附件说明
3	报废方式	报废方式页面中，【禁用】按钮失效	浏览器：Chrome 浏览器版本：49 操作步骤： 1.用户登录成功 2.进入报废方式页面 3.点击【禁用】按钮	按钮正常使用	【禁用】按钮失效	高	
4	报废方式	报废方式页面中序号未排重	浏览器：Chrome 浏览器版本：49 操作步骤： 1.用户登录成功 2.进入报废方式页面	序号应排重	序号未排重	高	

3.7　供应商模块

业务描述：

登录系统后：超级管理员可以新增、修改、启用、禁用、查询供应商信息；资产管理员可以查询、查看供应商信息；供应商详情包括供应商名称、类型、联系人、联系人手机号、地址信息；支持按照供应商的状态、及供应商名称（模糊查询）进行查询。

需求描述：

（1）供应商管理列表页：点击左侧导航栏中的"供应商"，可进入供应商管理页面，页面标题显示"供应商"，页面上方面包屑导航显示"当前位置：供应商"，列表按照供应商创建时间降序排列；资产管理员有查看和查询的权限；超级管理员可以查询、新增、修改、启用、禁用，查看供应商详情。

（2）查看供应商详情：在供应商列表页，点击列表任意"供应商名称"，弹出"资产供应商详情"窗口，显示供应商名称、类别、联系人、移动电话、地址信息；点击【关闭】按钮，关闭当前窗口，回到列表页。

（3）供应商查询：系统支持单个条件查询及组合查询，"供应商名称"支持模糊查询；在供应商列表页，选择供应商状态，输入供应商名称，点击【查询】按钮，系统显示符合条件的供应商信息。

UI 界面：

点击供应商，进入"供应商"页面，如图 3-7-1、图 3-7-2 所示。

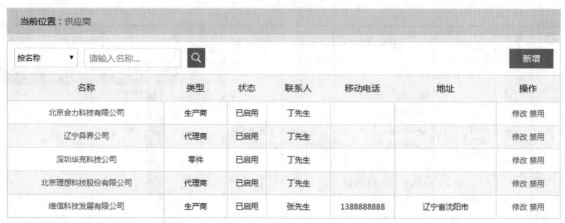

图 3-7-1　（超级管理员）供应商管理：列表页

名称	类型	状态	联系人	移动电话	地址
北京合力科技有限公司	生产商	已启用	丁先生		
辽宁异界公司	代理商	已启用	丁先生		
深圳华克科技公司	零件	已启用	丁先生		
北京理想科技股份有限公司	代理商	已启用	丁先生		
维信科技发展有限公司	生产商	已启用	张先生	1388888888	辽宁省沈阳市

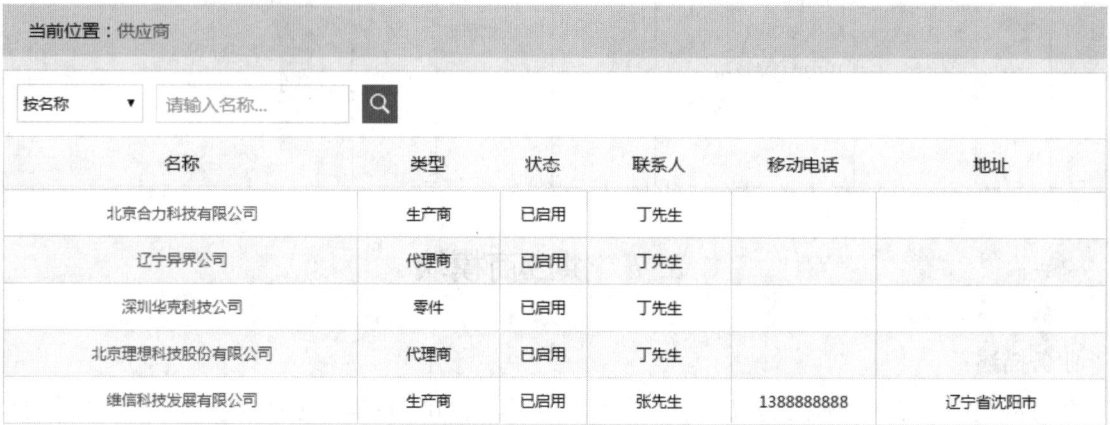

图 3-7-2　（资产管理员）供应商管理：列表页

点击名称，进入"资产供应商详情"页面，如图 3-7-3 所示。

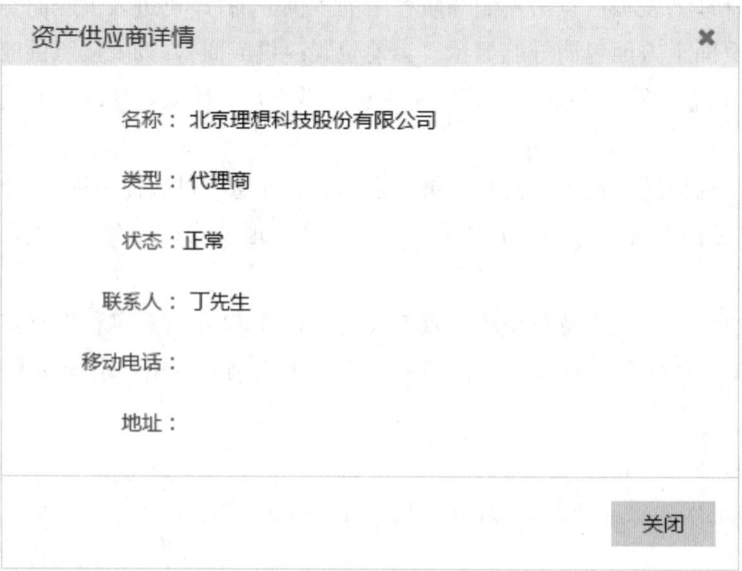

资产供应商详情

名称：北京理想科技股份有限公司

类型：代理商

状态：正常

联系人：丁先生

移动电话：

地址：

关闭

图 3-7-3　供应商管理：详情页

任务设计:

本次案例主要完成供应商模块 bug 的查找:

(1)通过查看需求描述对供应商模块进行测试,发现功能性 bug。

(2)通过查看需求描述对供应商模块进行权限测试,发现功能性 bug。

(3)通过查看需求描述对供应商模块进行测试,发现文字性 bug。

(4)通过查看需求描述对供应商模块进行查询测试,发现功能性 bug。

1. 测试供应商模块 bug

(1)进入供应商页面,查看界面文字显示是否正确。若显示错误,则为一个 UI 界面性 bug。使用"截图工具"![]截取页面并保存,如图 3-7-4 所示。

图 3-7-4　供应商页面(一)

(2)资产管理员进入供应商页面,不能出现【新增】【修改】【禁用】按钮。若出现【新增】【修改】【禁用】按钮,则为一个功能性 bug。使用"截图工具"![]截取页面并保存,如图 3-7-5 所示。

图 3-7-5　供应商页面(二)

（3）在供应商页面，点击【新增】按钮，系统显示"错误404"，应显示"无权限"。若未提示无权限，则为一个功能性 bug。使用"截图工具" 截取页面并保存，如图 3-7-6 所示。

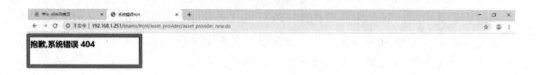

图 3-7-6　新增供应商报错页面

（4）在供应商页面，点击【修改】按钮，系统显示"错误404"，应显示"无权限"。若未提示无权限，则为一个功能性 bug。使用"截图工具" 截取页面并保存，如图 3-7-7 所示。

图 3-7-7　修改供应商报错页面

（5）在供应商页面，点击【禁用】按钮，系统显示"错误404"，应显示"无权限"。若未提示无权限，则为一个功能性 bug。使用"截图工具" 截取页面并保存，如图 3-7-8 所示。

图 3-7-8　禁用供应商报错页面

（6）资产管理员查看供应商详情时，应显示"无权限"查看，若可以查看，则为一个功能性 bug。使用"截图工具" 截取页面并保存，如图 3-7-9 所示。

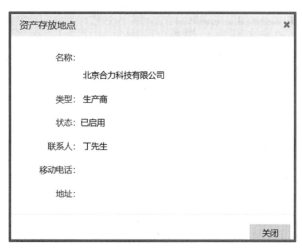

图 3-7-9　供应商详情页面（一）

（7）在供应商详情页面，页面名称应为"资产供应商"，若显示错误，则为一个 UI 界面性 bug。使用"截图工具" 截取页面并保存，如图 3-7-10 所示。

（8）检查供应商详情页面名称与对应信息是否对行显示，若布局错误，则为一个 UI 界面性 bug。使用"截图工具" 截取页面并保存，如图 3-7-11 所示。

图 3-7-10　供应商详情页面（二）　　　　**图 3-7-11　供应商详情页面（三）**

（9）在供应商页面，输入正确名称查询，查询结果与输入条件是否匹配。若显示错误，则为一个功能性 bug。使用"截图工具" 截取页面并保存，如图 3-7-12 所示。

图 3-7-12　供应商页面（三）

（10）在供应商页面，输入正确的名称查询，看是否保存当前查询条件。若未保存当前查询条件，则为一个功能性 bug。使用"截图工具" 截取页面并保存，如图 3-7-13 所示。

图 3-7-13　供应商页面（四）

（11）在供应商页面，按"已启用"+供应商名称精确查询。若查询结果错误，为一个功能性 bug。使用"截图工具" 截取页面并保存，如图 3-7-14 所示。

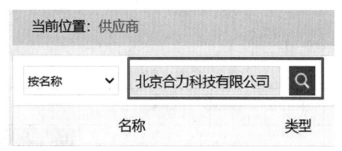

图 3-7-14　供应商页面（五）

（12）在供应商详情页面，若资产管理员能进入资产供应商详情页面，则为一个功能性 bug。使用"截图工具" 截取页面并保存，如图 3-7-15 所示。

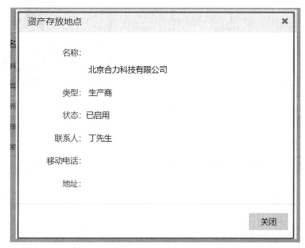

图 3-7-15　供应商页面（六）

（13）按"已启用"+供应商名称精确查询，若查询结果错误，则为一个功能性 bug。使用"截图工具" 截取页面并保存，如图 3-7-16 所示。

图 3-7-16　供应商页面（七）

（14）按"已禁用"+供应商名称精确查询，若查询结果错误，则为一个功能性 bug。使用"截图工具" 截取页面并保存，如图 3-7-17 所示。

图 3-7-17　供应商页面（八）

2. 应商模块 bug

供应商模块 bug 见表 3-7-1。

表 3-7-1 供应商模块 bug

缺陷编号	模块名称	摘要描述	操作步骤	预期结果	实际结果	缺陷严重程度	附件说明
1	供应商	供应商页面中，"按名称"应为"按状态"	浏览器：Chrome 浏览器版本：49 操作步骤：1.用户登录成功 2.进入供应商页面	查询下拉框应为"按状态"	查询下拉框为"按名称"	高	
2	供应商	供应商页面中，资产管理员进入供应商页面应不能出现【新增】【修改】【禁用】按钮	浏览器：Chrome 浏览器版本：49 操作步骤：1.用户登录成功 2.进入供应商页面	资产管理员进入供应商页面应不能出现【新增】【修改】【禁用】按钮	资产管理员进入供应商页面出现【新增】【修改】【禁用】按钮	高	
3	供应商	供应商页面中，点击【新增】按钮系统应提示"无权限"	浏览器：Chrome 浏览器版本：49 操作步骤：1.用户登录成功 2.进入供应商页面	点击【新增】按钮应提示"无权限"	点击【新增】按钮系统显示"404"错误	高	
4	供应商	供应商页面中，点击【修改】按钮系统应提示"无权限"	浏览器：Chrome 浏览器版本：49 操作步骤：1.用户登录成功 2.进入供应商页面	点击【修改】按钮应提示"无权限"	点击【修改】按钮系统显示"404"错误	高	
5	供应商	供应商页面中，点击【禁用】按钮系统应提示"无权限"	浏览器：Chrome 浏览器版本：49 操作步骤：1.用户登录成功 2.进入供应商页面	点击【禁用】按钮应提示"无权限"	点击【禁用】按钮系统显示"404"错误	高	

续表

缺陷编号	模块名称	摘要描述	操作步骤	预期结果	实际结果	缺陷严重程度	附件说明
6	供应商	供应商详情页面，资产管理员应不能进入资产供应商详情页面	浏览器：Chrome 浏览器版本：49 操作步骤： 1.用户登录成功 2.进入供应商页面 3.进入供应商详情页面	资产管理员没有权限查看资产供应商详情页面	资产管理员能进入资产供应商详情页面	高	
7	供应商	供应商详情页面中，页面标题错误"资产存放地点"应为"资产供应商详情"	浏览器：Chrome 浏览器版本：49 操作步骤： 1.用户登录成功 2.进入供应商页面 3.进入供应商详情页面	页面标题显示"资产供应商详情"	页面标题显示"资产存放地点"	高	
8	供应商	供应商详情页面中，名称及其内容未对行显示	浏览器：Chrome 浏览器版本：49 操作步骤： 1.用户登录成功 2.进入供应商页面 3、进入供应商详情页面	名称及其内容应对行显示	名称及其内容未对行显示	高	
9	供应商	供应商查询，按供应商名称模糊查询，查询结果错误	浏览器：Chrome 浏览器版本：49 操作步骤： 1.用户登录成功 2.进入供应商页面	按供应商名称模糊查询，查询结果显示符合查询条件的信息	按供应商名称模糊查询，查询结果错误	高	
10	供应商	供应商查询，输入正确的供应商名称查询，查询结果错误	浏览器：Chrome 浏览器版本：49 操作步骤： 1.用户登录成功 2.进入供应商页面	输入正确供应商名称查询，查询结果错误	输入正确的供应商名称查询，查询结果错误	高	

缺陷编号	模块名称	摘要描述	操作步骤	预期结果	实际结果	缺陷严重程度	附件说明
11	供应商	供应商查询，按"已禁用"+供应商名称模糊查询，查询结果错误	浏览器：Chrome 浏览器版本：49 操作步骤： 1.用户登录成功 2.进入供应商页面	按"已禁用"+供应商名称模糊查询，查询结果正确	按"已禁用"+供应商名称模糊查询，查询结果错误	高	
12	供应商	供应商查询，按"已禁用"+供应商名称精确查询，查询结果错误	浏览器：Chrome 浏览器版本：49 操作步骤： 1.用户登录成功 2.进入供应商页面	按"已禁用"+供应商名称精确查询，查询结果正确	按"已禁用"+供应商名称精确查询，查询结果错误	高	
13	供应商	供应商查询，按"已启用"+供应商名称模糊查询，查询结果错误	浏览器：Chrome 浏览器版本：49 操作步骤： 1.用户登录成功 2.进入供应商页面	按"已启用"+供应商名称模糊查询，查询结果正确	按"已启用"+供应商名称模糊查询，查询结果错误	高	
14	供应商	供应商查询，按"已启用"+供应商名称精确查询，查询结果错误	浏览器：Chrome 浏览器版本：49 操作步骤： 1.用户登录成功 2.进入供应商页面	按"已启用"+供应商名称精确查询，查询结果正确	按"已启用"+供应商名称精确查询，查询结果错误	高	
15	供应商	供应商查询，输入正确内容查询，未保留查询条件	浏览器：Chrome 浏览器版本：49 操作步骤： 1.用户登录成功 2.进入供应商页面 3.输入正确查询内容点击【查询】	输入正确内容查询，应保留查询条件	输入正确内容查询，未保留查询条件	高	

3.8　存放地点模块

业务描述：

登录系统后，超级管理员可以新增、修改、启用、禁用、查询存放地点信息；资产管理员可以查询、查看存放地点信息；存放地点详情包括存放地点名称、类型、说明；支持按照存放地点的状态及名称（模糊查询）进行查询。

需求描述：

（1）存放地点管理列表页：

点击左侧导航栏中的"存放地点"，可进入存放地点管理页面，页面标题显示"存放地点"，页面上方面包屑导航显示"当前位置：存放地点"，列表按照存放地点创建时间降序排列；资产管理员有查看和查询的权限；超级管理员可以查询、新增、修改、启用、禁用、查看存放地点详情。

（2）查看存放地点详情：

在存放地点列表页，点击列表任意存放地点名称，弹出"资产存放地点详情"窗口，显示存放地点名称、类别、说明信息，点击【关闭】按钮，关闭当前窗口，回到列表页。

（3）存放地点查询：

系统支持单个条件查询及组合查询，"存放地点名称"支持模糊查询；在存放地点列表页，选择存放地点状态，输入存放地点名称，点击【查询】按钮，系统显示符合条件的存放地点信息。

UI 界面：

点击存放地点进入存放地点页面，如图 3-8-1、图 8-2 所示。

名称	类型	状态	说明	操作
行政库房	固定资产	已禁用	天津	修改 启用
总经理办公室	固定资产	已启用	1号楼总经理办公室	修改 禁用
会计办公室	固定资产	已启用	1号楼会计室	修改 禁用
电脑耗材库	耗材物品	已启用	2号楼103房间	修改 禁用
电脑设备库	固定资产	已启用	2号楼地下库房	修改 禁用

图 3-8-1　（超级管理员）存放地点管理：列表页

名称	类型	状态	说明
行政库房	固定资产	已禁用	天津
总经理办公室	固定资产	已启用	1号楼总经理办公室
会计办公室	固定资产	已启用	1号楼会计室
电脑耗材库	耗材物品	已启用	2号楼103房间
电脑设备库	固定资产	已启用	2号楼地下库房

图 3-8-2　（资产管理员）存放地点管理：列表页

点击任意存放地点名称，弹出资产存放地点详情窗口，如图 3-8-3 所示。

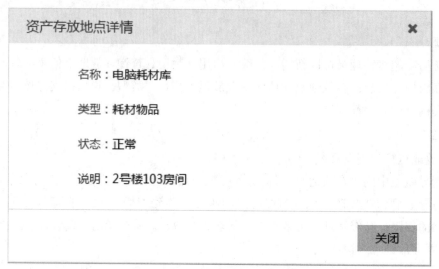

图 3-8-3 存放地点管理：详情窗口

任务设计：

本次案例主要完成存放地点模块 bug 的查找：

（1）通过需求描述对存放地点模块进行测试，发现 UI 界面 bug。

（2）通过需求描述对存放地点模块进行权限测试，发现功能性 bug。

（3）通过需求描述对存放地点模块进行查询测试，发现功能性 bug。

1．测试存放地点模块 bug

（1）查看存放地点页面内容显示是否正确。在存放地点页面，若面包屑导航栏当前位置显示错误，则为一个 UI 界面 bug。使用"截图工具"截取页面并保存，如图 3-8-4 所示。

图 3-8-4 存放地点页面（一）

（2）点击任意资产名称，检测是否能够查看资产存放地点详情页面。若可以查看，则为一个功能性 bug。使用"截图工具"截取页面并保存，如图 3-8-5 所示。

图 3-8-5　资产存放地点详情页面（一）

（3）在存放地点页面中，若资产管理员能进入资产存放地点详情页面，则为一个 UI 界面 bug。使用"截图工具"截取页面并保存，如图 3-8-6 所示。

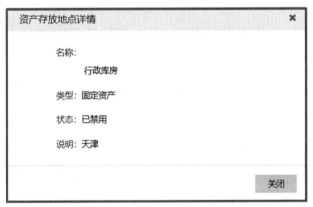

图 3-8-6　资产存放地点详情页面（二）

（4）在资产存放地点页面，名称与对应信息应对行显示。若显示错误，则为一个 UI 界面 bug。使用"截图工具"截取页面并保存，如图 3-8-7 所示。

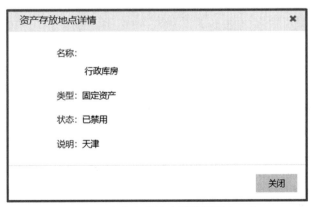

图 3-8-7　资产存放地点详情页面（三）

（5）在存放地点页面，输入正确名称，点击【查询】按钮，查询结果与输入条件是否匹配。若查询结果与实际结果不匹配，则为一个功能性 bug。使用"截图工具"截取页面并保存，如图 3-8-8 所示。

图 3-8-8　存放地点页面（二）

（6）在存放地点页面，输入正确名称，点击【查询】按钮，检测是否保存当前查询条件。若没有保存，则为一个功能性 bug。使用"截图工具"截取页面并保存，如图 3-8-9 所示。

图 3-8-9　存放地点页面（三）

（7）选择已启用状态，点击【搜索】按钮，查看查询结果是否匹配，查询结果匹配则不是 bug。使用"截图工具"截取页面并保存，如图 3-8-10 所示。

图 3-8-10 存放地点页面（四）

（8）选择已禁用状态，点击【搜索】按钮，查看查询结果是否匹配，查询结果匹配则不是 bug。使用"截图工具" 截取页面并保存，如图 3-8-11 所示。

图 3-8-11 存放地点页面（五）

（9）按存放地点名称模糊查询。若查询结果错误，则为一个功能性 bug。使用"截图工具" 截取页面并保存，如图 3-8-12 所示。

图 3-8-12 存放地点页面（六）

（10）按“已启用”+精确名称查询。若查询结果错误，则为一个功能性 bug。使用“截图工具”截取页面并保存，如图 3-8-13 所示。

当前位置:
已启用
总经理办公室
名称
类型
状态
北京市海淀区经广大厦b座4层4003室行政办公室
固定资产
已启用
总经理办公室
固定资产
已启用
会计办公室
固定资产
已启用
电脑耗材库
耗材物品
已启用
电脑设备库
固定资产
已启用

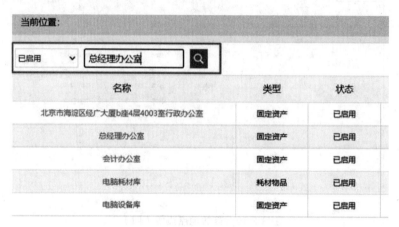

图 3-8-13　存放地点页面（七）

（11）按“已启用”+模糊名称查询。若查询结果错误，则为一个功能性 bug。使用“截图工具”截取页面并保存，如图 3-8-14 所示。

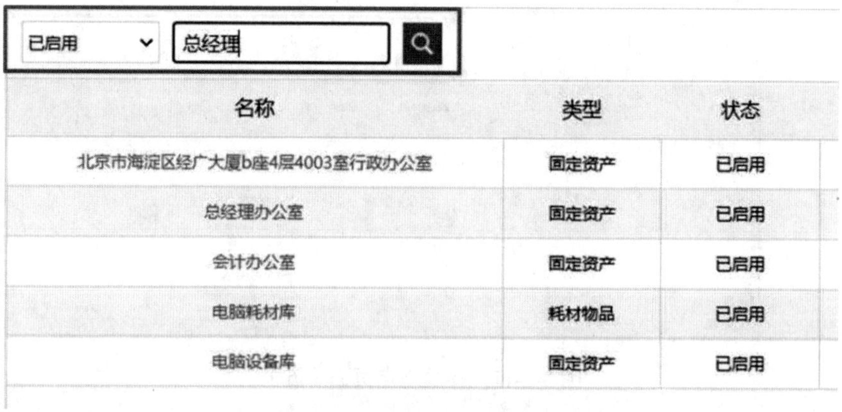

已启用
总经理
名称
类型
状态
北京市海淀区经广大厦b座4层4003室行政办公室
固定资产
已启用
总经理办公室
固定资产
已启用
会计办公室
固定资产
已启用
电脑耗材库
耗材物品
已启用
电脑设备库
固定资产
已启用

图 3-8-14　存放地点页面（八）

（12）按“已禁用”+模糊名称查询。若查询结果错误，则为一个功能性 bug。使用“截图工具”截取页面并保存，如图 3-8-15 所示。

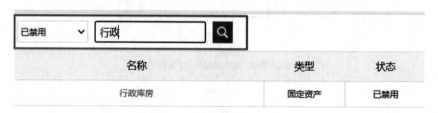

已禁用
行政
名称
类型
状态
行政库房
固定资产
已禁用

图 3-8-15　存放地点页面（九）

（13）按“已禁用”+精确名称查询。若查询结果错误，则为一个功能性 bug。使用“截图工具”截取页面并保存，如图 3-8-16 所示。

| 已禁用 ✔ | 行政库房 | 🔍 |

名称	类型	状态
行政库房	固定资产	已禁用

图 3-8-16　存放地点页面（十）

2. 存放地点模块 bug

存放地点模块 bug 见表 3-8-1。

表 3-8-1　存放地点模块 bug

缺陷编号	模块名称	摘要描述	操作步骤	预期结果	实际结果	缺陷严重程度	附件说明
1	存放地点	存放地点页面中，面包屑导航栏位置应为存放地点	浏览器：Chrome 浏览器版本：49 操作步骤： 1、用户登录成功 2、进入存放地点页面	面包屑导航栏位置应为存放地点	面包屑导航栏位置为空	高	
2	存放地点	存放地点页面中，资产管理员能进入资产存放地点详情页面错误	浏览器：Chrome 浏览器版本：49 操作步骤： 1.用户登录成功 2.进入存放地点页面 3.进入存放地点详情页面	资产管理员无权限查看存放地点详情	资产管理员能进入资产寻访地点详情页面	高	
3	存放地点	存放地点页面中，资产存放地点详情页面内容与名称不一致	浏览器：Chrome 浏览器版本：49 操作步骤： 1.用户登录成功 2.进入存放地点页面 3.进入存放地点详情页面	资产存放地点详情页面内容应与名称一致	资产存放地点详情页面内容与名称不一致	高	
4	存放地点	存放地点查询，按存放地点名称模糊查询，查询结果错误	浏览器：Chrome 浏览器版本：49 操作步骤： 1.用户登录成功 2.进入存放地点页面	按存放地点名称模糊查询，查询结果正确	按存放地点名称模糊查询，查询结果错误	高	

缺陷编号	模块名称	摘要描述	操作步骤	预期结果	实际结果	缺陷严重程度	附件说明
5	存放地点	存放地点查询，按存放地点名称精确查询，查询结果错误	浏览器：Chrome 浏览器版本：49 操作步骤： 1.用户登录成功 2.进入存放地点页面	按存放地点名称精确查询，查询结果正确	按存放地点名称精确查询，查询结果错误	高	
6	存放地点	存放地点查询，按"已启用"+精确名称查询，查询结果错误	浏览器：Chrome 浏览器版本：49 操作步骤： 1.用户登录成功 2.进入存放地点页面	按"已启用"+精确名称查询，查询结果正确	按"已启用"+精确名称查询，查询结果错误	高	
7	存放地点	存放地点查询，按"已启用"+模糊名称查询，查询结果错误	浏览器：Chrome 浏览器版本：49 操作步骤： 1.用户登录成功 2.进入存放地点页面	按"已启用"+模糊名称查询，查询结果正确	按"已启用"+模糊名称查询，查询结果错误	高	
8	存放地点	存放地点查询，按"已禁用"+模糊名称查询，查询结果错误	浏览器：Chrome 浏览器版本：49 操作步骤： 1.用户登录成功 2.进入存放地点页面	按"已禁用"+模糊名称查询，查询结果正确	按"已禁用"+模糊名称查询，查询结果错误	高	
9	存放地点	存放地点查询，按"已禁用"+精确名称查询，查询结果错误	浏览器：Chrome 浏览器版本：49 操作步骤： 1.用户登录成功 2.进入存放地点页面	输入正确查询内容，查询结果正确	输入正确查询内容，查询结果错误	高	

续表

缺陷编号	模块名称	摘要描述	操作步骤	预期结果	实际结果	缺陷严重程度	附件说明
10	存放地点	存放地点查询，输入正确内容查询，应保留查询条件	浏览器：Chrome 浏览器版本：49 操作步骤：1.用户登录成功 2.进入存放地点页面	输入正确内容查询，应保留查询条件	输入正确内容查询，未保留查询条件	高	
11	存放地点	存放地点查询，存放地点详情内容与名称未对行显示	浏览器：Chrome 浏览器版本：49 操作步骤：1.用户登录成功 2.进入存放地点页面	存放地点详情内容与名称应对行显示	存放地点详情内容与名称未对行显示	高	

3.9 部门管理模块

业务描述：

登录系统后，超级管理员及资产管理员可以新增、修改部门信息；部门字段包括部门编码、部门名称。

需求描述：

（1）部门管理列表页：

点击左侧导航栏中的"部门"，可进入部门管理页面，页面标题显示"部门管理"，页面上方面包屑导航显示"当前位置：部门管理"，列表按照部门创建时间降序排列；资产管理员、超级管理员可以新增、修改部门信息。

（2）新增部门（注意，必填项使用红色星号"*"标注）：

在部门列表页，点击【新增部门】按钮，弹出"新增部门"窗口；部门名称：必填项，与系统内的部门名称不能重复，字符长度限制在 10 位字符（含）以内；部门编码：必填项，与系统内的部门编码不能重复，字符长度限制在 10 位字符（含）以内，字符格式为"英文字母及数字的组合"；点击【保存】，保存当前新增内容，关闭当前窗口，回到列表页，在列表页新增一条记录，状态默认为"已启用"；点击【取消】，不保存当前新增内容，关闭当前窗口，回到列表页。

（3）修改部门（注意，必填项使用红色星号"*"标注）：

在部门列表页，点击【修改】按钮，弹出"修改部门"窗口，显示带入的"部门名称"及"部门编码"信息；部门名称：必填项，带入原值，修改时与系统内的部门名称不能重复，字符长度限制在 10 位字符（含）以内；

部门编码：必填项，带入原值，修改时与系统内的部门编码不能重复，字符长度限制在 10 位字符（含）以内，字符格式为"英文字母及数字的组合"；

点击【保存】，保存当前编辑内容，关闭当前窗口，回到列表页，列表页相应内容随之更新；

点击【取消】，不保存当前编辑内容，关闭当前窗口，回到列表页，列表页相应内容前后不变。

UI 界面：

点击部门管理进入"部门管理"页面，如图 3-9-1 所示。

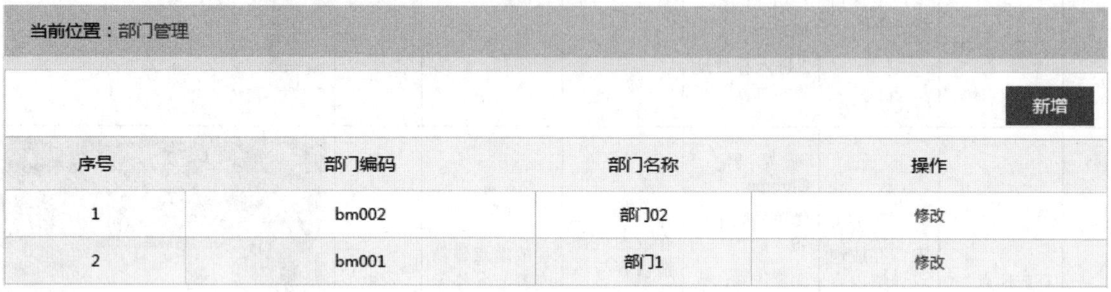

序号	部门编码	部门名称	操作
1	bm002	部门02	修改
2	bm001	部门1	修改

当前位置：部门管理 ｜ 新增

图 3-9-1 部门管理：列表页

点击【新增】按钮，进入新增部门窗口，如图 3-9-2 所示。

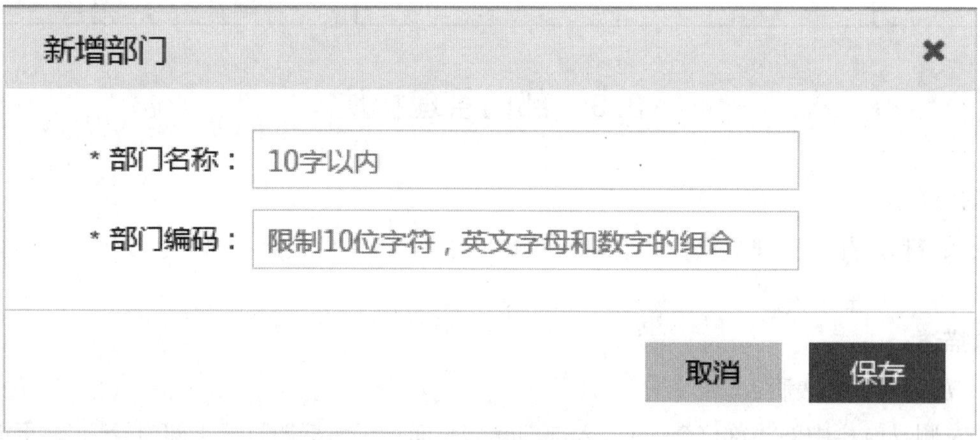

新增部门 ✕

* 部门名称： 10字以内

* 部门编码： 限制10位字符，英文字母和数字的组合

取消 保存

图 3-9-2 新增部门窗口

鼠标点击【修改】按钮弹出修改部门窗口，如图 3-9-3 所示。

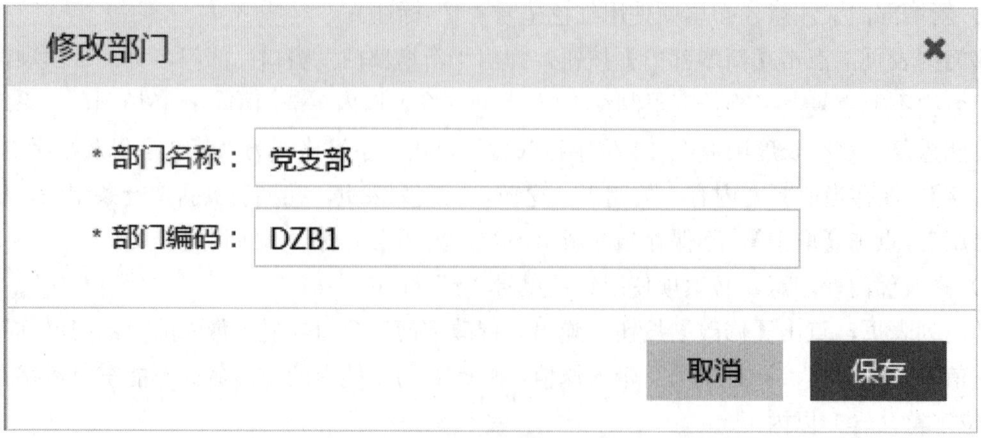

修改部门 ✕

* 部门名称： 党支部

* 部门编码： DZB1

取消 保存

图 3-9-3 修改部门窗口

任务设计：

本次案例主要完成部门管理模块 bug 的查找：

（1）通过需求描述查看新增部门管理是否正常添加，发现 UI 布局 bug。

（2）通过需求描述查看修改部门管理是否正常修改，发现 UI 布局 bug。

（3）通过需求描述查看部门管理整体条件，发现功能性 bug。

1. 测试新增部门

（1）点击部门管理，进入部门管理页面，查看页面内容显示是否正确。在部门管理页面，若面包屑导航栏当前位置显示正确，则不是 UI 界面 bug。使用"截图工具" 截取页面并保存，如图 3-9-4 所示。

序号	部门编码	部门名称	操作
1	213bgjpo	1235	修改
2	258u257	J187	修改
3	jyt12	014	修改
4	lkuygki14	2587	修改
5	p587	25742	修改
6	hyt257	t54	修改
7	nhygtn7454	^%$#@6	修改
8	gtr454	5432	修改
9	48gfrd	ythre47	修改
10	hytr487	gt	修改
11	48loi	4856	修改

当前位置：部门管理　　　新增

图 3-9-4　部门管理页面（一）

（2）在新增部门管理页面，检测部门名称与输入框是否对行显示。若不对行显示，则为一个 UI 界面 bug。使用"截图工具" 截取页面并保存，如图 3-9-5 所示。

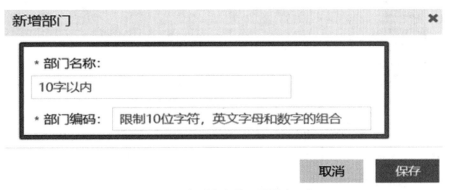

新增部门　✕

* 部门名称：
10字以内

* 部门编码：限制10位字符，英文字母和数字的组合

取消　保存

图 3-9-5　新增部门管理页面（一）

（3）在新增部门管理页面，检测部门名称包含特殊字符是否保存成功。若保存成功，则为一个功能性 bug。使用"截图工具" 截取页面并保存，如图 3-9-6 所示。

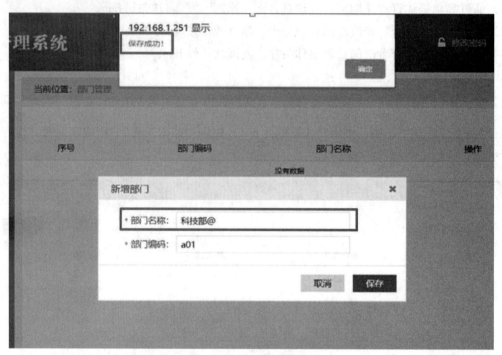

图 3-9-6　新增部门管理页面（二）

（4）在部门管理页面，新增部门信息，检测超出 10 条是否分页显示，若不显示，则为一个功能性 bug。用"截图工具" 截取页面并保存，如图 3-9-7 所示。

图 3-9-7　部门管理页面（二）

（5）在修改部门管理页面，检测【保存】按钮是否失效。若保存失败，则为一个功能性 bug。使用“截图工具”截取页面并保存，如图 3-9-8 所示。

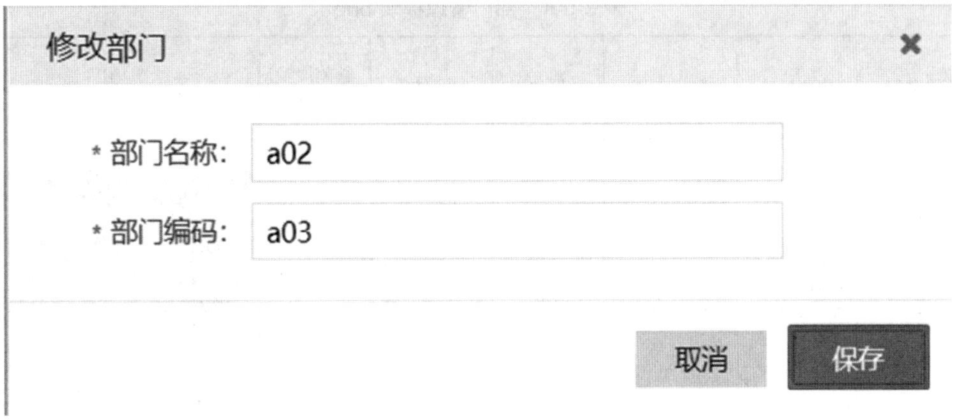

图 3-9-8　修改部门管理页面

（6）在修改部门管理页面，检测【取消】是否按钮失效。若按钮失效，则为一个功能性 bug。使用“截图工具”截取页面并保存，如图 3-9-9 所示。

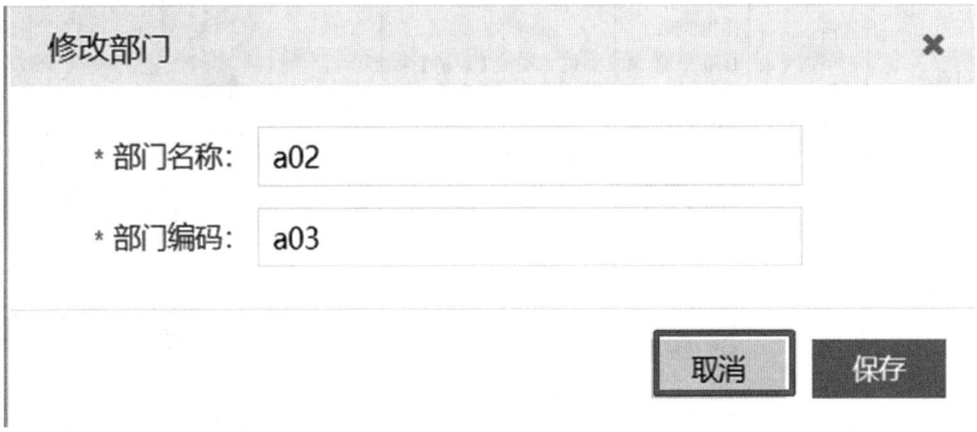

图 3-9-9　修改部门管理页面

（7）在部门管理页面，检测新的增资产序号是否按时间降序排列。若没有，则为一个功能性 bug。使用“截图工具”截取页面并保存，如图 3-9-10 所示。

序号	部门编码
1	a03
2	a01

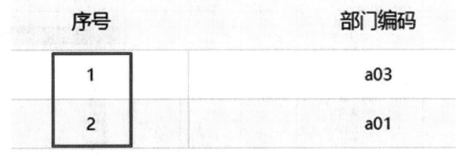

图 9-10　部门管理页面（三）

2. 部门管理模块 bug

部门管理模块 bug 见表 3-9-1。

表 3-9-1　部门管理模块 bug

缺陷编号	模块名称	摘要描述	操作步骤	预期结果	实际结果	缺陷严重程度	附件说明
1	部门管理	部门管理页面中，部门管理名称包含特殊字符应提示错误	浏览器：Chrome 浏览器版本：49 操作步骤： 1.用户登录成功 2.进入部门管理页面	部门管理名称包含特殊字符不应该保存成功	部门管理名称包含特殊字符保存成功	高	
2	部门管理	部门管理页面中，【取消】按钮应正常使用	浏览器：Chrome 浏览器版本：49 操作步骤： 1.用户登录成功 2.进入部门管理页面 3.进入新增部门管理页面	按钮正常使用	【取消】按钮失效	高	
3	部门管理	部门管理页面中，【保存】按钮失效	浏览器：Chrome 浏览器版本：49 操作步骤： 1.用户登录成功 2.进入部门管理页面 3.进入新增部门管理页面	按钮正常使用	【保存】按钮失效	高	
4	部门管理	部门管理页面中序号未排重	浏览器：Chrome 浏览器版本：49 操作步骤： 1.用户登录成功 2.进入部门管理页面 3.进入新增部门管理页面	序号应排重	序号未排重	高	

3.10　资产入库模块

业务描述：

资产入库模块用于资产管理员和超级管理员对资产的入库过程进行管理。登录系统后，超级管理员、资产管理员可以进行资产入库登记、修改、查询资产信息、资产字段、资产编码、资产名称、资产类别、供应商、品牌、入库日期、存放地点。

需求描述：

点击左侧导航栏中的"资产入库"，可进入资产入库管理页面，页面标题显示"资产入库"，页面上方面包屑导航显示"当前位置：资产入库"，列表按照资产入库日期降序显示全部资产信息；点击列表下方的页码，首页、末页可进行页面切换。

（1）资产入库登记（注意，必填项使用红色星号"*"标注）：

在资产列表页，点击【入库登记】按钮，进入资产入库登记页面；

资产名称：必填项，与系统内的资产名称不能重复，字符长度限制在 10 位字符（含）以内；

资产类别：必填项，从下拉菜单中选择资产类别（来自资产类别字典中"已启用"状态的记录），默认为"请选择"；

供应商：必填项，从下拉菜单中选择供应商（来自供应商字典中"正常"状态的记录），默认为"请选择"；

品牌：必填项，从下拉菜单中选择品牌（来自品牌字典中"已启用"状态的记录），默认为"请选择"；

存放地点：必填项，从下拉菜单中选择存放地点（来自存放地点字典中"正常"状态的记录），默认为"请选择"；

点击【提交】，保存当前新增内容，系统自动生成资产编码（任务 ID_学生用户名_资产流水号），同时自动取当前操作日期为"入库日期"；同时返回至列表页，在列表页新增一条记录；

点击【取消】，不保存当前新增内容，返回至列表页。

（2）修改资产信息（注意，必填项使用红色星号"*"标注）：

在资产入库管理列表页，点击【修改】按钮，进入修改资产信息页面，显示"资产编码""资产名称""资产类别""供应商""品牌""存放地点""入库日期"信息；

资产编码：显示由系统自动生成的编码（任务 ID_学生用户名_资产流水号），不可修改；

资产名称：必填项，带入原值，修改时与系统内的资产名称不能重复，字符长度限制在 10 位字符（含）以内；

资产类别：必填项，带入原值，修改时从下拉菜单中选择资产类别（来自资产类别字典中"已启用"状态的记录）；

供应商：必填项，带入原值，修改时从下拉菜单中选择供应商（来自供应商字典中"正常"状态的记录）；

品牌：必填项，带入原值，修改时从下拉菜单中选择品牌（来自品牌字典中"已启用"状态的记录）；

存放地点：必填项，带入原值，修改时从下拉菜单中选择存放地点（来自存放地点字典中"正常"状态的记录）；

入库日期：显示入库登记时的日期，不可修改；

点击【提交】，保存当前编辑内容，返回至列表页，列表页相应内容随之更新；

点击【取消】，不保存当前编辑内容，返回至列表页，列表页相应内容前后不变。

（3）资产查询：

系统支持使用"资产编码/名称"进行模糊查询；

在资产列表页，输入资产编码或名称，点击【查询】按钮，系统显示符合条件的资产信息。

UI 界面：

点击资产入库，进入资产入库页面，如图 3-10-1 所示。

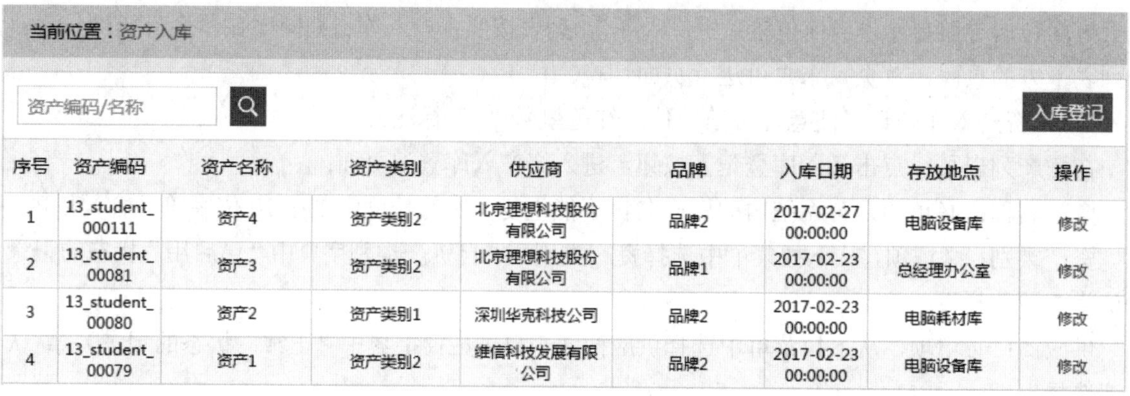

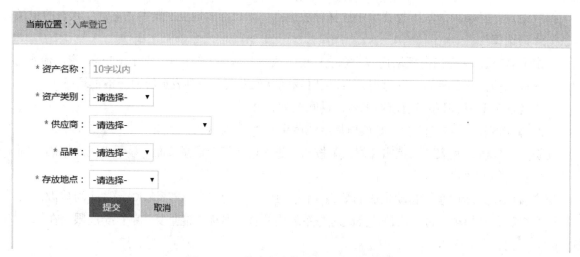

图 3-10-1　资产入库管理：列表页

点击【入库登记】按钮，进入入库登记页面，如图 3-10-2 所示。

图 3-10-2　资产入库管理：入库登记页面

任务设计：

本次案例主要完成个人信息模块 bug 的查找：

（1）测试资产入库否以正常条件保存，发现功能性 bug。

（2）测试资产入库，发现功能性 bug。

1. 测试资产入库模块 bug

（1）在资产入库登记页面，显示"存放 123 地点"，为一个 UI 界面 bug。使用"截图工具"

截取页面并保存，如图 3-10-3 所示。

（2）在资产入库登记页面，若资产名称包含特殊字符保存成功，则为一个功能性 bug。使用"截图工具" 截取页面并保存，如图 3-10-4 所示。

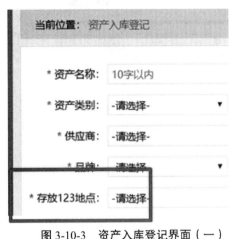
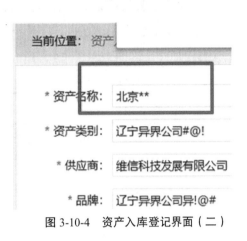

图 3-10-3　资产入库登记界面（一）　　　　　图 3-10-4　资产入库登记界面（二）

（3）在资产入库登记页面中，输入资产名称超 10 字符进行保存，未保存成功，则不是一个 bug。使用"截图工具" 截取页面并保存，如图 3-10-5 所示。

图 3-10-5　资产入库登记界面（三）

（4）在资产入库登记页面，不选择资产类别，点击【提交】按钮，提交失败，则不是一个 bug。使用"截图工具" 截取页面并保存，如图 3-10-6 所示。

图 3-10-6　资产入库登记界面（四）

（5）在资产入库登记页面，不选择供应商，点击【提交】按钮，提交失败，则不是一个 bug。使用"截图工具" 截取页面并保存，如图 3-10-7 所示。

图 3-10-7　资产入库登记界面（五）

（6）在资产入库登记页面，不选择品牌，点击【提交】按钮，提交失败，则不是一个 bug。使用"截图工具" 截取页面并保存，如图 3-10-8 所示。

图 3-10-8　资产入库登记界面（六）

（7）在资产入库登记页面中，不选择存放地点，点击【提交】按钮，提交失败，则不是一个 bug。使用"截图工具" 截取页面并保存，如图 3-10-9 所示。

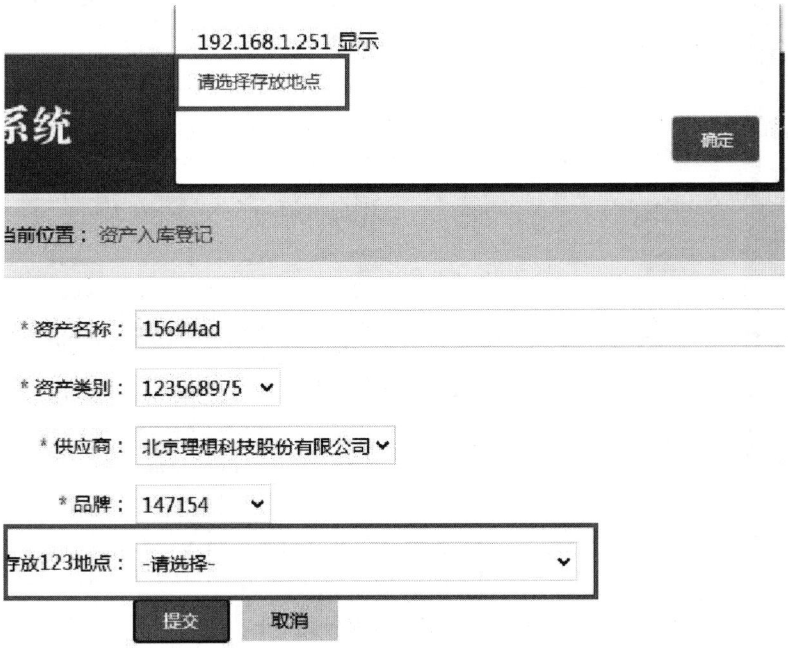

图 3-10-9　资产入库登记界面（七）

（8）在资产入库登记页面，资产名称没有排重。若修改成功，则为一个功能性 bug。使用"截图工具" 截取页面并保存，如图 3-10-10 所示。

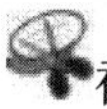

（9）点击【入库登记】按钮，进入资产入库登记页面，输入信息后点击【提交】按钮，查看是否保存成功，若保存成功，则不是一个 bug。使用"截图工具" 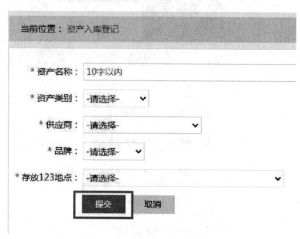 截取页面并保存，如图 3-10-11 所示。

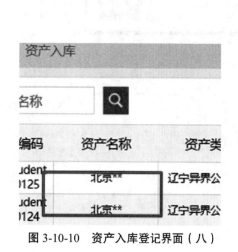

图 3-10-10　资产入库登记界面（八）　　　　图 3-10-11　资产入库登记界面（九）

（10）在资产入库页面，检测资产信息超出 10 条是否分页显示。若不显示，则为一个功能性 bug。正确显示则不是 bug。用"截图工具" 截取页面并保存，如图 3-10-12 所示。

图 3-10-12　资产入库界面（十）

（11）在修改资产信息页面，若资产名称包含特殊字符可以保存，则为一个功能性 bug。使用"截图工具" 截取页面并保存，如图 3-10-13 所示。

（12）在修改资产信息页面中，存放地点前应存在必填标识符，否则就是一个功能性 bug。使用"截图工具" 截取页面并保存，如图 3-10-14 所示。

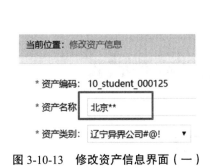

图 3-10-13　修改资产信息界面（一）　　　　图 3-10-14　修改资产信息界面（二）

（13）在修改资产信息页面，【取消】按钮失效，为一个功能性 bug。使用"截图工具" 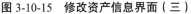 截取页面并保存，如图 3-10-15 所示。

（14）在修改资产信息页面中，资产名称没有排重，则为一个功能性 bug。使用"截图工具" 截取页面并保存，如图 3-10-16 所示。

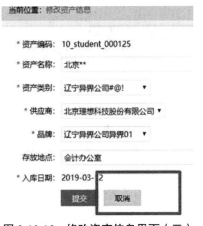

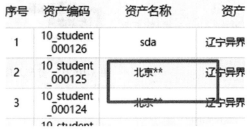

图 3-10-15　修改资产信息界面（三）　　　　图 3-10-16　修改资产信息界面 （四）

（15）在资产入库页面，入库日期应为"YY-MM-DD 00：00：00"，否则就是一个功能性 bug。使用"截图工具" 截取页面并保存，如图 3-10-17 所示。

（16）在资产入库页面，页码控件失效，为一个功能性 bug。使用"截图工具" 截取页面并保存，如图 3-10-18 所示。

（17）在资产入库页面，面包屑导航条应为"当前位置：资产入库"，否则就是一个功能性 bug。使用"截图工具" 截取页面并保存，如图 3-10-19 所示。

图 3-10-17　资产入库界面（一）　　图 3-10-18　资产入库界面（二）　　　图 3-10-19　资产入库界面（三）

（18）在资产入库登记页面，存放地点下拉框中显示已禁用地点，为一个功能性 bug。使用"截图工具" 截取页面并保存，如图 3-10-20 所示。

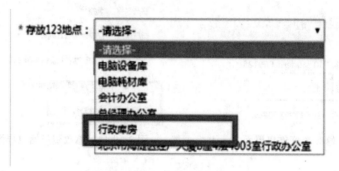

图 3-10-20　资产入库登记界面（十）

（19）在资产入库登记页面，品牌下拉框中显示已禁用品牌，为一个功能性 bug。使用"截图工具" 截取页面并保存，如图 10-21 所示。

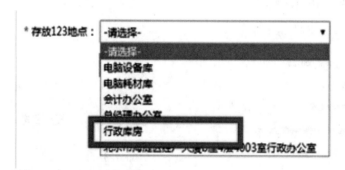

图 3-10-21　资产入库登记界面（十一）

（20）在修改资产信息页面，输入资产名称超过 10 字符，点击【提交】按钮，查看是否提交成功。若提交失败，则不是一个 bug。使用"截图工具" 截取页面并保存，如图 3-10-22 所示。

图 3-10-22　修改资产信息界面（五）

（21）在修改资产信息页面，未选择资产类别，点击【提交】按钮，查看是否提交成功。若提交失败，则不是一个 bug。使用"截图工具"　截取页面并保存，如图 3-10-23 所示。

图 3-10-23　修改资产信息界面（六）

（22）在修改资产信息页面，未选择供应商，点击【提交】按钮，查看是否提交成功。若提交失败，则不是一个 bug。使用"截图工具"　截取页面并保存，如图 3-10-24 所示。

图 3-10-24　修改资产信息界面（七）

（23）在修改资产信息页面，未选择品牌，点击【提交】按钮，查看是否提交成功。若提交失败，则不是一个 bug。使用"截图工具" 截取页面并保存，如图 3-10-25 所示。

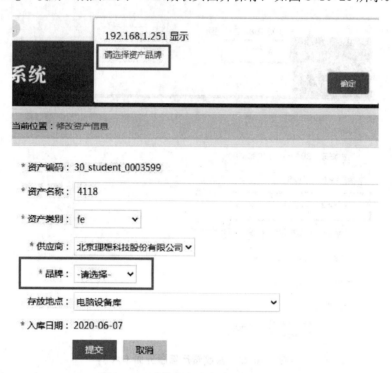

图 3-10-25　修改资产信息界面（八）

（24）在修改资产信息页面，未选择存放地点，点击【提交】按钮，查看是否提交成功。若提交失败，则不是一个 bug。使用"截图工具" 截取页面并保存，如图 3-10-26 所示。

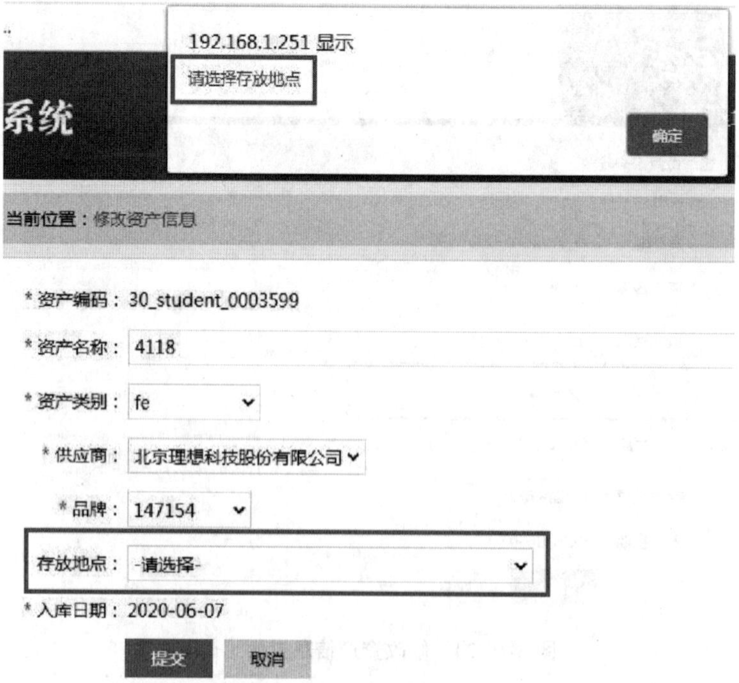

图 3-10-26　修改资产信息界面（九）

2. 资产入库模块 bug

资产入库模块 bug 见表 3-10-1。

表 3-10-1　资产入库模块 bug

缺陷编号	模块名称	摘要描述	操作步骤	预期结果	实际结果	缺陷严重程度	附件说明
1	资产入库	资产入库登记页面，资产名称包含特殊字符应保存失败	浏览器：Chrome 浏览器版本：49 操作步骤： 1.用户登录成功 2.进入资产入库页面 3.进入资产入库登记页面	资产名称包含特殊字符应保存失败	资产名称包含特殊字符保存成功	高	
2	资产入库	资产入库登记页面，资产名称重复应保存失败	浏览器：Chrome 浏览器版本：49 操作步骤： 1.用户登录成功 2.进入资产入库页面 3.进入资产入库登记页面	资产名称重复保存失败	资产名称重复保存成功	高	
3	资产入库	资产入库登记页面，"存放123地点"应为"存放地点"	浏览器：Chrome 浏览器版本：49 操作步骤： 1.用户登录成功 2.进入资产入库页面 3.进入资产入库登记页面	"存放123地点"应为"存放地点"	"存放地点"为"存放123地点"	高	
4	资产入库	修改资产信息页面，资产名称包含特殊字符应保存失败	浏览器：Chrome 浏览器版本：49 操作步骤： 1.用户登录成功 2.进入资产入库页面 3.进入修改资产信息页面	资产名称包含特殊字符应保存失败	资产名称包含特殊字符保存成功	高	

缺陷编号	模块名称	摘要描述	操作步骤	预期结果	实际结果	缺陷严重程度	附件说明
5	资产入库	修改资产信息页面，资产名称与系统资产名称重复保存成功	浏览器：Chrome 浏览器版本：49 操作步骤：1.用户登录成功 2.进入资产入库页面 3.进入修改资产信息页面	资产名称与系统资产名称重复应保存失败	资产名称与系统资产名称重复保存成功	高	
6	资产入库	修改资产信息页面，入库日期前不应该有必填标识符	浏览器：Chrome 浏览器版本：49 操作步骤：1.用户登录成功 2.进入资产入库页面 3.进入修改资产信息页面	入库日期前不应该有必填标识符	入库日期前含有必填标识符	高	
7	资产入库	修改资产信息页面【取消】按钮应正常使用	浏览器：Chrome 浏览器版本：49 操作步骤：1.用户登录成功 2.进入资产入库页面 3.进入修改资产信息页面	【取消】按钮正常使用	【取消】按钮失效	高	
8	资产入库	修改资产信息页面，存放地点前缺少必填标识符	浏览器：Chrome 浏览器版本：49 操作步骤：1.用户登录成功 2.进入资产入库页面 3.进入修改资产信息页面	存放地点前应有必填标识符	存放地点前没有必填标识符	高	

缺陷编号	模块名称	摘要描述	操作步骤	预期结果	实际结果	缺陷严重程度	附件说明
9	资产入库	资产入库页面，资产信息应降序排列	浏览器：Chrome 浏览器版本：49 操作步骤： 1.用户登录成功 2.进入资产入库页面	资产信息应降序排列	资产信息没有降序排列	高	

第 4 章　性能测试工具 LoadRunner 的使用

4.1　LoadRunner 安装与使用

前序

"对待工作要讲究，不能将就！"张黎明说。在长期的抢修实践中，他能根据停电范围、天气情况、线路设备健康状况等，迅速判断出事故的基本性质和位置、故障成因和故障点。简单的事情重复做，重复的事情精心做，在长期抢修实践中，他巡线 8 万多千米，亲手绘制线路图 1 500 余张，梳理分析上万个事故隐患，累计完成故障抢修两万余次，积淀出电力一线工人的工匠精神。

本章所学知识要求能够根据产品经理和主管的要求修改完善软件，同学之间相互沟通合作，熟练掌握基础代码，提高代码质量，重复测试，查漏补缺，并自觉遵守企业规章制度与产品开发保密制度进行项目测试。

1. LoadRunner 概述

LoadRunner 包含下列组件：

（1）虚拟用户生成器：用于捕获最终用户业务流程和创建自动性能测试脚本（也称为虚拟用户脚本）。

（2）Controller：用于组织、驱动、管理和监控负载测试。

（3）负载生成器：用于通过运行虚拟用户生成负载。

（4）Analysis：有助于您查看、分析和比较性能结果。

（5）Launcher：为访问所有 LoadRunner 组件的统一界面。

2. LoadRunner 术语

（1）Vuser 在场景中，LoadRunner 用虚拟用户或 Vuser 代替实际用户。Vuser 模拟实际用户的操作来使用应用程序。一个场景可以包含几十几百甚至几千个 Vuser。

（2）Vuser 脚本：Vuser 脚本用于描述 Vuser 在场景中执行的操作。事务要度量服务器的性能，需要定义事务。事务表示要度量的最终用户业务流程。

3. 负载测试流程

负载测试通常由六个阶段组成：计划、脚本创建、场景定义、场景执行、场景监控和结果分析，如图 4-1-1 所示。

图 4-1-1

规划测试：定义性能测试要求，如并发用户的数量、典型业务流程和所需响应时间。

（1）创建 Vuser 脚本：将最终用户活动捕获到自动脚本中。

（2）定义方案：使用 LoadRunner Controller 设置负载测试环境。

（3）运行方案：通过 LoadRunner Controller 驱动、管理负载测试。

（4）监视方案：监控负载测试。

（5）分析测试结果：使用 LoadRunner Analysis 创建图和报告并评估性能。

4. LoadRunner 下载及安装

（1）需要下载的文件及下载源：

https://www.guru99.com/guide-to-download-and-install-hp-loadrunner-12-0.html

如图 4-1-2 所示：

图 4-1-2

（2）点击"https：//software.microfocus.com/signup."自动跳入注册界面（注册信息必须是英文格式），如图 4-1-3 和 4-1-4 所示。

图 4-1-3

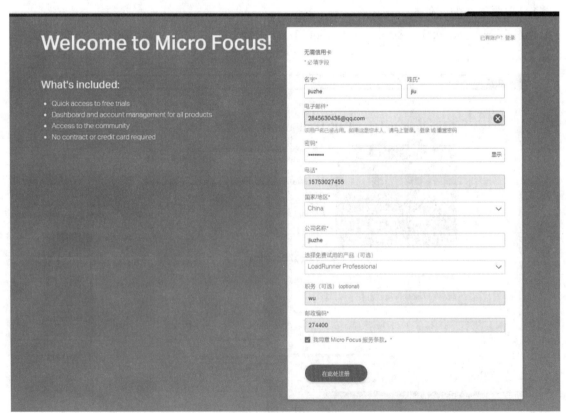

图 4-1-4

（3）注册好后，会有窗口提示打开 QQ 邮箱进行账户激活，激活后等待跳入登录界面，如图 4-1-5 至图 4-1-8 所示。

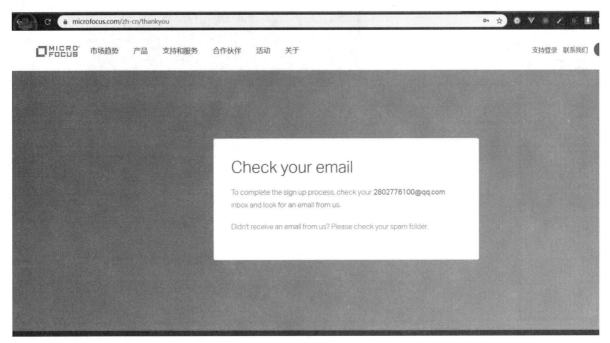

图 4-1-5

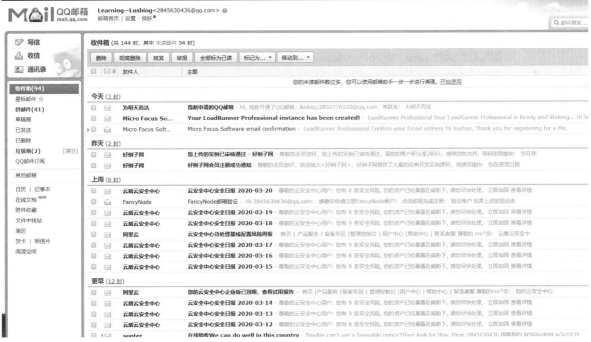

图 4-1-6

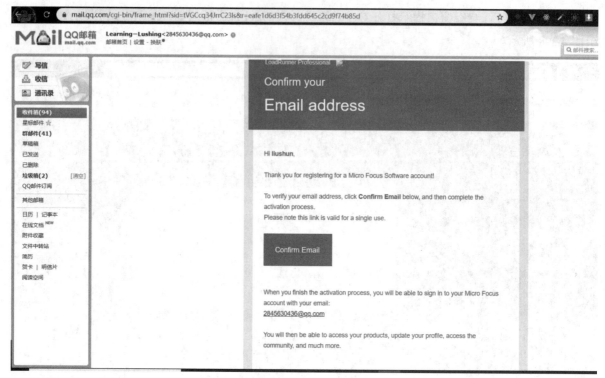

图 4-1-7

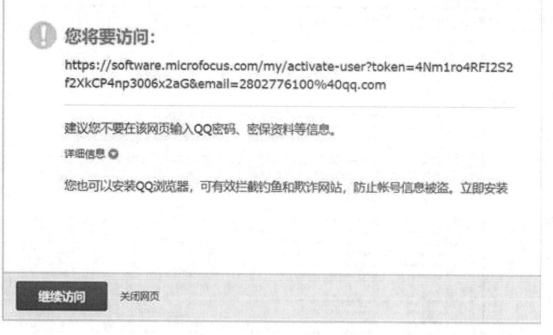

图 4-1-8

（4）账户激活后，等待跳转至登录界面，然后，键入密码，如图 4-1-9 至图 4-1-11 所示。

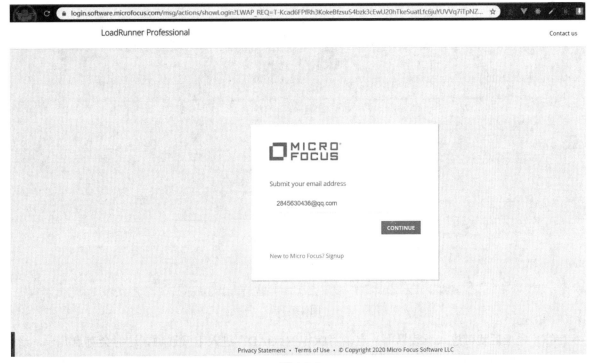

图 4-1-9

图 4-1-10

图 4-1-11

（5）登录后就可进入下载界面，点击"DOWNLOAD"进入下载选项，这时会有点儿卡，请耐心等待，如图 4-1-12 所示。

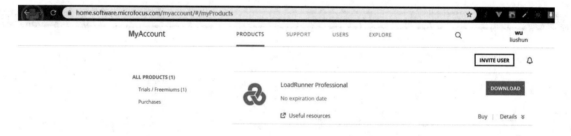

图 4-1-12

（6）选择你要安装的版本：

LoadRunner 12.60 教程

LoadRunner 12.60 社区版

LoadRunner 12.60 社区版其他组件

LoadRunner 12.60 社区版独立应用程序

LoadRunner 12.60 社区版语言包，如图 4-1-13 所示。

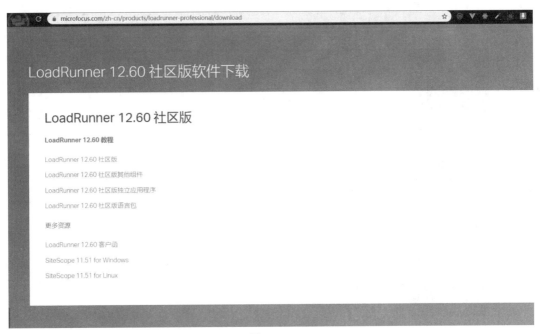

图 4-1-13

（7）选择版本 "HPE LoadRunner 12.60 Community Edition"，如图 4-1-14 所示。

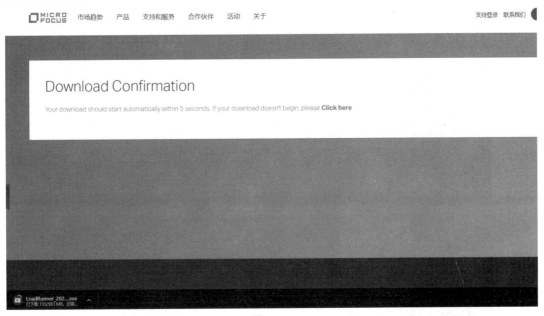

图 4-1-14

（8）回到你下载的 LoadRunner，点击 "HPELR_12.55_Community_Edition.zip" 包，如图 4-1-15
所示。

| ⚙ HPE LoadRunner 12.55 Community Editi... | 28-08-2017 08:56 ... | Application | 13,82,298 KB |

图 4-1-15

（9）右键点击"以管理员身份运行"，进入安装窗口，安装地址自己选择，如图 4-1-16 所示。

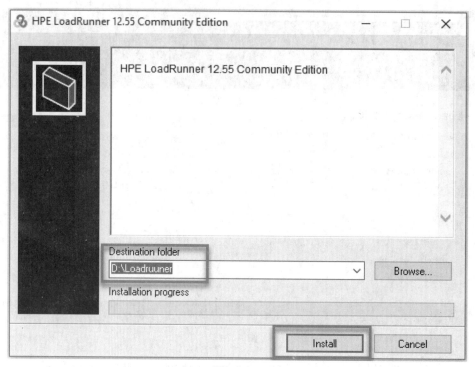

图 4-1-16

（10）耐心等待安装，如图 4-1-17 所示。

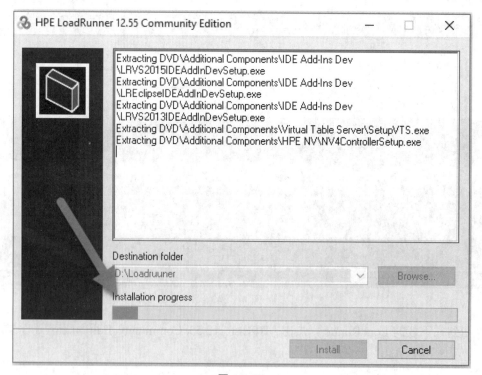

图 4-1-17

（11）注意看提示信息，点击"确定"，如图 4-1-18、图 4-1-19 所示。

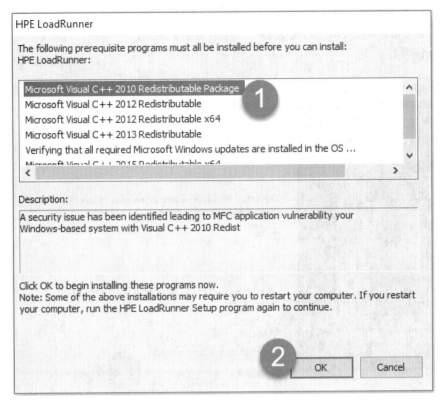

图 4-1-18

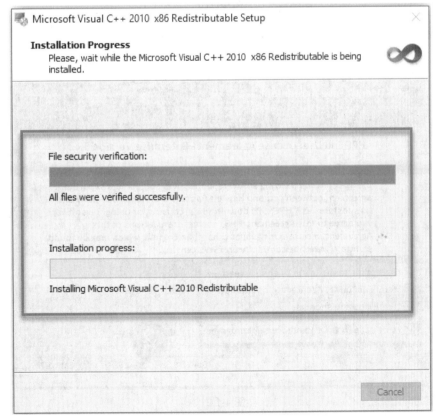

图 4-1-19

（12）选择"LoadRunner"：

LoadRunner　负载测试工具

Performance center Host（演艺中心主机）　主服务测试机

如图 4-1-20 所示。

图 4-1-20

（13）点击"下一步"，如图 4-1-21 所示。

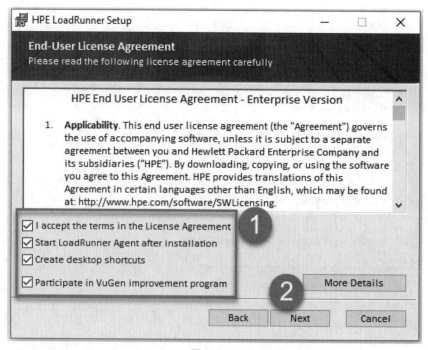

图 4-1-21

（14）选择你要安装的路径（一定要注意你选择的安装地址有足够的空间，不然会停留在安装界面）；点击"下一步"，如图 4-1-22 所示。

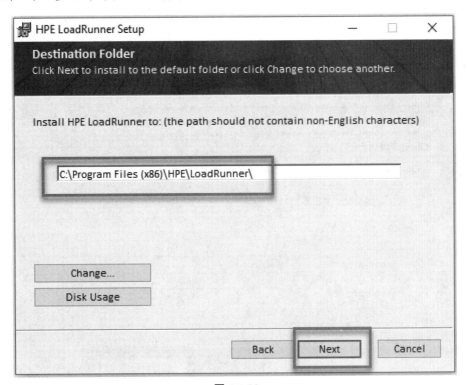

图 4-1-22

（15）点击"安装"，等待安装，如图 4-1-23 所示。

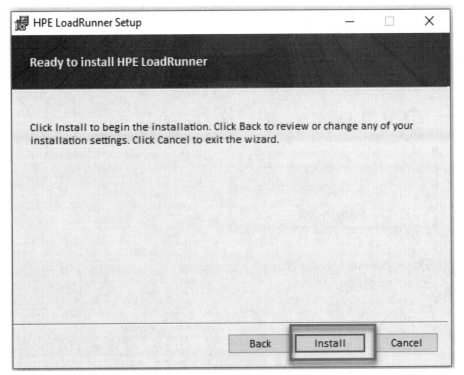

图 4-1-23

（16）引导——»»» 去掉指定 LoadRunner 代理将要使用的证书 的打：√
点击"下一步"，如图 4-1-24 所示。

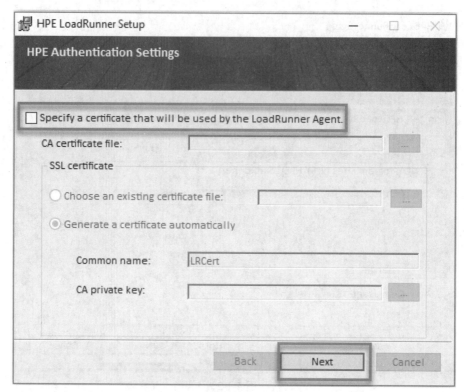

图 4-1-24

（17）配置完成会弹出选择模式，分为典型和自定义，如图 4-1-25 所示。

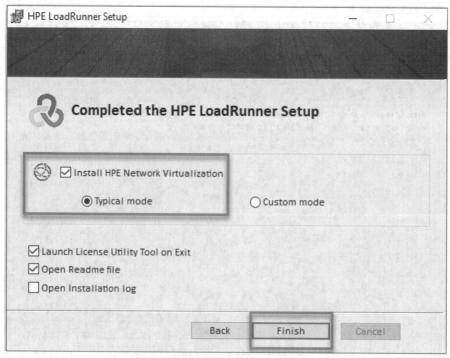

图 4-1-25

（18）耐心等待典型模式安装，会弹出两个窗口，关闭其中一个，安装完成后再点击"完成"，退出界面，如图 4-1-26、图 4-1-27 所示。

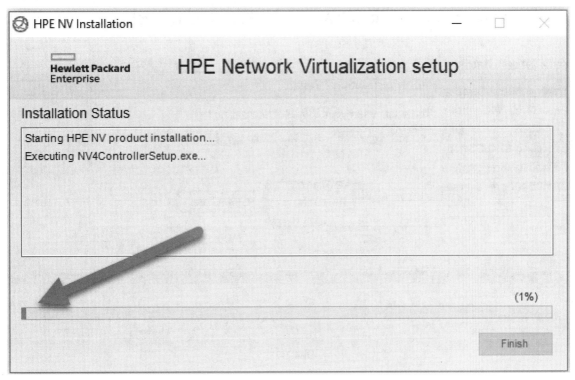

图 4-1-26

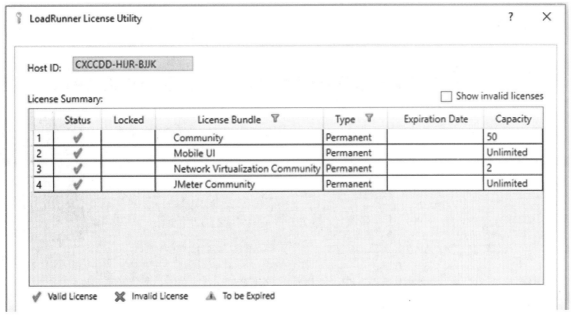

图 4-1-27

（19）完成安装后会弹出提示信息需要重启计算机，点击"稍后重启计算机"，重启后计算机才能生效，如图 4-1-28 所示。

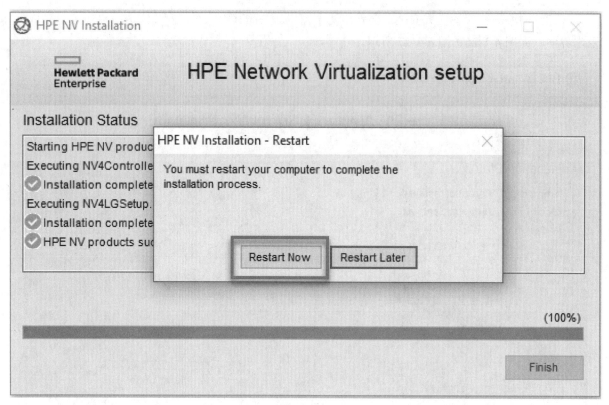

图 4-1-28

（20）重启后，点击桌面上的 Loadrunner 图标，启动 MicroFocus Loadrunner9. HPE 虚拟用户生成器，如图 4-1-29 所示。

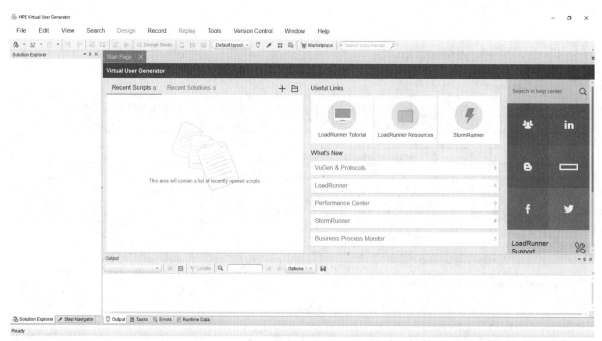

图 4-1-29

4.2　Loadrunner 工具介绍

1. 主要内容：

（1）性能测试的过程；

（2）性能测试的指标；

（3）Loadrunner 介绍。

2. 性能测试过程

（1）规划阶段（测试目标、测试范围、测试组织、测试时间）；

（2）准备阶段（测试环境、测试数据、测试脚本、测试程序）；

（3）执行阶段（响应时间基准测试、负载测试、压力测试、容量测试、稳定性测试）；

（4）调优阶段（收集/分析测试结果，定位瓶颈，性能调优）；

（5）报告阶段（测试成果确认、测试目标完成确认、测试报告编制）。

3. 性能测试的指标

（1）并发用户数。

（2）响应时间。

（3）交易成功率。

（4）Throughput （吞吐量）。

（5）TPS （每秒传输率）与 HPS （每秒点击率）。

（6）资源利用率。

（7）并发用户数：应用系统可支持的并发用户数通常反映系统的容量，即系统的处理能力情况。。

（8）响应时间：响应时间指的是从开发端发起一个请求开始，到客户端接收到从服务器端返回的响应结束，这个过程所耗费的时间。

（9）交易成功率：交易成功率指的是一段时间内成功的交易数在总交易数中所占的比例。金融行业应用系统一般要求在 99%以上。

（10）吞吐量：吞吐量是指单位时间内系统处理的客户请求的数量，直接体现应用系统的性能承载能力；

（11）TPS 与 HPS。

①TPS（Transaction per second）：指应用系统每秒钟处理完成的交易数量，是估算应用系统性能的重要依据。一般而言，评价系统性能均以每秒完成的技术交易的数量来衡量。

系统整体处理能力取决于处理能力最低模块的 TPS 值。

②HPS（Hit per second）：每秒点击次数，指一秒钟的时间内用户对 Web 页面的链接、提交按钮等点击总和。HPS 一般与 TPS 成正比，是 B/S 系统中非常重要的性能指标之一。

（12）资源利用率：资源利用率是指系统在负载运行期间，数据库服务器、应用服务器、Web 服务器的 CPU、内存、硬盘、外置存储，网络带宽的使用率。据经验，资源利用率低于 20%的利用率为资源空闲，20%~60%的使用率为资源使用稳定，60%~80%的使用率表示资源使用饱和，超过 80%的资源使用率必须尽快进行资源调整与优化。

（13）其他指标：在性能测试过程中还有大量与软件产品或硬件设备相关的测算指标以及行业相关指标。

4. LoadRunner 介绍

主要功能：

（1）常用组件与常用术语；

（2）利用 LR 进行测试的过程。

5. Loadrunner 主要功能

（1）轻松创建虚拟用户；

（2）创建真实的负载；

（3）定位性能问题；

（4）分析结果以精确定位问题所在；

（5）重复测试保证系统发布的高性能。

6. 常用组件

（1）Mercury Virtual User Generator—虚拟用户生成器（VuGen），创建脚本 VuGen。通过录制应用程序中典型最终用户执行的操作来生成虚拟用户（Vuser）。 VuGen 将这些操作录制到自动虚拟用户脚本中，以便作为负载测试的基础。

（2）Mercury LoadRunner Controller—设计和运行场景。

Controller 是用来创建、管理和监控负载测试的中央控制台。使用 Controller 可以模拟真实用户执行的操作脚本，并可以通过让多个 Vuser （虚拟用户）同时执行这些操作在系统中创建负载。

（3）Mercury Analysis—分析场景。Mercury Analysis 提供的性能分析信息的图表和报告。使用这些图和报告，可以标识和确定应用程序中的瓶颈，并确定需要对系统进行哪些更改来提高系统性能。

（4）场景：场景文件根据性能要求定义每次测试期间发生的事件。

（5）Vuse：在场景中，LoadRunner 用虚拟用户（ Vuser ）代替真实用户。

（6）Vuser 模仿真用户的操作来使用应用系统。一个场景可以包含数十、数百乃至数千个 Vuser。

（7）脚本：Vuser 脚本描述 Vuser 在场景中执行的操作。

（8）事务：要评测服务器性能，需要定义事务。事务代表要评测的终端用户业务流程。

7. adRunner 进行测试的过程

（1）制订并发测试计划；

（2）开发测试脚本；

（3）创建运行场景；

（4）执行测试；

（5）监视场景；

（6）分析测试结果。

8. 录制脚本

（1）Virtual User Generator （VuGen） 简介：

在测试环境中，Loadrunner 在物理计算机上使用 Vuser 代替实际用户，Vuser 以一种可重复、可预测模拟典型的用户操作，对系统施加负载。

LoadRunner Virtual User Generator （VuGen） 以"录制—回放"的方式工作。

当你在应用程序中执行业务流程步骤时，VuGen 会将你的操作录制到自动化脚本中，并将其作为负载测试的基础。

（2）启动 LoadRunner。

①选择开始>程序> HP LoadRunner > LoadRunner。这时，将打开 HP LoadRunner 12.60 窗口，如图 4-2-1 所示。

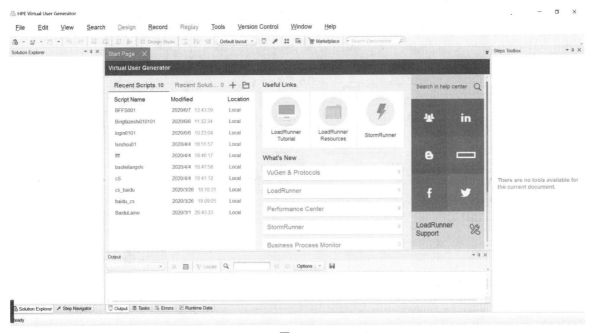

图 4-2-1

②创建一个空白 Web 脚本。打开左上角 File 列表，选择 New Script and Solution（快捷键 Ctrl + N），如图 4-2-2 所示。

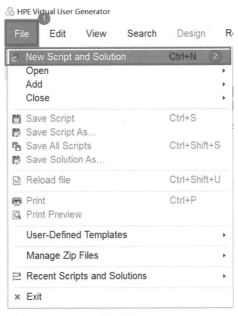

图 4-2-2

③这时，将打开"新建虚拟用户"对话框，显示"新建单协议脚本"选项，如图 4-2-3 所示。

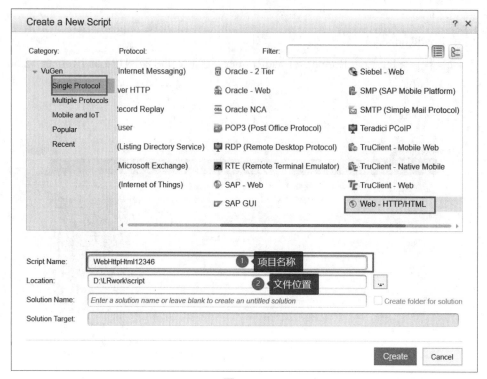

图 4-2-3

（3）制业务流程来创建脚本。

①Record 或快捷键（Ctrl+R），如图 4-2-4 所示。

图 4-2-4

②"开始录制"对话框打开，如图 4-2-5 所示。

图 4-2-5

③在 URL address 地址框中，输入 http：//192.168.1.251/bsams/front/login.do?taskId=28&loginName=student。在 Record into action 操作框中，选择 vuser_init，单击【确定】。这时，将打开一个新的 Web 浏览窗口并显示 HP Web Tours 网站，如图 4-2-6、图 4-2-7 所示。

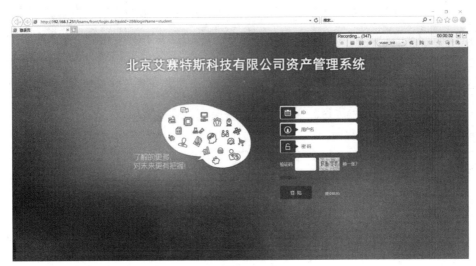

图 4-2-6

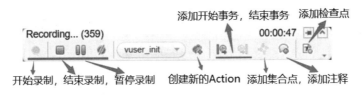

图 4-2-7

④登录到 HP Web Tours 网站：输入用户名、密码、验证码，单击 Login（登录）。欢迎页面打开，如图 4-2-8 所示。

图 4-2-8

（4）点击资产类别。

①点击新增，输入类别名称、类别编码，如图 4-2-9 所示。

图 4-2-9

②点击【退出】，如图 4-2-10 所示。

图 4-2-10

③关闭浏览器。

④在浮动工具栏上单击停止以【停止】录制。

Vuser 脚本生成时会打开"代码生成"弹出窗口。然后，VuGen 向导会自动执行任务窗格中的下一步，并显示关于录制情况的概要信息（如果看不到概要信息，请单击"任务"窗格中的录制概要），如图 4-2-11 所示。

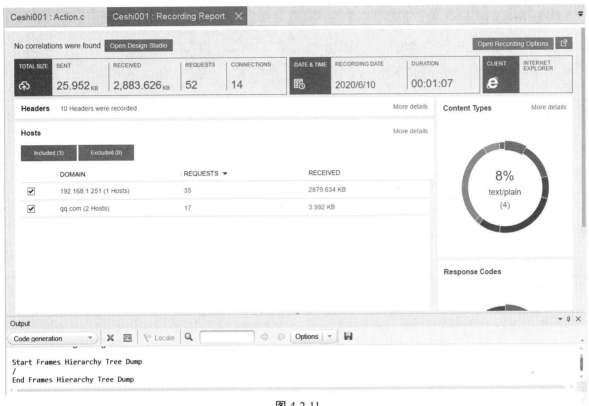

图 4-2-11

⑤创建的每个 Vuser 脚本都至少包含三部分：

vuser_ init

一个或多个 Actions

vuser_ end。

录制期间，可以选择脚本中 VuGen 要插入已录制函数的部分。

运行多次迭代的 Vuser 脚本时，只有脚本的 Actions 部分重复，而 vuser_ init 和 vuser_ end 部分将不重复。

"录制概要"包含协议信息以及会话期间创建的一系列操作。

VuGen 为录制期间执行的每个步骤生成一个快照，即录制期间各窗口的图片。

这些录制的快照以缩略图的形式显示在右窗格中。如果由于某种原因要重新录制脚本，可单击页面底部的【重新录制】按钮。

（5）确定测试已通过。回放录制的事件后，需要查看结果以确定是否全部成功通过。如果某个地方失败，则需要知道失败的时间以及原因。回放成功后自动打开，如图 4-2-12 所示。

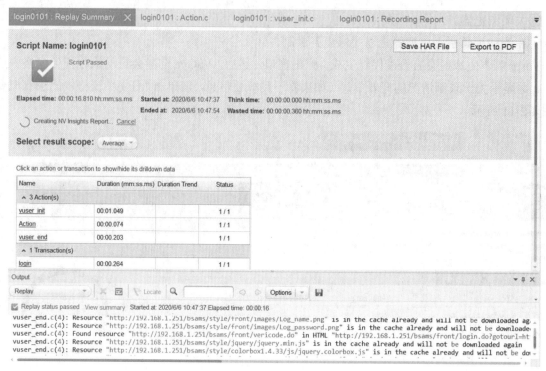

图 4-2-12

（6）完善脚本。

①插入事务。

②插入集合点。

③模拟用户思考时间。

④参数化输入。

⑤插入事务（Transaction）。

事务（Transaction）：为了衡量服务器的性能，我们需要定义事务。例如，我们在脚本中有一个数据查询操作，为了衡量服务器执行查询操作的性能，我们把这个操作定义为一个事务。LoadRunner运行到该事务的开始点时，LR 就会开始计时，直到运行到该事务的结束点，这个事务的运行时间在结果中会有反映。插入事务操作可以在录制过程中进行，也可以在录制结束后进行。LR 运行在脚本中插入不限数量的事务。

⑥在菜单中单击 Design->Insert in script- > Start Transaction 后，输入事务名称，也可在录制过程中进行，在需要定义事务的操作后面插入事务的"结束点"。默认情况下，事务的名称列出最近的一个事务名称。一般情况下，事务名称不用修改。事务的状态默认情况下是 LR_AUTO。一般情况下，我们也不需要修改状态，如图 4-2-13、图 4-2-14 所示。

```
lr_start_transaction ("login"); //开始事务
/*
中间代码是具体操作
*/
lr_end_transaction ("login", LR_AUTO); //结束事务
```

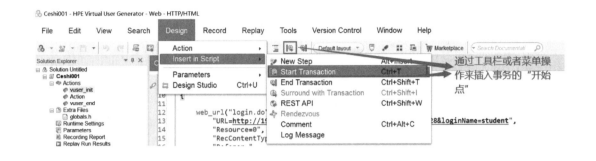

图 4-2-13

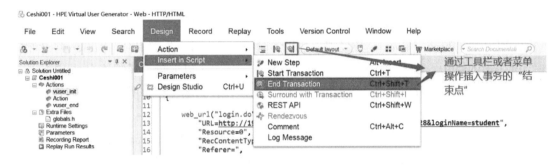

图 4-2-14

⑦插入集合点（Rendezvous）。

集合点：如果脚本中设置集合点，可以达到绝对的并发，但是集合点并不是并发用户的代名词，设置结合点和不设置结合点，需要看你站在什么角度上来看待并发——是整个服务器，还是提供服务的一个事务。

插入集合点是为了衡量在加重负载的情况下服务器的性能情况。在测试计划中，可能会要求系统能够承受 1 000 人甚至更多人同时提交数据，在 LR 中，可以通过在提交数据操作前面加入集合点，当虚拟用户运行到提交数据的集合点时，LR 就会检查同时有多少用户运行到集合点，从而达到测试计划中的需求。

具体的操作方法如下：在需要插入集合点的前面，点击菜单 Design->Insert in script-> Rendezvous，也可在录制时按插入集合点按钮。

注意：集合点经常和事务结合起来使用。集合点只能插入到 Action 部分，vuser. init 和 vuser_ end 中不能插入集合点，如图 4-2-15 所示。

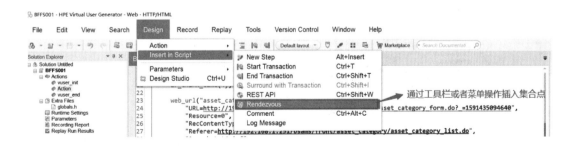

图 4-2-15

```
lr_rendezvous("ZB01");        //集合点
```

模拟用户思考时间（ think time ），如图 4-2-16 所示。

```
1  ┌ Action()
2  │ {
3  │      lr_think_time(32);
4  │
5  │      lr_rendezvous("ZB01");
6  │
7  │      lr_start_transaction("ZB01");
8  │      //此处为脚本言诰
9  │
10 │      lr_end_transaction("ZB01",LR_AUTO);
11 │      return 0;
12 └ }
```

图 4-2-16

⑧用户在执行两个连续操作期间等待的时间称为"思考时间"。

Vuser 使用 lr__think__time 函数模拟用户思考时间。录制 Vuser 脚本时，VuGen 将录制实际的思考时间并将相应的 Ir_think__time 语句插入到 Vuser 脚本。可以编辑已录制的 Ir__think__time 语句，也可在脚本中手动添加更多 Ir__think__time 语句，以秒为单位指定所需的思考时间。

⑨参数化（ Parameterization ）。

如果用户在录制脚本过程中，填写提交了一些数据，这些操作都被记录到了脚本中。当多个虚拟用户运行脚本时，都会提交相同的记录，这样不符合实际的运行情况，而且有可能引起冲突。为了真实的模拟实际环境，需要各种各样的输入。

录制业务流程时，VuGen 生成一个包含可以用参数替换已录制的值，这被称为脚本参数化。

参数化包含以下两项任务：

a.在脚本中用参数取代常量值；

b.设置参数的属性以及数据源。

注意：不是所有的函数都可以参数化的，也可以将参数化的内容进行还原。

创建参数化，如图 4-2-17 所示。

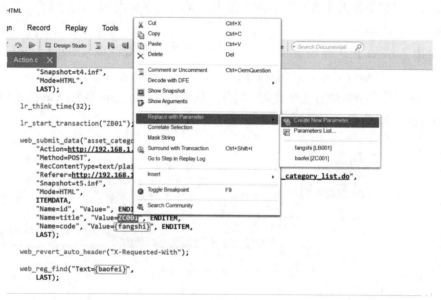

图 4-2-17

选中要参数化的内容。

a.方法一，选中参数化的值，右键 [Replace with a new parameter]

b.方法二，菜单（insert] — [new Parameter..]

9. 参数类型

数据文件：文件（现有文件或者用 VuGen 或 MS Query 创建的文件）中包含的数据

分配内部数据：Vuser 内部生成的数据。这包括日期/时间、组名、迭代编号、负载生成器名、随机编号、唯一编号和 Vuser ID

用户定义的函数：使用外部 DLL 函数生成的数据

10. File 类型参数示例

点击 Design->Parameters->Parameters List 会出现表格，在表格，再次点击 Edit with Notepad，然后会打开一个记事本，我们可以对记事本进行添加数据，如图 4-2-18、图 4-2-19 所示。

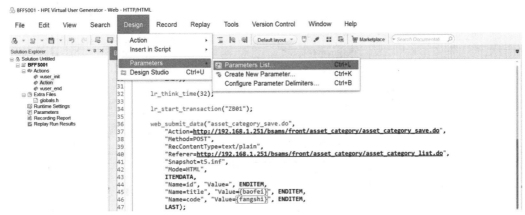

图 4-2-18

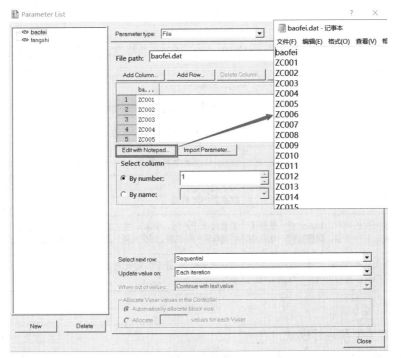

图 4-2-19

11. 参数属性设置

（1）定义选取列：表示指定选取哪一列的值。

（2）定义列分隔符：用来分隔表格中的列的字符。

（3）选取下一个值的方式：表示在 Vuser 脚本执行期间如何选择表格数据。选项包括"顺序""随机"和"唯一"，如图 4-2-20 所示。

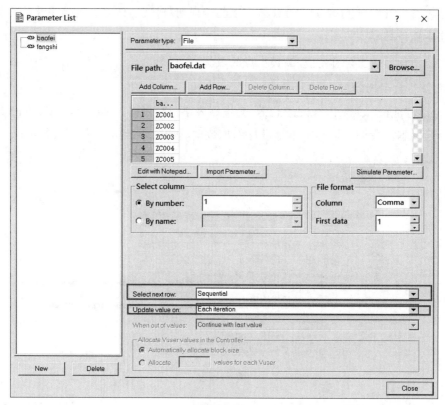

图 4-2-20

从"更新值的时间"列表中选择更新选项。选项包括"每次迭代""每次出现"和"一次"，见表 4-2-1。

表 4-2-1

Update Value on（更新方法）	Select next row（数据分配方法）		
	Sequential（顺序）	Random（随机）	Unique（唯一）
Each Iteration（每次迭代）	对于每次迭代，Vuser 会从数据表中提取下一个值	对于每次迭代，Vuser 会从数据表中提取新的随机值	对于每次迭代，Vuser 会从数据表中提取下一个唯值
Each Occurrence（每次出现）	参数每次出现时，Vuser 将从数据表中提取下一个值，即使在同一迭代中	参数每次出现时，Vuser 将从数据表中提取新的随机值，即使在同一迭代中	参数每次出现时，Vuser 将从数据表中提取新的唯一值，即使在同一迭代中
Once（一次）	对于每一个 Vuser，第一次迭代中分配的值，将用于所有后续的迭代	第一次迭代中 分配的随机值将用于该 Vuser 的所有迭代	第一次迭代中分配的唯一值将用于所有的后续迭代

12. 创建场景

（1）选择计划类型和运行模式。

在计划定义区域，确保选中计划方式—场景和运行模式—实际计划，如图 4-1-21 所示。

图 4-2-21

Schedule Name：计划名称

Schedule by：计划方式

　　　　Scenario 场景

　　　　Group 组

Run Mode：运行模式

　　　Roalswodd schodulo　　实际计划

　　　Bacic schedulo　　基本计划

（2）设置计划操作定义。

可以在操作单元格或交互计划图中为场景计划设置启动 Vuser、持续时间以及停止 Vuser 操作。在图中设置定义后，操作单元格中的属性会自动调整，使"操作"单元格显示，如图 4-2-22 所示。

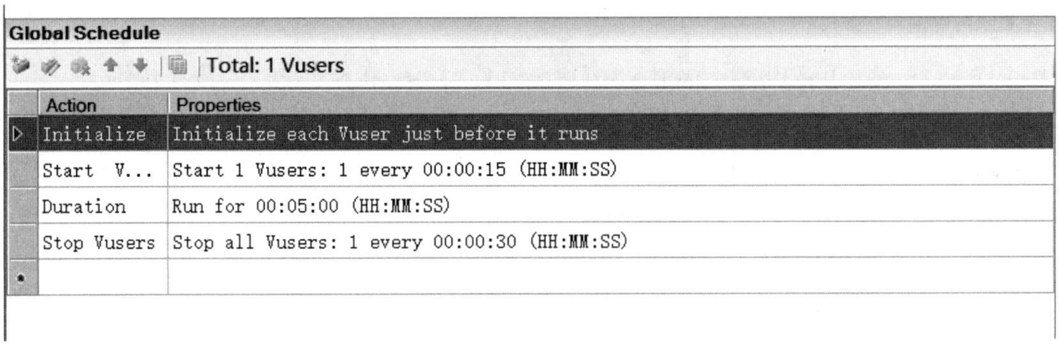

图 4-2-22

Initialize：初始化

　　Initialize each Vuser just before it runs 在每个 Vuer 运行之前将其初始化

Start Vusers：启动 Vuser

　　Stop all Vusers：1 every 0：00：30（HH：MM：SS）启动 1 个 Vuser：每隔 00：00：30（HH：MM：SS）启动 2 个 Vuser

Duration：持续时间

　　Run for 00：05：00（H：MM：SS）运行 00：05：00（HH：MM：SS）

Stop Vusers：Stop all Vusers：停止 Vuser

　　1 every 0：00：30（HH：MM：SS）停止全部 Vuser：每 00：00：30（HH：MM：SS）停止 2 个。

（3）设置 Vuser 初始化，如图 4-2-23 所示。

初始化是指通过运行脚本中的 vuser. _init 操作，为负载测试准备 Vuser 和 Load Generator。在 Vuser 开始运行之前对其进行初始化可以减少 CPU 占用量，并有利于提供更加真实的结果。

在"操作"单元格中双击初始化。这时将打开"编辑操作"对话框，显示初始化操作。选择同时初始化所有 Vuser。

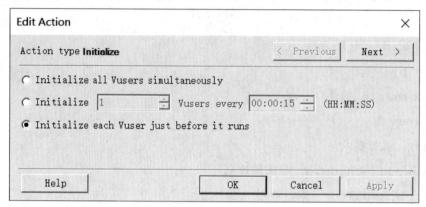

图 4-2-23

Initialize all Vusers simul taneously 同时初始化所有 Vuser

Initialize 1 Vusers every 00：00：15（H：MM：SS）初始化 1 个 Vuser，每 00：00：15（HH：MM：SS）

Initialize each Vuser just before it runs 在每个运行之前其初始化

（4）指定逐渐开始（从"计划操作"单元格），如图 4-2-24 所示。

通过按照一定的间隔启动 Vuser，可以让 Vuser 对应用程序施加的负载在测试过程中逐渐增加，帮助我们准确找出系统响应时间开始变长的转折点。

在"操作"单元格中双击启动 Vuser。这时，将打开"编辑操作"对话框，显示启动 Vuser 操作。在开始 X 个 Vuser 框中，输入 1 个 Vuser 并选择第二个选项：每 00：00：15（15 秒）启动 1 个 Vuser。

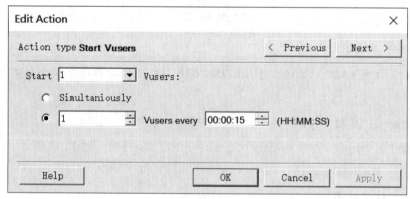

图 4-2-24

（5）安排持续时间（从交互计划图），如图 4-2-25 所示。

可以指定持续时间，确保 Vuser 在特定的时间段内持续执行计划的操作，以便评测服务器上的持续负载。如果设置了持续时间，脚本会运行这段时间内所需的迭代次数，而不考虑脚本的运行时设置中所设置的迭代次数。

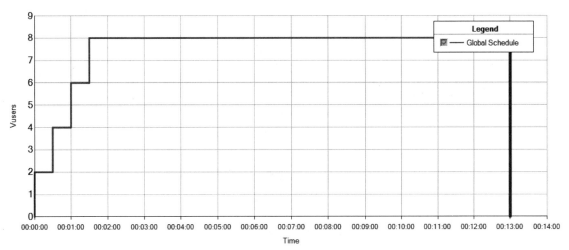

图 4-2-25

通过单击交互计划图工具栏中的编辑模式按钮确保交互计划图处于编辑模式。

在"操作"单元格中单击持续时间或图中代表持续时间的水平线这条水平线，会突出显示并且在端点处显示点和菱形。将菱形端点向右拖动，直到括号中的时间显示为 00：11：30，您已设置 Vuser 运行 10 分钟。

（6）安排逐渐关闭（从"计划操作"单元格），如图 4-2-26 所示。

建议逐渐停止 Vuser，以帮助在应用程序到达阈值后，检测内存漏洞并检查系统恢复情况。

在"操作"单元格中双击停止 Vuser。这时将打开"编辑操作"对话框，显示停止 Vuser 操作。选择第二个选项并输入以下值：每隔 00：00：30 （30 秒）停止 2 个 Vuser。

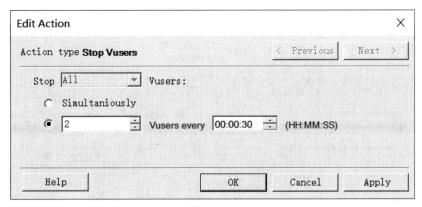

图 4-2-26

7）打开 Controller。

在 LoadRunner Launcher 窗格中单击运行负载测试。默认情况下，LoadRunner Controller 打开时将显示"新建场景"对话框，如图 4-2-27 所示。

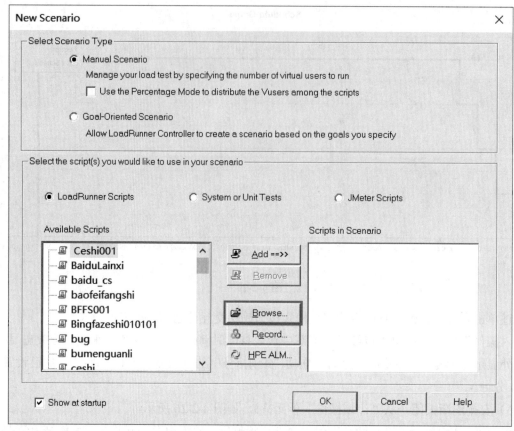

图 4-2-27

（8）打开示例测试。

在 Controller 菜单中，选择文件，然后打开，如图 4-2-28 所示。

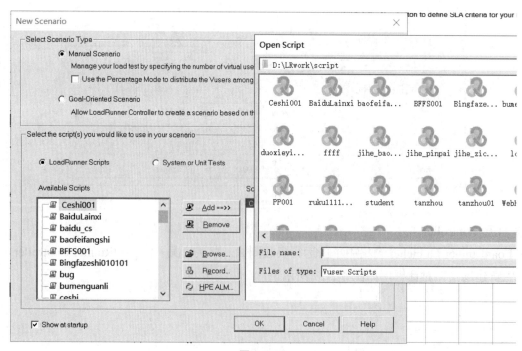

图 4-2-28

将打开 LoadRunner Controller 的"设计"选项卡，login0101 测试将出现在"场景组"窗格中。可以看到，已经分配了 10 个 Vuser 来运行此测试，如图 4-2-29 所示。

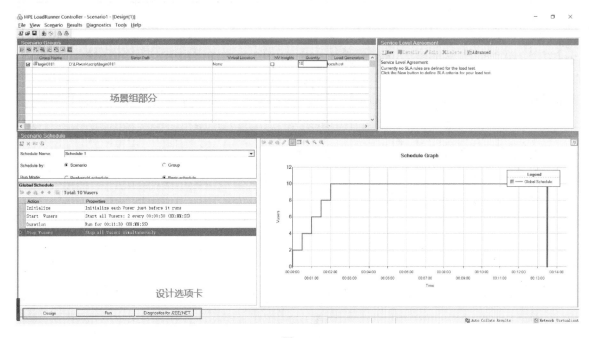

图 4-2-29

13. 运行并发测试

（1）在运行选项卡中，单击开始场景按钮，将出现 Controller 运行视图，Controller 开始运行场景。在"场景组"窗格中，可以看到 Vuser 逐渐开始运行并在系统中生成负载。可以通过联机图像看到服务器对 Vuser 操作的响应情况，如图 4-2-30 所示。

图 4-2-30

（2）正在运行 Vusers—整个场景，如图 4-2-31 所示。

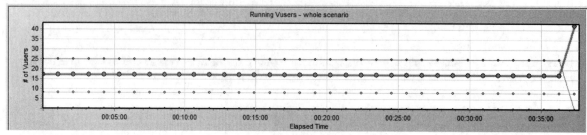

图 4-2-31

（3）事务响应时间—整个场景，如图 4-2-32 所示。

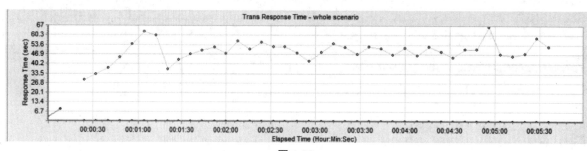

图 1-32

（4）事务响应时间—整个场景，如图 4-2-33 所示。

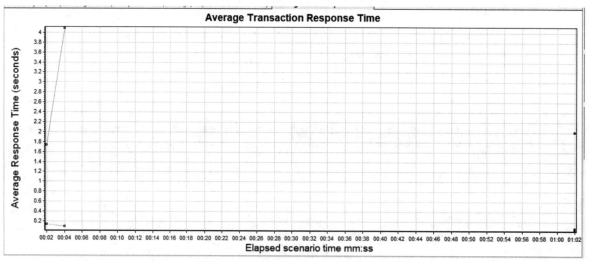

图 4-2-33

（5）吞吐量。

"吞吐量"图显示 Vuser 每秒从服务器接收的数据总量（以字节为单位）。可以将此图与"事务响应时间"图比较，查看吞吐量对事务性能的影响，如图 4-2-34 所示。

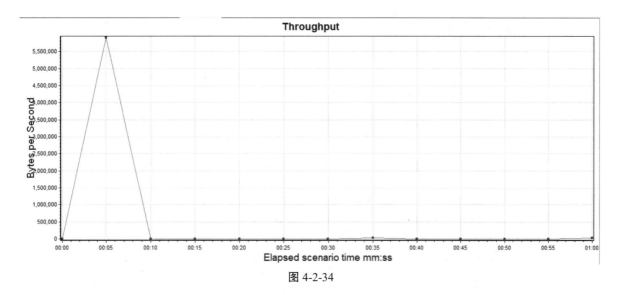

图 4-2-34

（6）每秒点击次数—整个场景，通过此图可以监控场景运行期间 Vuser 每秒向 Web 服务器提交的点击次数（ HTTP 请求数）。这样就可以了解服务器中生成的负载量，如图 4-2-35 所示。

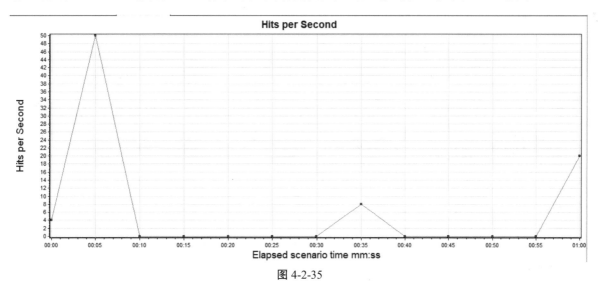

图 4-2-35

7）Windows 资源：

通过此图可以监控场景运行期间评测的 Windows 资源使用情况（如 CPU、磁盘或内存的利用率），如图 2-2-36 所示。

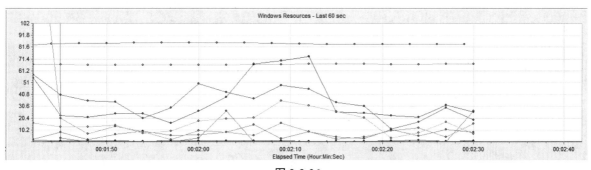

图 2-2-36

14. 利用 Analysis 分析结果

测试运行结束后，LoadRunner 会提供由详细图和报告构成的深入分析。可以将多个场景的结果组合在一起来比较多个图，也可以使用自动关联工具，将所有包含可能对响应时间有影响的数据的图合并起来，准确地指出问题的原因。

使用这些图和报告，可以轻松找出应用程序的性能瓶颈，同时确定需要对系统进行哪些改进以提高其性能。

（1）打开从 Controller 中打开 Results->Analyze Results:，如图 4-2-37 所示。

HPE LoadRunner Controller - Scenario2 - [Run]
File View Scenario Monitors Results Diagnostics Tools Help
Scenario Groups
Group Name
1
Down
0
Pending
0
Init
0
Ready
0
Run
0

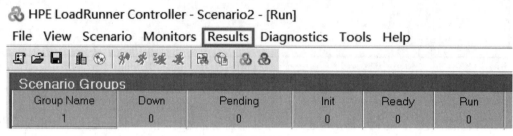

图 4-2-37

（2）概要部分，如图 4-2-38 所示。

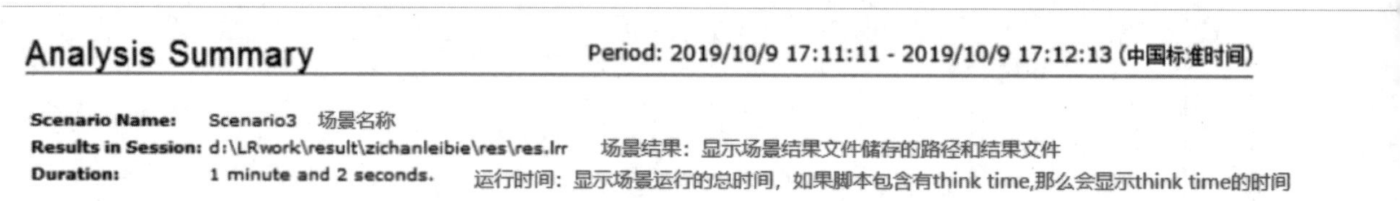

Analysis Summary
Period: 2019/10/9 17:11:11 - 2019/10/9 17:12:13 (中国标准时间)
Scenario Name: Scenario3 场景名称
Results in Session: d:\LRwork\result\zichanleibie\res\res.lrr 场景结果：显示场景结果文件储存的路径和结果文件
Duration: 1 minute and 2 seconds. 运行时间：显示场景运行的总时间，如果脚本包含有think time,那么会显示think time的时间

图 4-2-38

（3）统计部分，如图 4-2-39 所示。

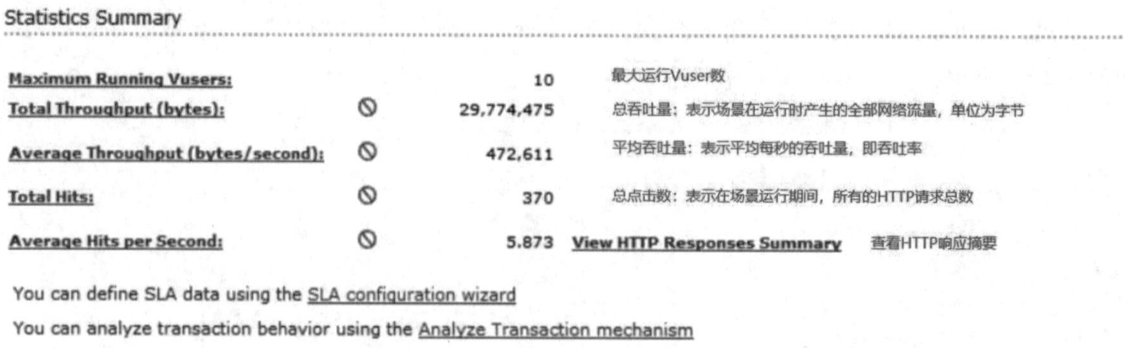

Statistics Summary
Maximum Running Vusers: 10 最大运行Vuser数
Total Throughput (bytes): 29,774,475 总吞吐量：表示场景在运行时产生的全部网络流量，单位为字节
Average Throughput (bytes/second): 472,611 平均吞吐量：表示平均每秒的吞吐量，即吞吐率
Total Hits: 370 总点击数：表示在场景运行期间，所有的HTTP请求总数
Average Hits per Second: 5.873 View HTTP Responses Summary 查看HTTP响应摘要
You can define SLA data using the SLA configuration wizard
You can analyze transaction behavior using the Analyze Transaction mechanism

图 4-2-39

（4）第一行统计场景运行时所有事务通过、失败、停止的数量。

① transaction name　（事务名）。

② minimum　（事务运行的最短时间）。

③ average　（事务运行的平均时间）。

④ maximum　（事务运行的最长时间）.

⑤ std.deviation　（标准方差）：方差描述一组数据偏离其平均值的情况，方差值越大，说明这组数据就越离散，波动性也就越强；反之，则说明这组数据就越聚合，波动性也就越小。

⑥ 90 percent：在 controller 运行场景时，并不会显示这个值，因为它是对整个一系列数据统计的结果。表示一个事务在执行过程中的 90% 所花费的时间，比如，一个事务执行了 100 次，对这 100 次事务响应时间进行升序排序，第 90% 即 90 次事务运行时间。

⑦ pass　（通过的事务个数）。

⑧ fail　（失败的事务个数）。

⑨ stop　（停止的事务个数）：在执行场景时，若用户手工停止场景的执行，事务没有自己的状态，那么就是停止状态。analysis 常见图分析，如图 4-2-40 所示。

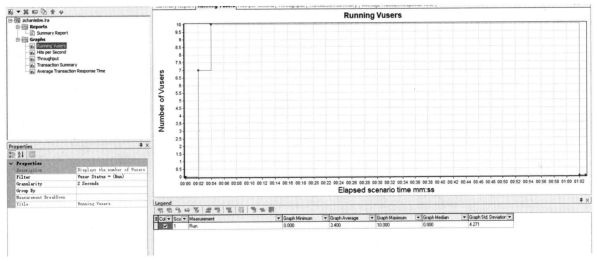

图 4-2-40

在 LR 分析器中对资源使用的情况分析得很少，因为通常在性能测试过程中很少使用 LR 来监控系统资源的使用，特别是 UNIX、LINUX 和 ALX 操作系统，几乎不使用 LR 来监控，更多的是借助第三方工具来监控。当然，如果服务器是 windows 操作系统，那么使用 LR 进行监控比较简单。

15. Vuser 图

它显示 Vuser 状态和完成脚本的 Vuser 的数量。将这些图与事务图结合使用可以确定 Vuser 的数量对事务响应时间产生的影响。X 轴表示从方案开始运行以来已用的时间，Y 轴表示方案中的 Vuser 数，Vuser 图显示在测试期间的每一秒内执行 Vuser 脚本的 Vuser 数量及其状态。可以帮助确定任何给定环境中服务器上的 Vuser 负载。默认情况下，此图仅显示为 running 的 Vuser，如图 4-2-41 所示。

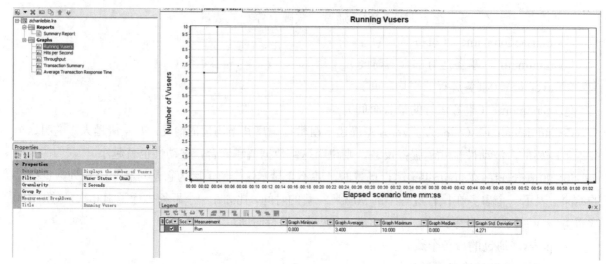

图 4-2-41

16. 点击率图

显示在方案运行过程中 Vuser 每秒钟向 Web 服务器提交的 HTTP 请求数。借助此图可以依据点击次数来评估 Vuser 产生和负载量。一般会将此图与平均事务响应时间图放在一起进行查看，观察点击数对事务性能产生的影响。X 轴表示方案从开始运行以来所用的时间，Y 轴表示服务器上的点击数。注意：击并不能衡量服务器的真实处理能力，也不能仅仅通过点击率来衡量服务器的处理能力。点击率图如图 4-2-42 所示。

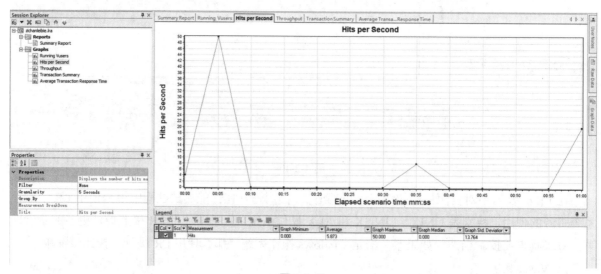

图 4-2-42

服务器即使出现了瓶颈也还会影响到这个值的变化，因为 LR 其实也是一个代理录制的工具，将录制过程中提交的请求录制成脚本，在回放时模拟用户重新提交这些请求，那么在提交的时间 LR 可以对 HTTP 请求进行统计，进而生成点击率视图。但是，这并不代表 LR 画出来的点击率视图一定准确——假如客户端实际提交的 HTTP 请求为 2 000 个/s，但点击率视图画出来的值为 1 000 个/s，这说明客户端提交的请求根本就没有完全发送到服务器，那么这种情况最有可能是在网关处请求出现超时，因为每个网关端口都有一个允许其访问的最大值，当这个值过大时，网关也会出现排队现象，如果队列过长就会导致一些请求出现超时现象，最后导致统计出来的点击率的值不正确。

17. 平均事务响应时间图

如图 4-2-43 所示，为方案在运行期间执行事务所用的平均时间。X 轴表示从方案开始运行以来已用的时间，Y 轴表示执行每个事务所用的平均时间（s）。平均事务响应时间最直接地反映了事务的性能情况，一般会将平均事务响应时间图与 Vuser 图对照着看，来观察 Vuser 运行对事务性能的影响。

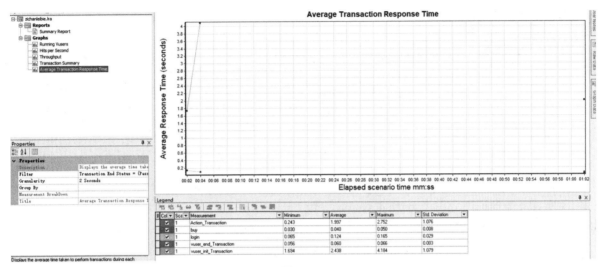

图 4-2-43

可以右键点击选择 showtransaction breakdown tree 查看子事务或者所有的事务每个页面所花费的时间。平均事务响应时间图直接反映系统的性能情况，这也是客户眼中的性能，在需要时必须明确地定义好业务的响应时间，在分析时一般先分析响应时间。

当平均事务响应时间符合定义时，也仅仅说明响应时间能达到要求，但是此时并不代表系统达到客户要求，因为 LR 统计出来的事务响应时间不一定正确，所以当事务响应时间达到要求后，也一定要分析一些其他的数据，需要确定的是业务是否都做成了，如果业务都做成功了，且事务响应时间达到要求，这样才能说明事务响应时间达到了客户的要求。如果平均事务响应时间达不到要求，就需要进一步分析是哪些原因导致事务响应时间过长，这样才能进一步优化系统的性能。

图 4-2-44 所示为方案运行过程中服务器上每秒的吞吐量。吞吐量的单位为字节，表示 Vuser 在一秒内从服务器获得的数据量。借助此图可以依据服务器吞吐量来评估 Vuser 产生的负载量，可以和平均事务响应时间图对照观察，以查看吞吐量对事务性能产生的影响。

X 轴表示从开始运行以来已用的时间，Y 轴表示服务器的吞吐量（以字节为单位）。吞吐量直接反映了服务器的处理能力，服务器处理的吞吐量的值越大，说明服务器处理业务的能力越强，但是在测试过程中不可能一次就测试出服务器吞吐量的值，必须经过多次测试才能找到吞吐量的值，即测试过程中一定要找到吞吐量的拐点，这样才能找到服务器处理业务时的最大吞吐量，亦即服务器最大的处理能力。

18. 网页细分图

（1）网页细分图，总共有 8 个图表：

①页面分解图总（ web page Diagnostics ）；

②页面组件细分图（ page comporment breakdown ）；

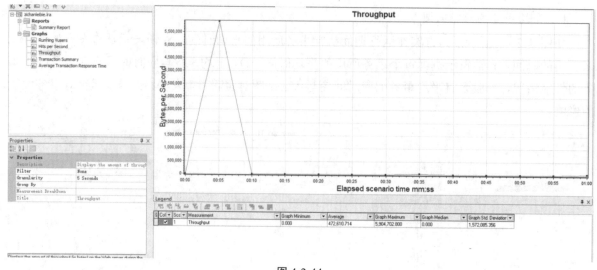

图 4-2-44

③页面组件细分图（随时间变化）（ page comportment breakdown overtime ）；

④页面下载时间细分图（ page download time breakdown ）；

⑤页面下载时间细分图（随时间变化）（ page download time breakdownover time ）；

⑥第一次缓冲时间细分图（ time to first buffer breakdown ）；

⑦第一次缓冲时间细分图（随时间变化）（ time to first buffer breaddownover time ）；

⑧已下载组件大小图（ Downloaded Component Size ）。

（2）页面分解图总：显示每个网页及其组件的平均下载时间（以秒为单位），查看所选择页面中哪个元素所占的平均下载时间最长。

（3）页面组件细分图：显示每个网页及其组件的平均下载时间（以秒为单位），查看所选择页面中哪个元素所占的平均下载时间最长。

（4）页面组件细分图（随时间变化）：此图适合在客户端下载组件较多时的页面分析，通过分析下载时间发现哪些组件不稳定或比较耗时。它是随整个场景运行的时间来变化的。

（5）页面下载时间细分图：页面下载时间细分图根据 DNS 解析时间、连接时间、第一次缓冲时间、SSL 握手时间、接收时间、FTP 验证时间、客户端时间和错误时间对每个组件进行分析。它可以确认在网页下载时期，响应时间缓慢是由网络错误引起，还是由服务器错误引起。

（6）页面下载时间细分图（随时间变化）：显示选定网页下载时间细分，从中能看到页面各个元素在压力测试过程中的下载情况。如果某个页面打开速度慢，通过对此图分析，可以清楚地看到打开该页面的时间主要在什么地方，再针对此问题进行优化。

（7）第一次缓冲时间细分图：指成功收到从 Web 服务器返回的第一次缓冲之前的这段时间内，每个页面组件的相关服务器和网络时间（以秒为单位），此图对分析页面的时间很重要。

（8）第一次缓冲时间细分图（随时间变化）：第一次缓冲时间是在客户端与服务器建立连接后，从服务器发送第一个数据包开始计时，数据经过网络传送到客户端后，再到浏览器收到第一个缓冲数据所用的时间。

4.3　Loadrunner 基准测试

基准测试（benchmarking）是一种测量和评估软件性能指标的活动。你可以在某个时候通过基准测试建立一个已知的性能水平（称为基准线），当系统的软硬件环境发生变化之后再进行一次基准测试以确定那些变化对性能的影响。这是基准测试最常见的用途。其他用途包括测定某种负载水平下的性能极限、管理系统或环境的变化、发现可能导致性能问题的条件等。

1. 脚本录制

（1）打开 LoadRunner 软件中的 Virtual User Generator，点击菜单栏中的创建新脚本的按钮，如图 4-3-1 所示。

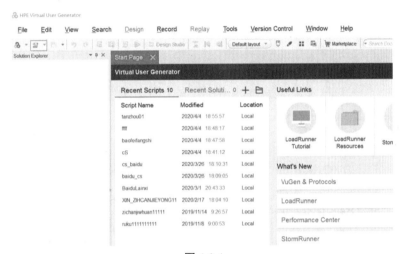

图 4-3-1

（2）进入新建页面，我们这里录制的是网站中的压力测试，所以选择 HTTP/HTML 协议，如图 4-3-2 所示。

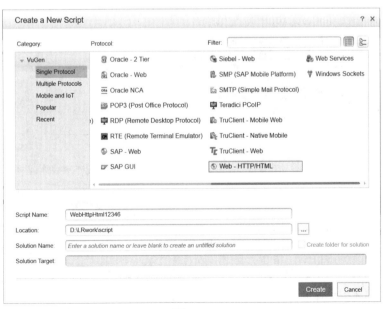

图 4-3-2

（3）创建好项目后，点击 Start Recording 按钮，弹出录制脚本的界面，如图 4-3-3、图 4-3-4 所示。

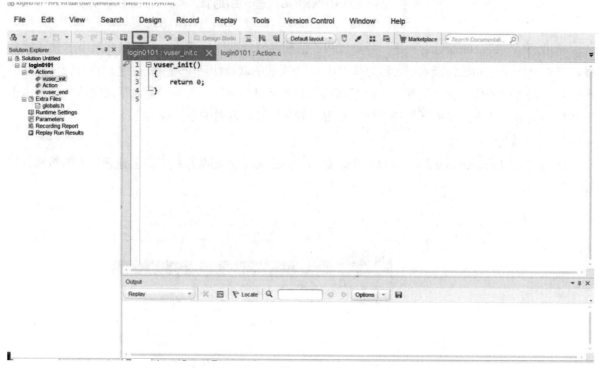

图 4-3-3

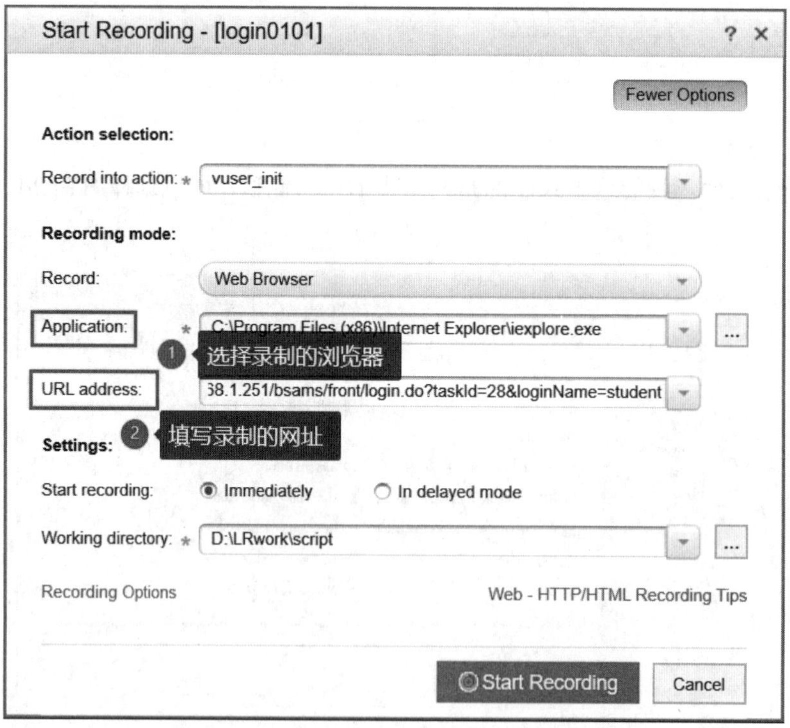

图 4-3-4

（4）填写好以后，点击【确定】，工具会自动调用浏览器，并且进入录入状态，你可以模拟网站登录的操作，如图 4-3-5 所示。

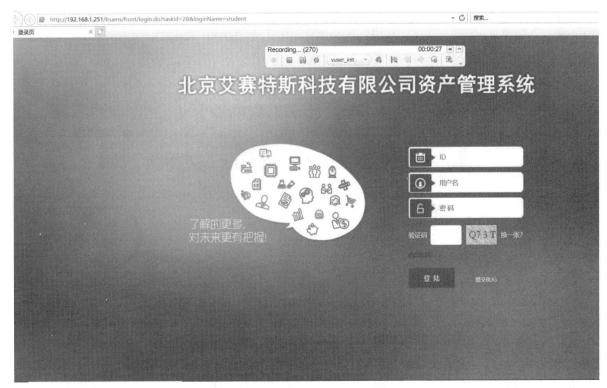

图 4-3-5

（5）模拟完了以后，记得点击停止脚本录制的按钮，如图 4-3-6 所示。

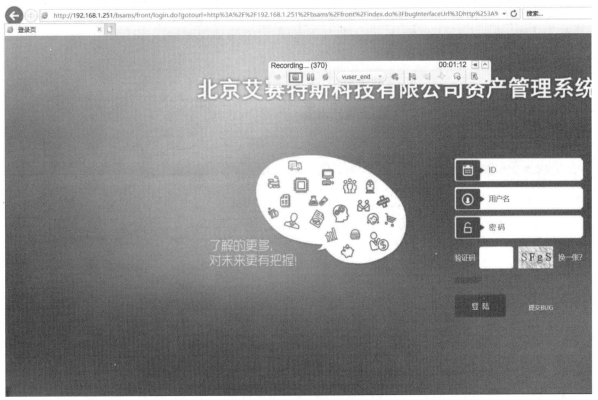

图 4-3-6

（6）录制完毕以后，工具会自动跳到录制摘要页面，将刚才录制的脚本信息展现给你，如图4-3-7 所示。

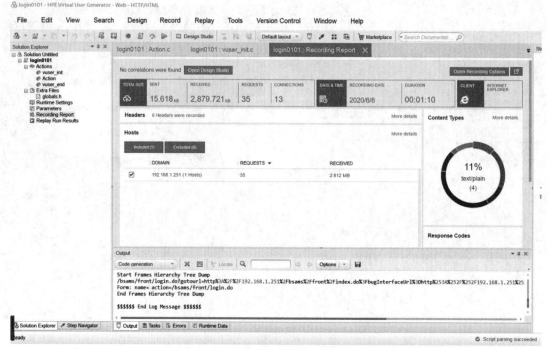

图 4-3-7

（7）如果脚本录制过程中遇到页面报错，则放弃录制，重新录制。要保证录制过程绝对正确。

（8）录制完成的脚本一定要回放。如果正确，再进行下一步增强脚本；如果不正确，要查找原因，如图 4-3-8 所示。

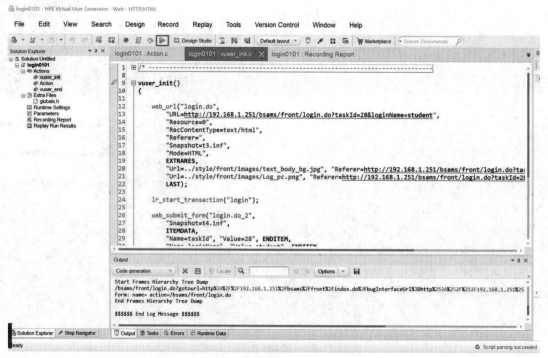

图 4-3-8

回放成功，如图 4-3-9 所示。

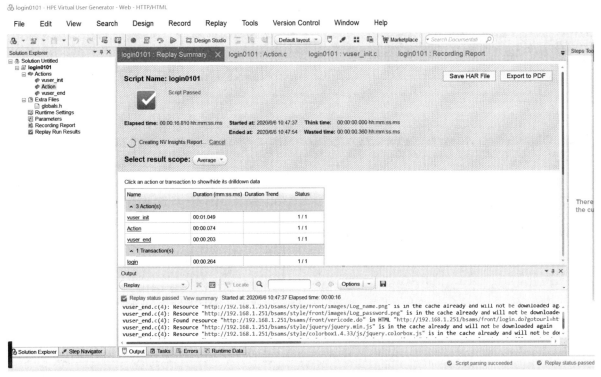

图 4-3-9

2. 基准测试步骤

（1）脚本调试，运行通过。

（2）放入控制台，打开控制台 Controller，如图 4-3-10 所示。

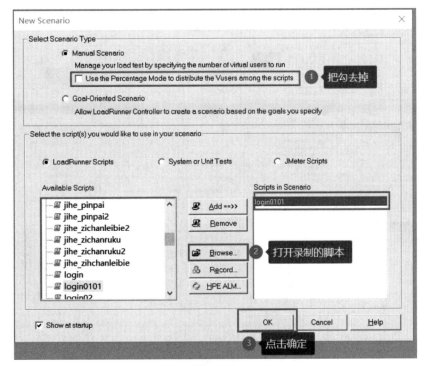

图 4-3-10

（3）控制台的参数设置，用户数为 1，如图 4-3-11 所示。

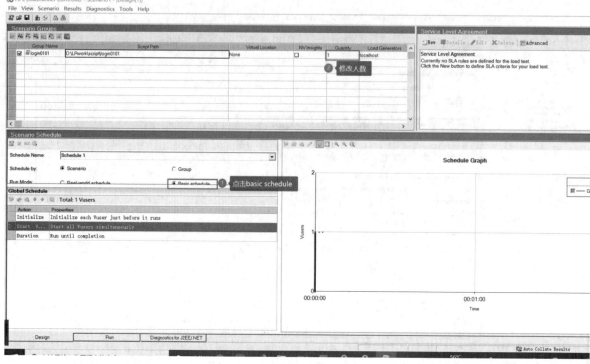

图 4-3-11

（4）虚拟用户部署不需要设置（global schedule），在 Run_time_settings 中设置，run logic 设置 5 次（10 次也可以），如图 4-3-12 所示。

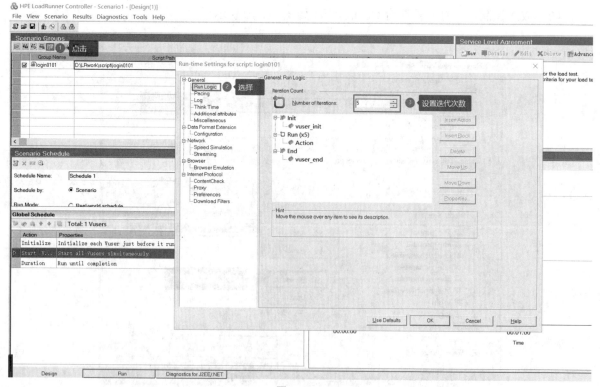

图 4-3-12

（5）pacing 值随机 2～3 秒，如图 4-3-13 所示。

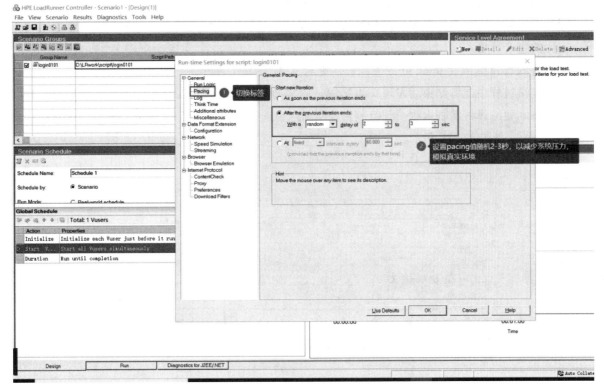

图 4-3-13

（6）think time 忽略（原因：单用户对系统压力很小，所以是否存在思考时间对结果影响不大），如图 4-3-14 所示。

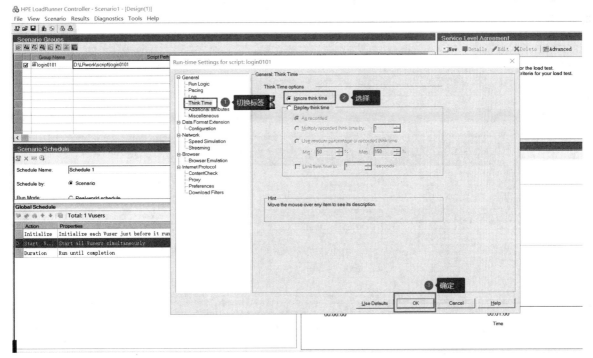

图 4-3-14

（7）Pacing 值：循环之间的时间间隔。一般情况下为 2~3 秒。

（8）Think time 值：步骤（操作）之间的时间间隔。

因为在线测试过程中，如果用户循环提交请求，但是每次循环之间没有间隔，则过于严格，不符合实际的生产环境。

如果将 pacing 值或者 think time 值调长，则对 AUT 的压力减小。

如果测试过程中或者结束后发现脚本错误，则需要重新修改脚本，修改脚本后实现如下步骤。修改后的脚本要编译将新脚本刷新到控制台，控制台中选中脚本，选择"details"按钮—>refresh（刷新）—>script，如图 4-3-15 所示。

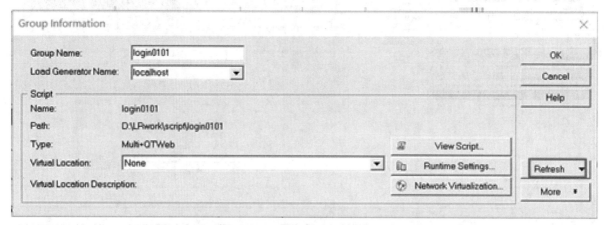

图 4-3-15

（11）点击运行场景按钮，如图 4-3-16 所示。

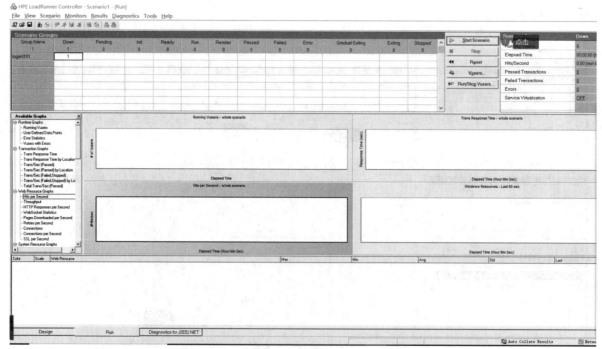

图 4-3-16

4.4　Loadrunner 并发测试

1.创建脚本

创建脚本，如图 4-4-1 所示。

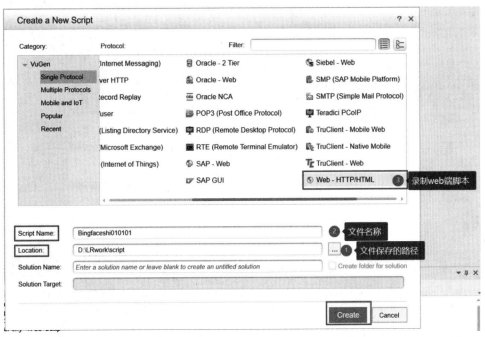

图 4-4-1

2. 录制脚本

录制脚本，如图 4-4-2 所示。

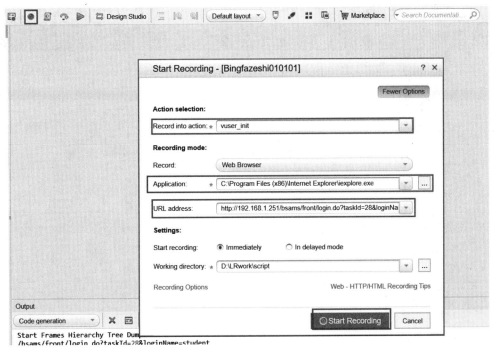

图 4-4-2

3. 根据需求录制脚本

（1）填写完用户名、密码，点击开始事务，点击登录，如图 4-4-3 所示。

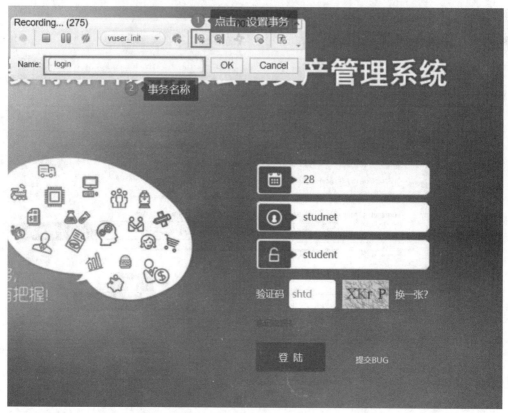

图 4-4-3

（2）登录成功，点击添加检查点，如图 4-4-4 所示。

图 4-4-4

（3）结束事务，如图 4-4-5 所示。

图 4-4-5

（4）切换 action 模式，录制资产类别，如图 4-4-6 所示。

图 4-4-6

（5）点击新增，填写类别名称，类别编码。点击开始事务，点击保存，设置检查点，结束事务，如 4-4-7、图 4-4-8 所示。

图 4-4-7

图 4-4-8

①集合点：要测并发需要插入集合点，只能插入一个集合点，而且，集合点的插入要在事务的前面，否则会影响事务的响应时间。

②开始事务：测试操作的响应时间之前，先插入开始事务，这是测试性能的关键。

③结束事务：结束事务名和开始事务名必须一样，否则验证回放的时候会报错。

（6）录制完成之后，首先关闭浏览器，然后点击停止录制，要等一会儿，会自动生成脚本，如图 4-4-9 所示。

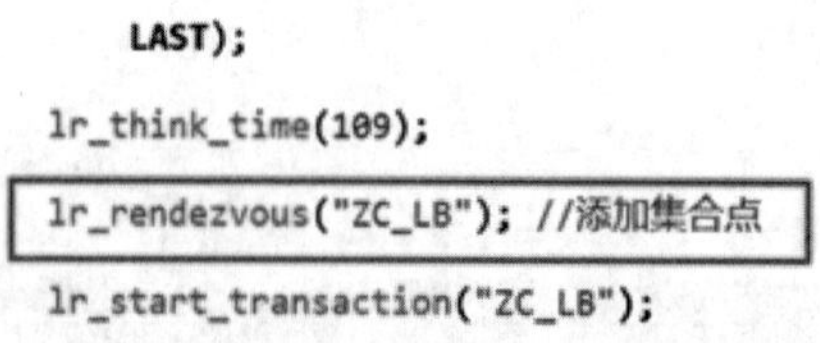

```
        LAST);

    lr_think_time(109);

    lr_rendezvous("ZC_LB"); //添加集合点

    lr_start_transaction("ZC_LB");
```

图 4-4-9

4. 参数化

参数化是为了并发，如测试多个 Vuser，登录名和密码不能只是一个，这个时候就需要将登录名和密码参数化。

参数化的步骤是，先选定类别名称或者类别编码，右键单击→replace with a Parameter（参数化替换）→出现 select or Create Parameter，定义一个参数名，同理参数化密码，如图 4-4-10、图 4-4-11 所示。

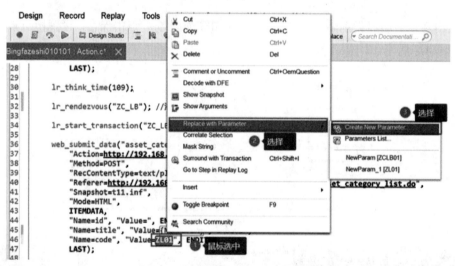

图 4-4-10

图 4-4-11

5. 设置参数池

设置参数池，如图 4-4-12、图 4-4-13 所示。

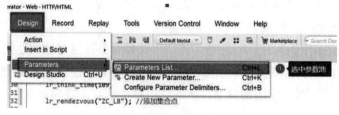

图 4-4-12

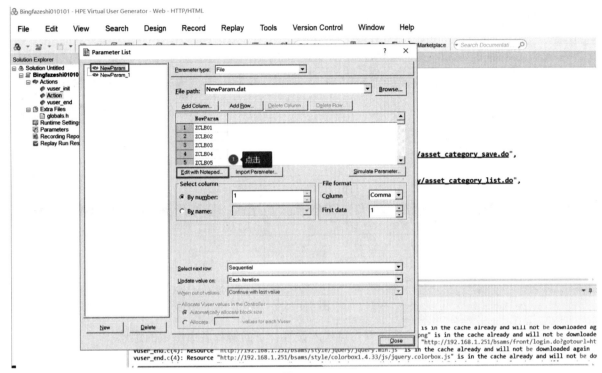

图 4-4-13

6. 创建场景、选择脚本、设置场景

（1）选择脚本，如图 4-4-14 所示。

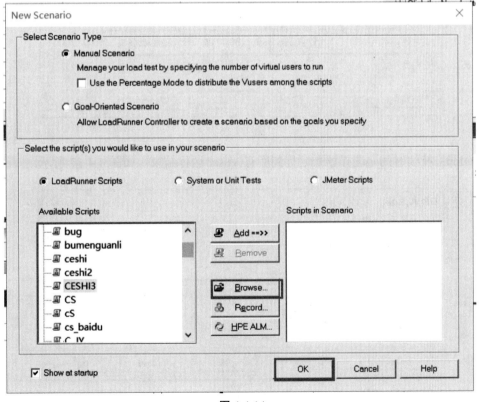

图 4-4-14

（2）设置 Vusers 数，虚拟用户数为 50 个虚拟用户，如图 4-4-15 所示。

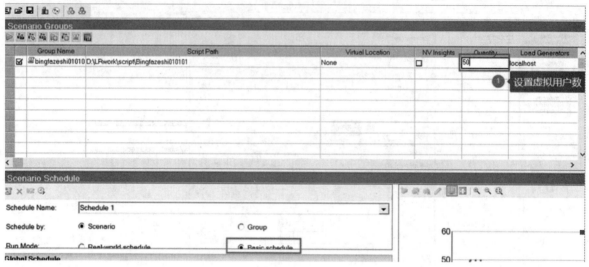

图 4-4-15

（3）在场景中，设置如下参数，双击可进入设置。下面解释各个参数的意思：

①Start Vusers：图 4-4-16 的意思是，每 5 秒开启 25 个虚拟用户。

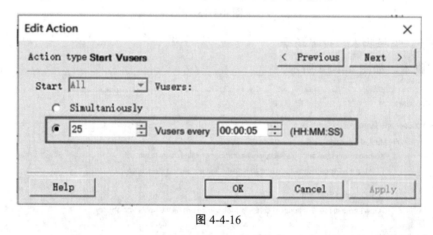

图 4-4-16

②Duration：持续时间，选择场景运行到所有 Vuser 运行结束，如图 4-4-17 所示。

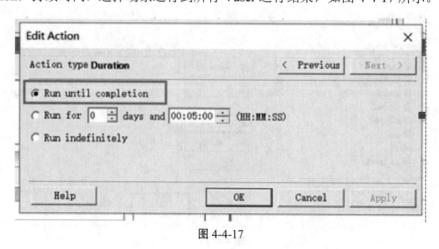

图 4-4-17

7. 设置集合点策略

选择设置 25 个虚拟用户到达集合点时释放，如图 4-4-18、图 4-4-19 所示。

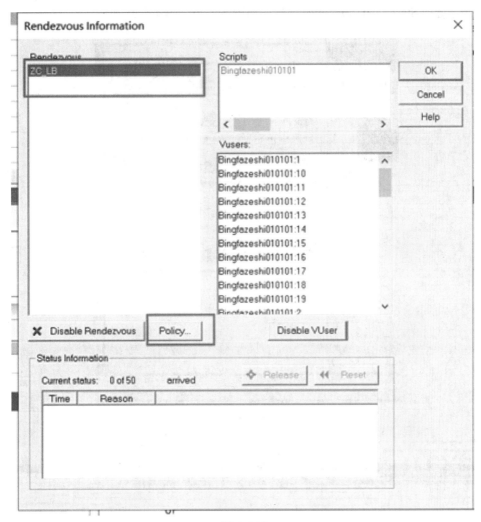

图 4-4-18

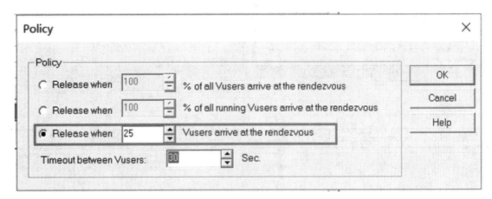

图 4-4-19

有三种设置方式：

第一种：当达到所有虚拟用户的 100%的时候，释放集合点。

第二种：当达到正在运行的虚拟用户的 100%的时候，释放集合点。

第三种：当达到设定虚拟用户的时候，释放集合点。

8.开始运行场景

点击 run，选择 Start Scenario，开始场景，如图 4-4-20、图 4-4-21 所示。

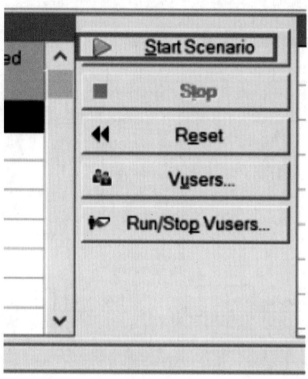

图 4-4-20

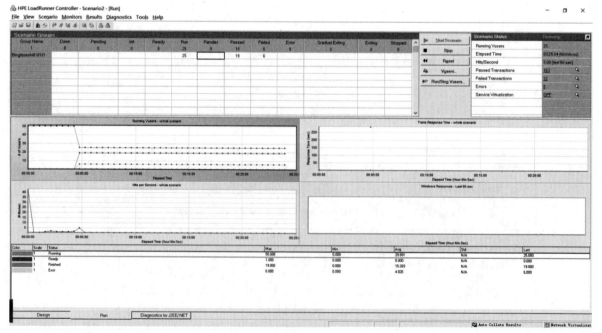

图 4-4-21

9. 打开结果分析器

打开结果分析器 Analysis，如图 4-4-22、图 4-4-23 所示。

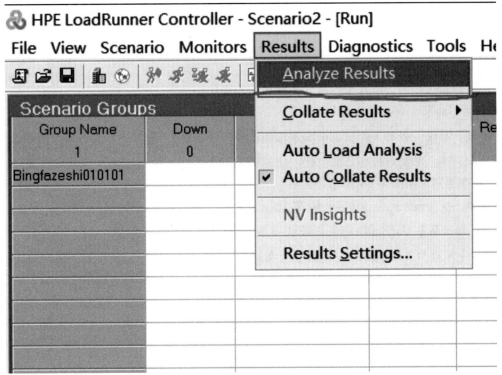

图 4-4-22

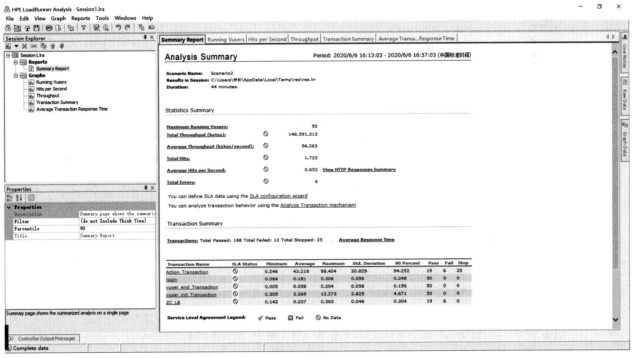

图 4-4-23

4.5 Loadrunner 综合场景测试

综合场景的几个要素：多用户、多个脚本（至少 3 个）、在线执行（多种操作）一段时间（1 小时、50 分钟等），一般是不加并发点。

注意：只要是多用户，就存在并发。

综合场景测试过程中，所有用户循环执行相应的操作。

1. 录制三个脚本（测试点）：

资产类别、品牌、资产入库；每个脚本都加检查点（手工），准备进行综合场景测试。

开始录制脚本，录制过程和之前一样，注意添加检查点、事务点。

（1）资产类别，如图 4-5-1 所示。

New 脚本 -> vuser_init -> 输入 ID、用户名、密码和验证码

    -> 开始事务 login -> 点击登录-> 结束事务 login

      -> 改为 Action -> 点击资产类别

      -> 选择新增填写内容 -> 开始事务 ZCLB001

      -> 点击保存 -> 添加检查点为资产名称

      -> 结束事务 ZCLB001

      -> 改为 vuser_end -> 点击退出 -> 关闭浏览器 -> Stop

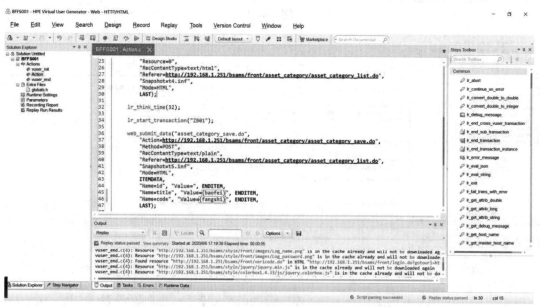

图 4-5-1

（2）品牌，如图 4-5-2 所示。

New 新建 -> 改为 vuser_init -> 输入 ID、用户名、密码和验证码

        -> 开始事务 login -> 点击 Login -> 结束事务 login

        -> 改为 Action -> 点击品牌

->新增填写相应内容 -> 开始事务 PIN001->点击保存按钮

　　　　-> 设置检查点为品牌名称 -> 结束事务 PIN001

　　　　-> 改为 vuser_end -> 点击退出 -> 关闭浏览器 -> Stop

图 4-5-2

（3）资产入库，如图 4-5-3 所示。

New 新建 　-> 改为 vuser_init -> 输入 ID、用户名、密码和验证码

　　　　-> 开始事务 login -> 点击 Login -> 结束事务 login

　　　　-> 改为 Action -> 点击资产入库

-> 点击入库登记->填写相关内容->开始事务 PIN001->点击保存按钮

　　　　-> 设置检查点为品牌名称 -> 结束事务 PIN001

　　　　-> 改为 vuser_end -> 点击退出 -> 关闭浏览器 -> Stop

图 4-5-3

注意：检查点会浪费性能，所以手工添加检查点时，只需 1~2 个即可。

场景设置的前提：确保脚本录制、调试、回放成功，如图 4-5-4 所示。

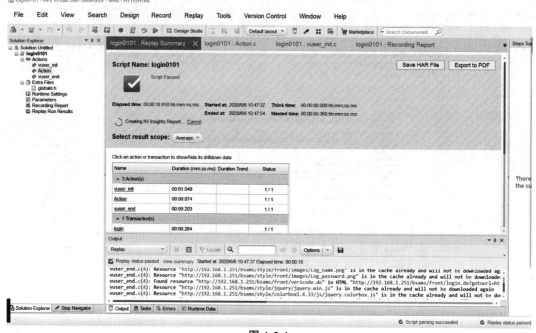

图 4-5-4

需求：50 用户综合场景。

综合场景设置要求：

 ①修改脚本；

 ②设置场景；

 ③虚拟用户加载部署情况；

 ④Run-time Settings 设置。

2. 修改脚本

如图 4-5-5 所示，脚本事务中的 think time 要删除或者移到事务之外。

原因：如果综合场景测试保留 think time，在事务之内会起作用，从而影响事务的响应时间，导致结果不准确。

操作：对三个脚本都要移动 资产类别 品牌 资产入库

（包括：init、Action、end 都要找遍）

```
lr_think_time(25);
lr_start_transaction("login");
...其中没用思考时间...
lr_end_transaction("login", LR_AUTO);
```

注意：修改后脚本都需要重新编译。如果脚本中有并发点，要注释掉。这是因为，综合场景中有并发，但是不需要产生瞬时压力，无须设置集合点。

```
//lr_rendezvous("buy");
```

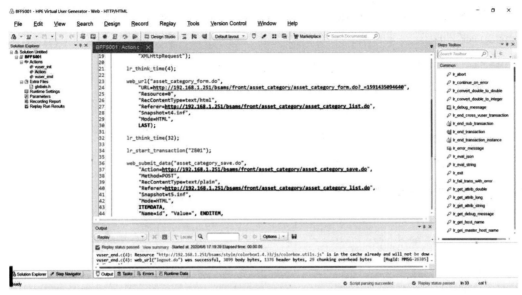

图 4-5-5

3. 设置场景

图名如图 4-5-6 所示。

打开控制台 -> New Scenario -> Browse 浏览 找到具体的脚本

　　-> 依次选择三个脚本 -> OK

　　-> 进入场景配置界面 保证 3 个脚本都打钩

　　-> 单选 Basic schedule

　　Group Name 默认就是脚本名　　Quantity

　　bffs001　　　　　　　　　　　　20

　　zcrk001　　　　　　　　　　　　10

　　pp001　　　　　　　　　　　　　20

　　一共 50 个 VU，保持合适的比例，平时根据客户的需求设定。

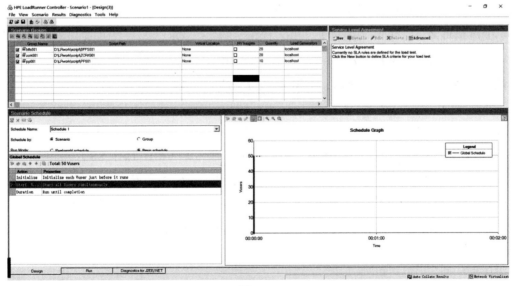

图 4-5-6

接着，还需处理 Scenario Schedule：

Schedule by：

Scenario　默认按照场景方式（选择）

特点：所有脚本共享同一场景

按场景：场景中，多个VU统一配置、行动

　或 Group 按组方式，分组设置场景

按组：每个组，组内VU统一行动（按组行动）

重点设置左下角 Global Schedule：

如图 4-5-7 所示

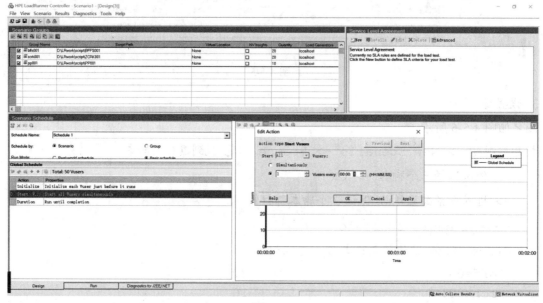

图 4-5-7

以上三个脚本都选中，一次配置三个（出现黑框）

->Start Vusers 双击-> 设置一个小的递增　单选第2项

-> 1 虚拟用户　　00：00：01 [HH：MM：SS] -> OK

每隔1秒钟加载一个虚拟用户

->及时观察右边效果图：锯齿状，如图 4-5-7（续）所示。

Duration 双击

如图 4-5-8、图 4-5-9 所示。

-> 单选第2项：Run for 0 days and 00：30：00（HH：MM：SS）

-> OK　确定指定的时间 30 分钟（项目中一般50分钟、1小时）

如果第1项：Run until completion 直到结束，适合于循环，确定次数；

如果第3项：Run indefinitely　一直跑，直到手动停止

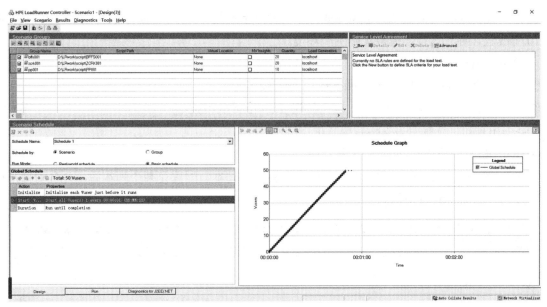

图 4-5-7（续）

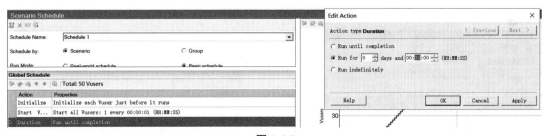

图 4-5-8

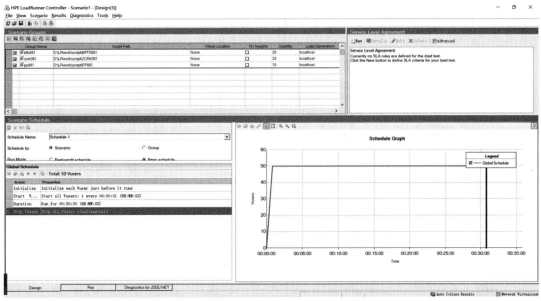

图 4-5-9

4. 虚拟用户加载部署情况

（1）每隔 1 秒钟加载 1 个 VU。

（2）Duration：30 分钟。

说明：由于 Duration 运行的是 Action 部分，所以指的是 VUs 登录后运行 30 分钟。10 个虚拟用户，10 个线程，各自运行，模拟实际生产环境。

（3）Run-time Settings 设置：

①设置左上角按钮：Run-time Settings （细节较多）。

②选择三个脚本（出现黑框）-> 点击按钮 Run-time Settings。

③->弹出窗口，选择"多"运行模式 RTS 的简写。

④Share RTS 共享/IndividualRTS 独立的。

⑤先选择 Individual RTS 独立的，会依次配置每个脚本，配置完某个脚本后，会自动打开窗口配置后续的，如图 4-5-10 所示。

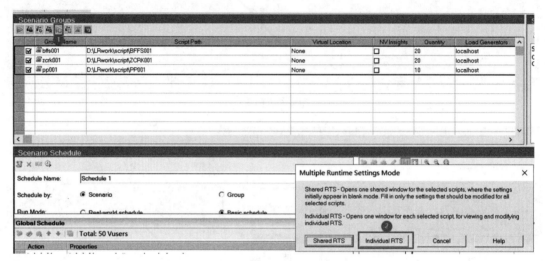

图 4-5-10

⑥Run Login -> Number of Iterations：1 不变，如图 4-5-11 所示。

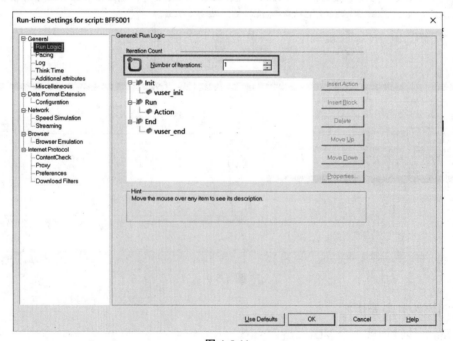

图 4-5-11

⑦Pacing -> 改为第 2 项 After the previous iteration ends：　随机间隔 2~3 秒，如图 4-5-12 所示。

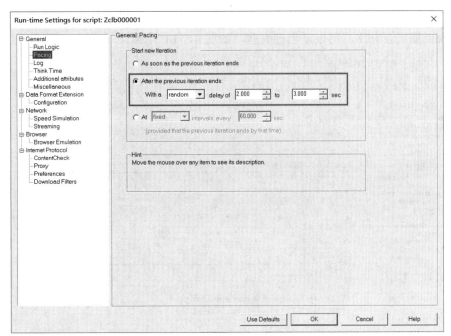

图 4-5-12

⑧Log -> Enable logging　（选择）如图 4-5-13 所示。

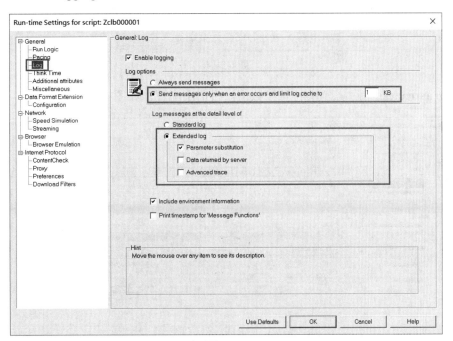

图 4-5-13

（4）Log options：

Send messages only when an error occurs 出错时才发日志（选择）

Alwarys send message　总是发日志

Log message at the detail level of：

Standard log 标准日志（选择）

Extended log 扩展日志

Think time：随机百分比，可以适当调大些，如图 4-5-14 所示。

Use random percentage of recorded think time:

Min: 50%   Max: 150%

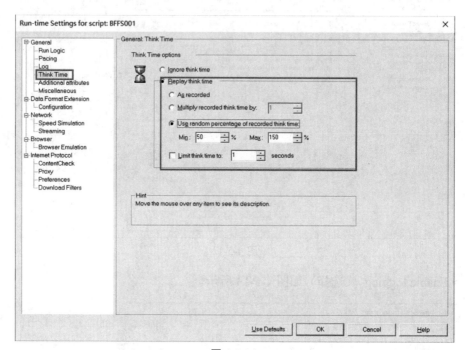

图 4-5-14

Additional attributes： 附属选择/特殊参数值，目前不配置，如图 4-5-15 所示。

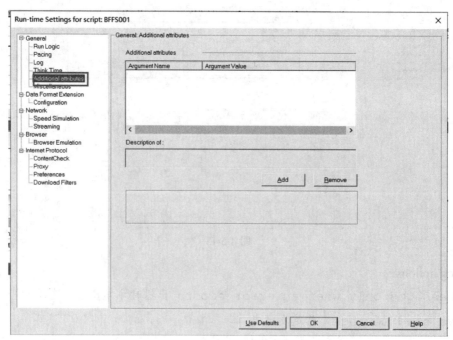

图 4-5-15

（5）Miscellaneous：

如图 4-5-16 所示

①Error Handling 中 -> Continue on error　打钩出错时继续

原因：长时间测试过程中会执行大量的事务，不要因为某个错误而停止场景的运行。

说明：

②Error Handling 中 Continue on error 出错时继续（选择），Fail open transactions on lr_error_message 使用不多；Generate snapshot on error 出错时，生成快照，使用不多。

原因：会增加工具资源消耗，影响测试结果

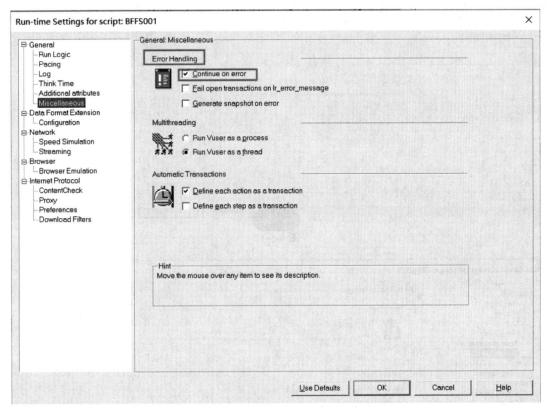

图 4-5-16

（6）Multithreading 中 Thread 线程如图 4-5-17 所示。

①Run Vuser as a process　以进程方式（比较消耗资源）；

②Run Vuser as a thread　以线程方式［（比较省资源）默认（选择）］。

（7）Automatic Transactions 中自动定义事务如图 4-5-18 所示。

①Define each action as a transaction：

每一个 Action 都作为一个事务，比如脚本中有 3 个。

②Define each step as a transaction：

每一个步骤都作为一个事务（每一句代码，产生过多的响应时间结果）。

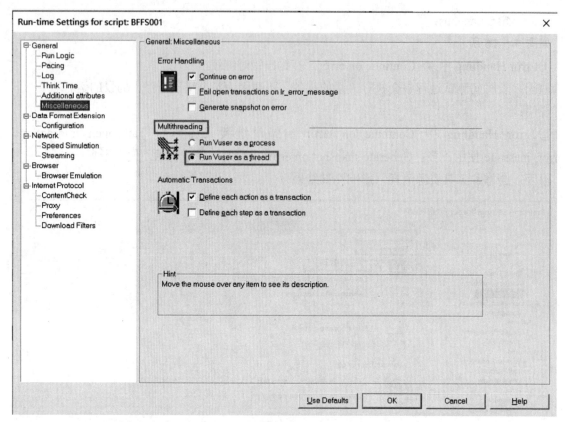

图 4-5-17

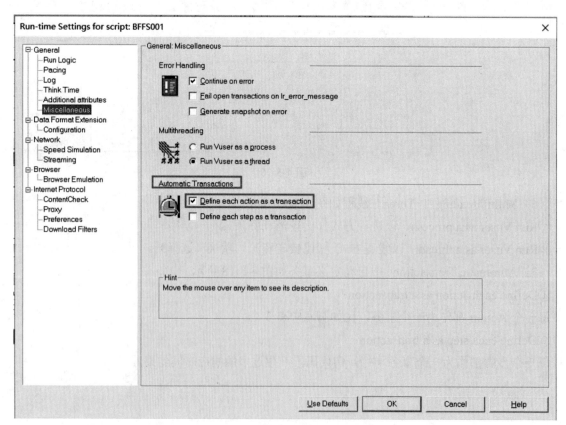

图 4-5-18

（8）Network：

如图 4-5-19 所示

　　Speed Simulation -> Network Speed：模拟网速

　　Use maximum bandwidth：使用最大带宽（选择）

　　准备一个充足的带宽，将最大压力呈现给服务器

　　Use bandwidth：使用选择的带宽

　　Use custom bandwidth（bps）：使用用户自定义带宽

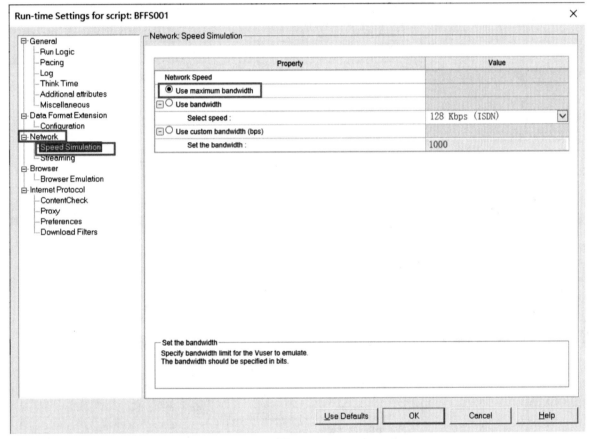

图 4-5-19

（9）Browser：

如图 4-5-20、图 4-5-21 所示：

　　Browser Emulation -> 模拟浏览器

　　Browser properties 属性配置

　　User-Agent 浏览器信息...

　　Simulate browser cache 模拟浏览器的 Cache 缓存

　　目的：提高客户端的浏览速度　-> （去掉打钩！）

　　Cache URLs requiring content [HTMLs]

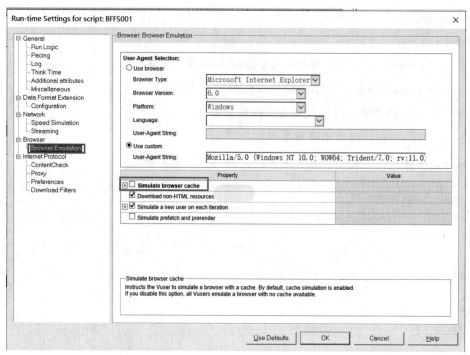

图 4-5-20

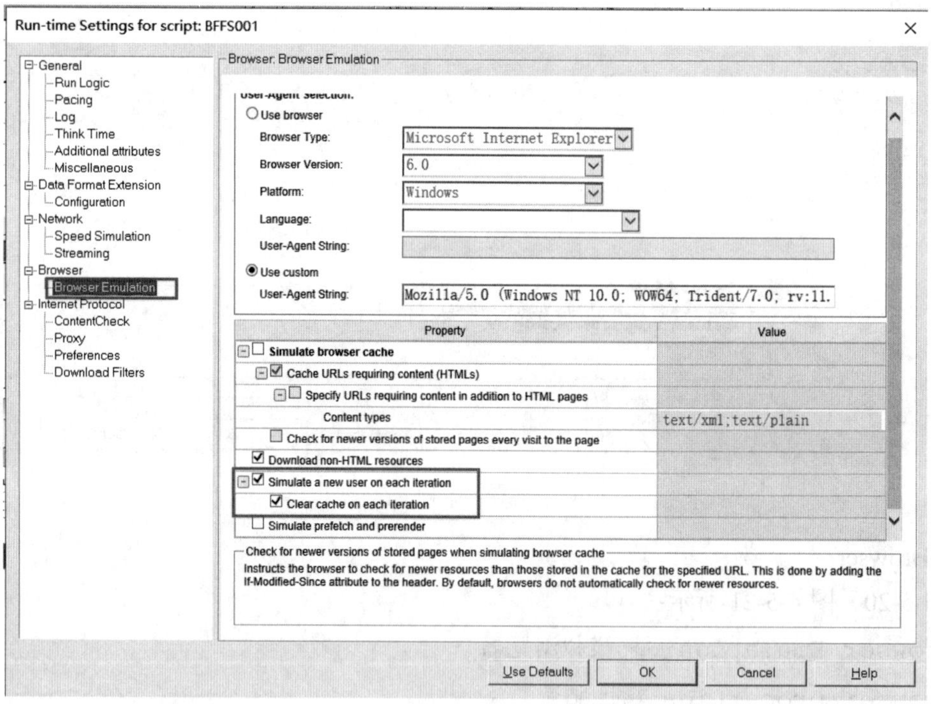

图 4-5-21

Check for newer versions of stored pages every visit to the page，如图 4-5-22 所示：

Download non-HTML resources 下载非 HTML 资源（打钩）

Simulate a new user on each iteration 模拟新用户（打钩）

Clear chache on each iteration 每次迭代清缓存（打钩）

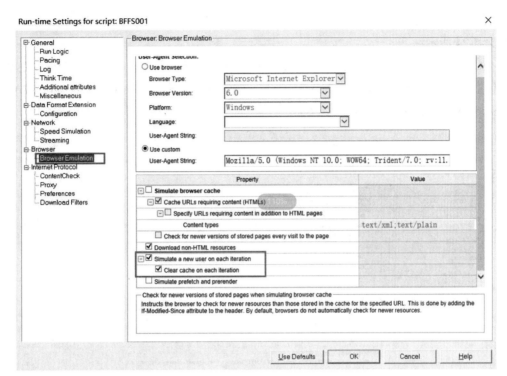

图 4-5-22

（10）Internet Protocol：

如图 4-5-23 所示：

Proxy: No proxy 默认不要代理 （默认打钩）

Use custom proxy 如果使用公司代理服务器，则选择。

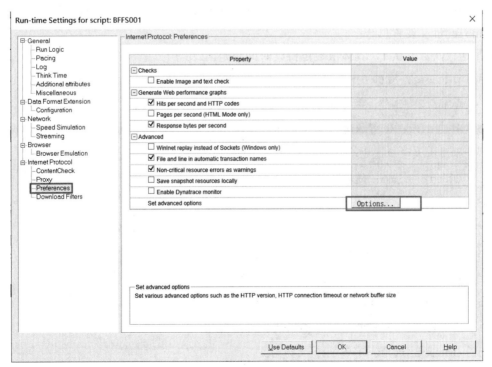

图 4-5-23

（11）Preferences：

如图 4-5-24 所示：

① -> Options... 打开 -> 将三个 120 改为 60 0，指的是超时时间，保证充分时间，达到成功。包括 HTTP-request connect timeout（sec）-> 600、HTTP-request receive timeout（sec） -> 600、Step download timeout（sec）-> 600。

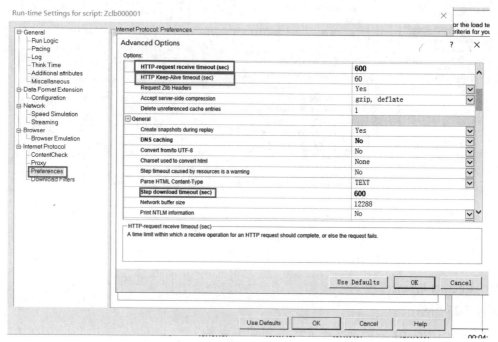

图 4-5-24

②点击 OK 后 -> 开始第二脚本的设置。依次完成 buy.3、search、scan 的设置。

run-time settings 设置总结：

说明：迭代次数默认 1，具体次数由持续时间决定。

　　a. pacing：随机 4~6 秒 或 5~9 秒，选择第 2 项

　　　　正常：2~3 秒，教学机较慢，设置偏大些，保证不出错

　　b. 日志 log：保留原有选项（出错时发送）

　　　　原因：大量日志也会占用磁盘空间。

　　c. Think time：随机百分比，适当调大 200% ~ 300%

　　d. Continue on error：错误时继续

　　　　原因：长时间执行大量事务，个别出错继续运行，不影响全局。

　　e. Vuser 选择 线程方式，节省系统资源

　　f. 网络：模拟用户的网络，使用最大带宽

　　g. 模拟缓存：选择不模拟

　　　　使用场合：对 AUT 实施严格测试、门户网站

　　h. Option 选项：3 个 120 改为 600

　　　　一般疲劳测试设置 600 足够了。

i．选择监控 AUT 服务器资源时注意：

网络选 loopback（回环，前提当前服务器为本机；如果服务器不是本机，一定不能选回环）。

选择磁盘（或 CPU）资源时，遇到 total 就选 total.

j．加完资源，就可以运行场景。

（12）Windows resources 配置：

①右击窗口-> 如图 4-5-25 所示：

Add Measurements... ->

Monitered Server Machines：选机器　点击 Add.按钮 ->

Machine Information:

Name：localhost 指定监控服务器的 IP 地址主机名

目前就是本地主机

Platform：WINXP，如图 4-5-26 所示：

-> OK

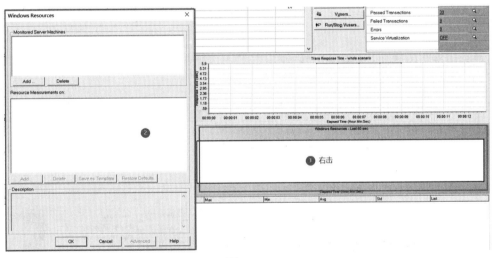

图 4-5-25

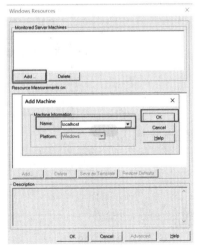

图 4-5-26

② Resource Measurements on：localhost，清空里面所有选项，如图 4-5-27 所示：

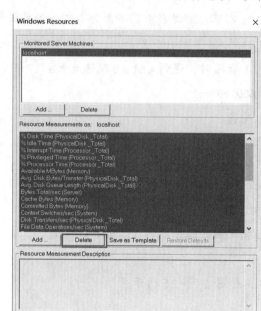

图 4-5-27

③自己完成选项的添加，如图 4-5-28 所示。

-> 点击 Add 按钮 -> 选择以下内容：

（13）Memory 中有 4 项：（内存），如图 4-5-28 所示。

```
Available MBytes-> Add
%Committed Bytes in Use -> Add
Page Faults/sec  -> Add
Pages/sec  ->Add
```

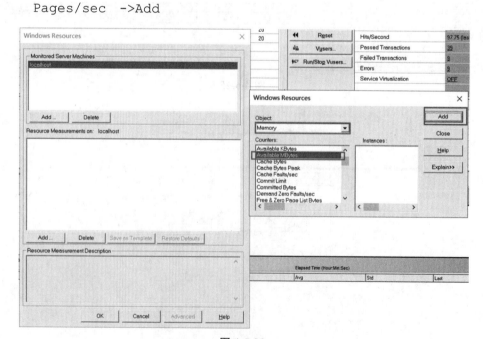

图 4-5-28

（14）Network Interface 中有 2 项（网络），如图 4-5-29 所示。

```
Bytes Total/sec -> MS TCP Loopback inter...回环-> Add
            本地主机才选回环
Packets/sec    -> MS TCP Loopback inter...回环-> Add
            本地主机自己和自己通信，用回环
```

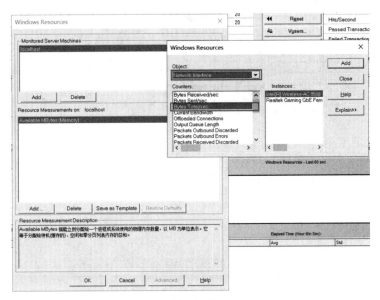

图 4-5-29

（15）PhysicalDisk 中有 4 项（2 个队列）：

（磁盘）见到 Total 就选，如图 4-5-30 所示。

```
Avg.Disk Queue Length      ->  Total  -> Add
Current Disk Queue Length  ->  Total  -> Add
Disk Read Bytes/sec        ->  Total  -> Add
Disk Write Bytes/sec       ->  Total  -> Add
```

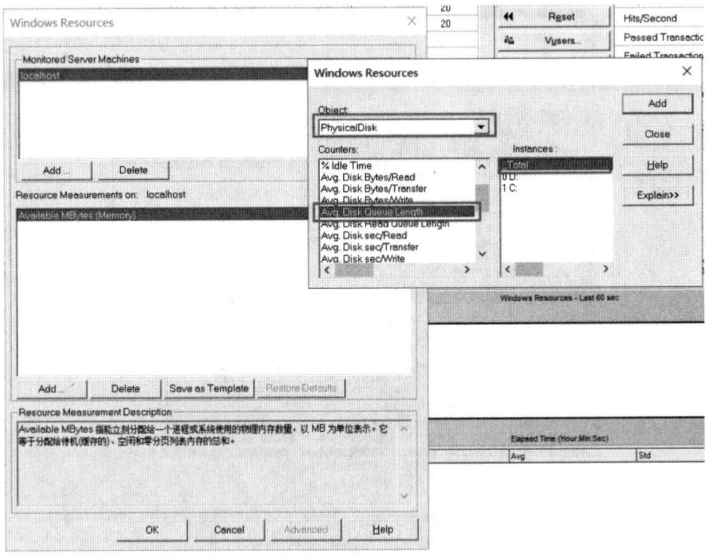

图 4-5-30

（16）Processor 中有 2 项（进程），如图 5-31：

```
%Processor Time -> Total  -> Add Total 表示总和
 %User Time -> Total  -> Add
```

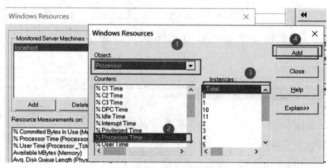

图 4-5-31

（17）System 中有 1 项（系统），如图 5-32、图 5-33：

```
 Processor Queue Length  -> Add
-> OK
```

-> 加完资源，可以运行场景。

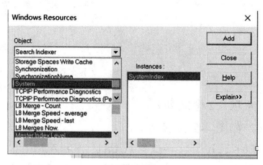

图 4-5-32

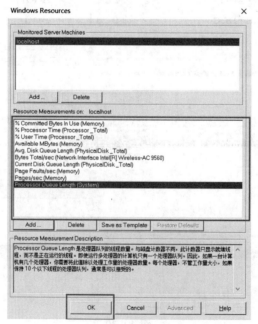

图 4-5-33

（18）点击 Start Scenario，如图 4-5-34 所示。

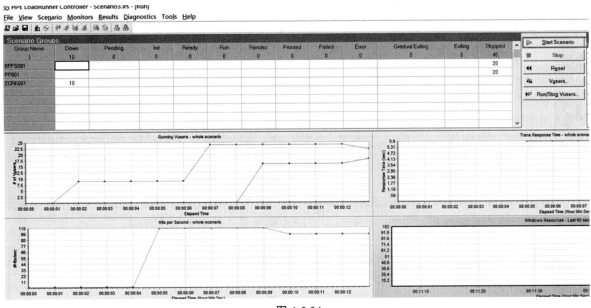

图 4-5-34

注意：运行过程中如果有错误，观察 Scenario Status 中的 Errors 部分 0（点开链接，寻找出错原因），如图 4-5-35 所示。如果是场景设置问题，需要重新设置场景，重新运行；如果是脚本的问题，需要停止场景并调试脚本，重新运行。

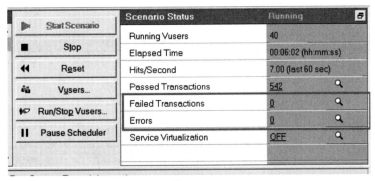

图 4-5-35

（19）运行过程中，要关注几幅图的含义：

Running Vusers - whole scenario 表示整个正在运行的虚拟用户数，如图 4-5-36 所示。

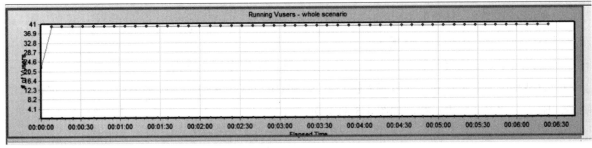

图 4-5-36

Trans Response Time - whole scenario 表示事务响应时间，比如蓝色线表示 login，较短表示所有虚拟用户全部登录了，点击某条线看到具体信息，如图 4-5-37 所示。

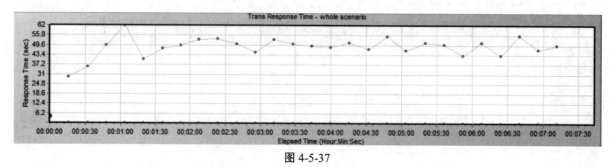

图 4-5-37

Hits per Second - whole scenario 表示点击率，刚开始比较高，后来平稳了，因为刚开始有登录操作，看性能，主要看折线是否较陡，或看单位时间内的情况，如图 4-5-38 所示。

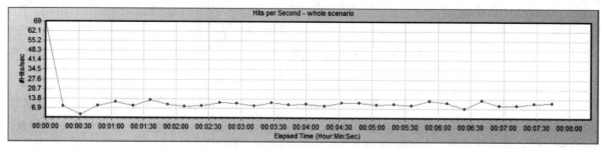

图 4-5-38

Windows Resources - Last 60 sec 如图 4-5-39 所示。

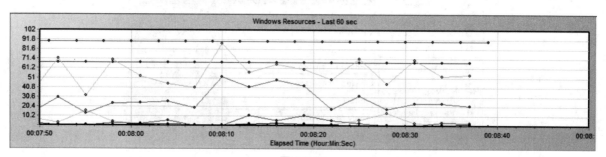

图 4-5-39

注意：

①当场景中 Duration 到达指定时间时，会向所有的 VUs 发出退出系统的指令，所有 VUs 运行完当前的 Action 后退出系统。

②错误查看方式：如果发现 Error，点击打开 Output 窗口，选中错误 -> 点击 Details 按钮-> 显示错误的详细信息，如图 4-5-40 所示。

③如果场景中监控服务器资源为负值，不是问题，不需要停止场景。

④如果发现设置不合理，或者脚本错误导致场景中出现大量错误，则需要停止场景，重新调试脚本，刷新，部署好后再运行，如图 4-5-41 所示。

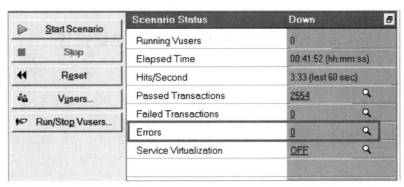

图 4-5-40

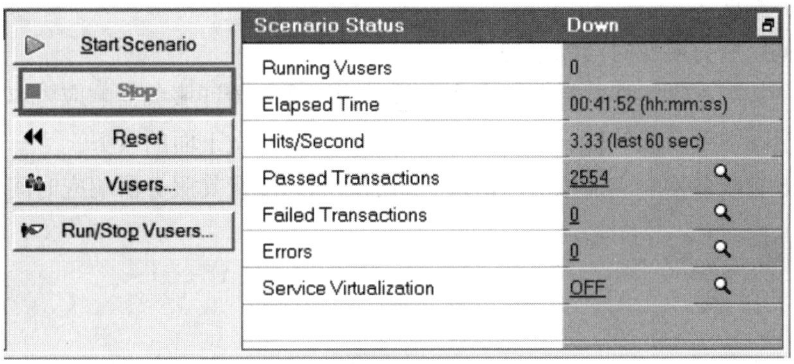

图 4-5-41

（20）打开 Analysis，保存结果报告，之后再分析，如图 4-5-42 所示。

①将场景文件保存：保存相应文件夹用户综合场景测试。

③　将结果报告保存：保存相应文件夹用户综合场景测试之后分析。

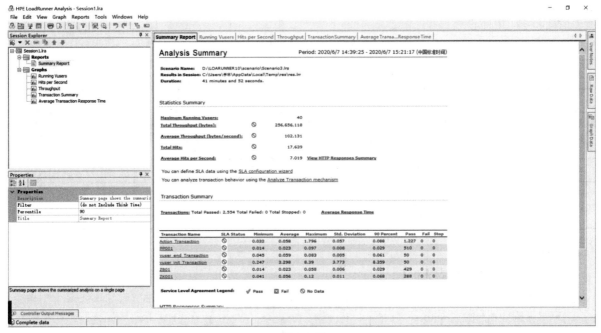

图 4-5-42

4.6 资产管理系统性能测试总结报告

4.6.1 简介

1.目的

预估系统性能指标，分析系统性能缺陷，完善系统性能标准。

2.术语定义

性能测试：性能测试是指通过用自动化工具模拟多种正常、峰值及异常负载条件来对对系统的各项性能指标进行测试。

平均响应时间：所有响应时间的平均值。

检查点：在回放脚本期间搜索**特定的文本字符串或图像**来验证服务器响应内容的正确性。

集合点：衡量在加重负载的情况下能够用最大用户并发去做下面的事务。

事务：事务是指服务器响应虚拟用户请求所用的时间为**度量其服务器响应时间**。

4.6.2 测试策略

1.测试方法

性能测试过程描述，Loadrunner 的 3 个应用工具在测试过程中的使用说明：

（1）使用性能测试工具 Loadrunner 中的 Virtual User Generator 录制脚本、保存脚本。

（2）使用性能测试工具 Loadrunner 中的 Controller 设置场景、保存场景。

（3）使用性能测试工具 Loadrunner 中的 Analysis 分析测试结果。

2.用例设计

用例设计见表 4-6-1。

表 4-6-1 用例设计

压力点名称	资产借用登记		脚本名称	C_JY
步骤	操作	是否设定并发点	是否设定事务	事务名称
1	输入 URL 地址并打开资产系统	否	否	
2	输入正确用户名密码进行登录	否	否	
3	登录成功后进入资产借用模块	否	否	
4	点击借用登记	是	是	T_JY
5	退出登录，关闭浏览器	否	否	

3.测试场景

场景设置内容填写在表 4-6-2。

表 4-6-2 场景设置内容

场景名称	用户总数	集合点人数	用户递增策略		停止策略
			递增数量	递增间隔（S）	
C_JY	40	20	10	15	场景运行到所有 Vuser 运行结束

4.6.3　性能测试实施过程

1.性能测试脚本设计（附图）

（1）init 登录部分脚本截图。截取登录脚本截图，包含左侧结构树用户名和密码登录部分脚本，如图 4-6-1 所示。

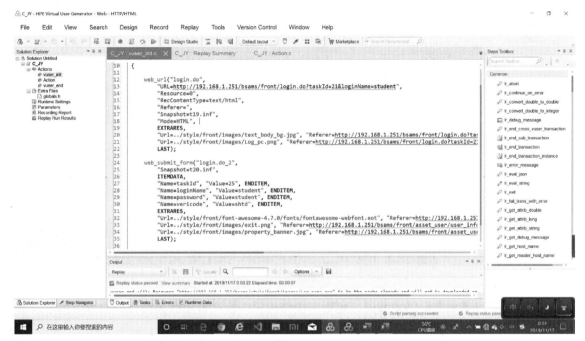

图 4-6-1

（2）用 action 中进行借用登记部分操作截图。资产借用部分脚本截图，包括左侧结构树，资产借用登记操作，检查点，集合点以及事务脚本，如图 4-6-2 所示。

图 4-6-2

（3）end 退出部分脚本截图。截取退出部分脚本截图，包括左侧结构树和退出部分脚本，如图 4-6-3 所示。

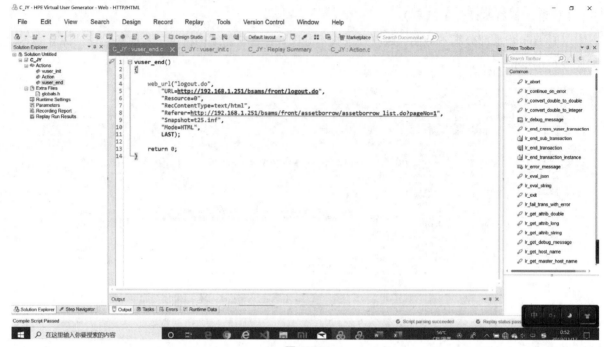

图 4-6-3

（4）回放资产借用登记脚本截图。包括左侧结构树，资产借用登记操作和检查点脚本，如图 4-6-4 所示。

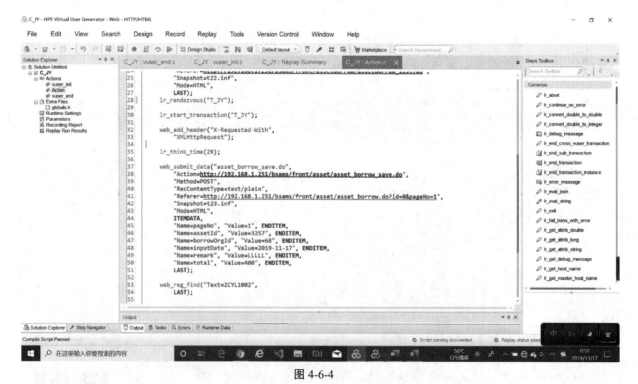

图 4-6-4

（5）回放日志中的检查点成功日志截图。截取回放检查点日志截图，如图 4-6-5 所示。

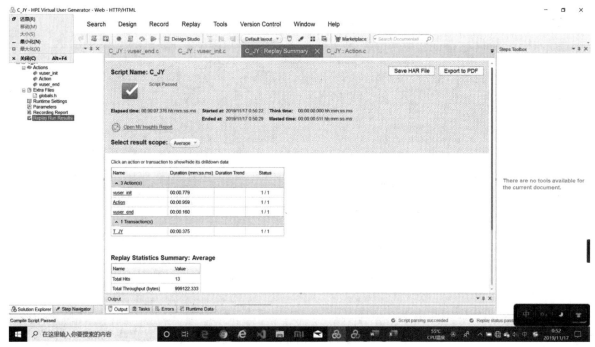

图 4-6-5

（6）资产名称参数化截图。截取资产借用登记脚本中资产名称参数化信息截图，包括脚本中参数化名称和参数化设置，如图 4-6-6、图 4-6-7 所示。

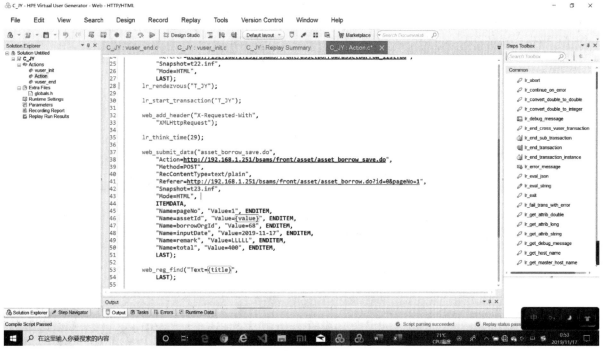

图 4-6-6

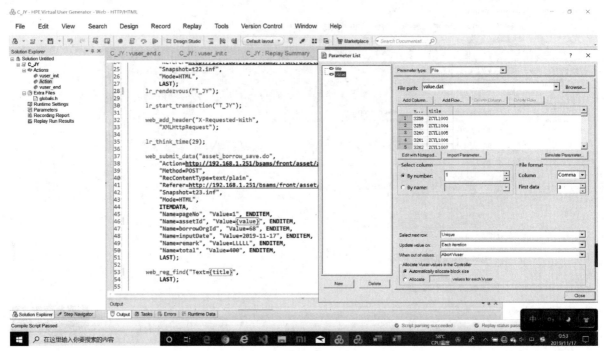

图 4-6-7

（7）检查点参数化截图。截取脚本中检查点参数化截图，包括脚本中参数化名称、参数化设置，如图 4-6-8、图 4-6-9 所示。

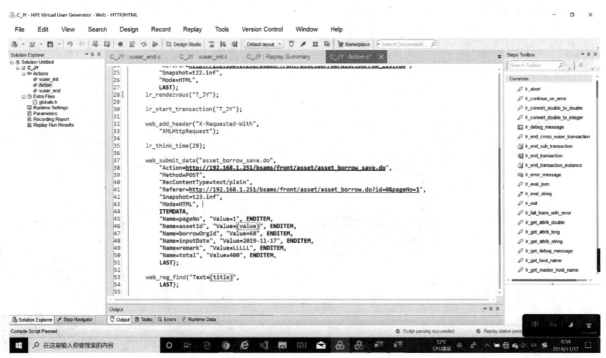

图 4-6-8

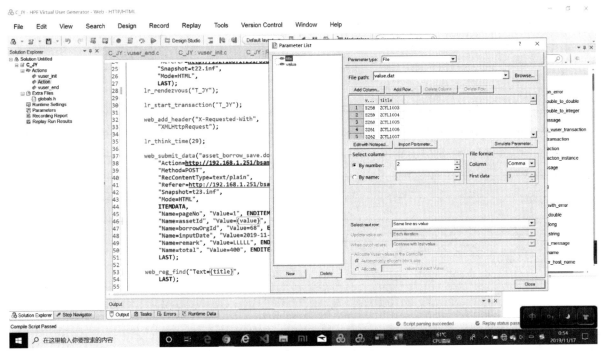

图 4-6-9

（8）参数化对应值，见表 4-6-3。

表 4-6-3　value 值（21-120）和对应的 title 值（ZCYL1001- ZCYL1100）

Value	title
21	ZCYL1001
22	ZCYL1002
23	ZCYL1003
24	ZCYL1004
25	ZCYL1005
26	ZCYL1006
27	ZCYL1007
28	ZCYL1008
29	ZCYL1009
30	ZCYL1010
31	ZCYL1011
32	ZCYL1012
33	ZCYL1013
34	ZCYL1014
35	ZCYL1015
36	ZCYL1016
37	ZCYL1017
38	ZCYL1018
39	ZCYL1019

Value	title
40	ZCYL1020
41	ZCYL1021
42	ZCYL1022
43	ZCYL1023
44	ZCYL1024
45	ZCYL1025
46	ZCYL1026
47	ZCYL1027
48	ZCYL1028
49	ZCYL1029
50	ZCYL1030
51	ZCYL1031
52	ZCYL1032
53	ZCYL1033
54	ZCYL1034
55	ZCYL1035
56	ZCYL1036
57	ZCYL1037
58	ZCYL1038
59	ZCYL1039
60	ZCYL1040
61	ZCYL1041
62	ZCYL1042
63	ZCYL1043
64	ZCYL1044
65	ZCYL1045
66	ZCYL1046
67	ZCYL1047
68	ZCYL1048
69	ZCYL1049
70	ZCYL1050
71	ZCYL1051
72	ZCYL1052
73	ZCYL1053
74	ZCYL1054
75	ZCYL1055
76	ZCYL1056
77	ZCYL1057

续表

Value	title
78	ZCYL1058
79	ZCYL1059
80	ZCYL1060
81	ZCYL1061
82	ZCYL1062
83	ZCYL1063
84	ZCYL1064
85	ZCYL1065
86	ZCYL1066
87	ZCYL1067
88	ZCYL1068
89	ZCYL1069
90	ZCYL1070
91	ZCYL1071
92	ZCYL1072
93	ZCYL1073
94	ZCYL1074
95	ZCYL1075
96	ZCYL1076
97	ZCYL1077
98	ZCYL1078
99	ZCYL1079
100	ZCYL1080
101	ZCYL1081
102	ZCYL1082
103	ZCYL1083
104	ZCYL1084
105	ZCYL1085
106	ZCYL1086
107	ZCYL1087
108	ZCYL1088
109	ZCYL1089
110	ZCYL1090
111	ZCYL1091
112	ZCYL1092
113	ZCYL1093
114	ZCYL1094
115	ZCYL1095

续表

Value	title
116	ZCYL1096
117	ZCYL1097
118	ZCYL1098
119	ZCYL1099
120	ZCYL1100

2.性能测试场景设计与场景执行（附图）

（1）集合点设置策略截图。截取 controller 设置截图，如图 4-6-10 所示。

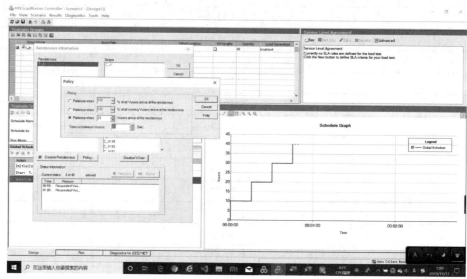

图 4-6-10

（2）design 中的场景设置策略和交互计划图截图。截图设置策略已经设置对应的计划图，如图 4-6-11 所示。

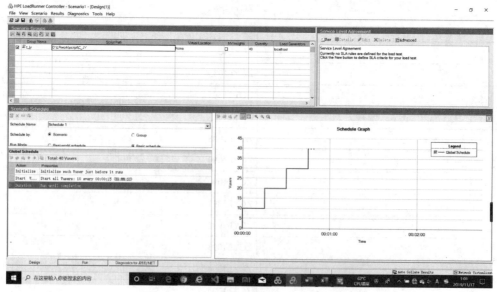

图 4-6-11

（3）场景完成执行后的 RUN 界面截图。截取执行完成后的 RUN 截图包括运行结果。

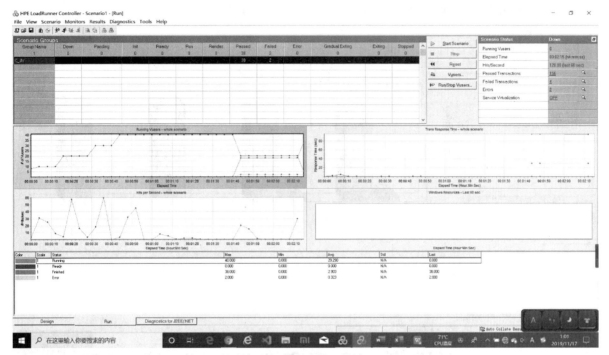

图 4-6-12

3.性能测试结果（附图）

（1）Summary Report。

在 Analysis 中截取 Summary Report 全图，包括左侧结构树，如图 4-6-13 所示。

图 4-6-13

（2）Transaction Summary。

Analysis 中截取 Transaction Summary 全图，包括左侧结构树

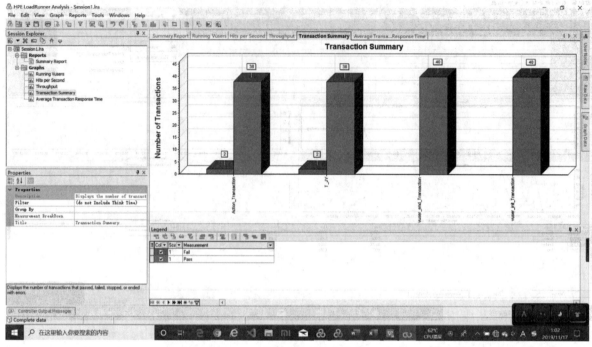

图 4-6-14

4.执行结果

填写表 4-6-4。

表 4-6-4

事务名称	最小事务响应时间（秒）	平均事务响应时间（秒）	最大事务响应时间（秒）	90%事务响应时间	通过事务数（单位：个）	失败事务数（单位：个）
Vuser_init	0.238	0.657	4.751	0.526	40	0
action	0.527	8.165	16.422	16.284	38	2
T_JY	0.312	0.449	0.58	0.541	28	2
Vuser_end	0.076	0.133	0.312	0.189	40	0

第5章　自动化测试

5.1　自动化测试概念

前序

17年前，钟南山教授领军抗击"非典"。17年后的这个冬季，84岁的他再次临危受命，出任国家卫健委高级别专家组组长，义无反顾地赶往武汉防疫第一线，满满的行程安排，风尘仆仆。在这个绝对需要安享天年的年龄，支撑他出山、承担如此大的身体与精神负荷的，绝对是医者仁心和国士风范。

本章引入了自动化测试。为了提高测试效率，认真履行工作职责，需要熟练掌握软件应用，并遵守有关规定。要及时与组内同学沟通项目进度状况，保证测试结果的准确性。

5.1.1　定义

自动化测试是把以人为驱动的测试行为转化为机器执行的一个过程。通常，在设计了测试用例并通过评审之后，由测试人员根据测试用例中描述的规程一步步执行测试，得到实际结果与期望结果的比较。在此过程中，为了节省人力、时间或硬件资源，提高测试效率，便引入了自动化测试。要遵守有关隐私信息的政策和规程，保护客户隐私，及时收集用户反馈，提升前端开发成果的实用性、易用性。

5.1.2　自动化测试优势

回归测试更方便、可靠：通常来说，这是自动化测试最主要的任务和特点，特别是在程序修改比较频繁时（新功能的不断加入，老功能逻辑不变或很少变的），效果是非常明显的。由于回归测试的业务流程操作和测试用例是预先完全设计好的，预期结果也完全在项目人员掌握之中，将回归测试交给计算机自动运行，可以极大地提高测试效率，缩短回归测试时间。

可运行更多更烦琐的测试，且快速高效：自动化测试明显的一个好处就是可以在较短的时间内运行更多的测试，有很大一部分业务功能由于业务逻辑极其烦琐，使用手工测试的话要耗费很多时间，测试次数不是太多的话还可以接受，但是要求测试次数多了的话手工测试人员会没有耐心，而自动化测试的耐心是无限大的，并且计算机的执行速度远比人工快。

5.1.3　自动化测试使用范围

软件需求变动不频繁：测试脚本的稳定性决定了自动化测试脚本的维护性。如果软件需求变动过于频繁，测试人员需要根据变动的需求来更新测试用例以及相关的测试脚本，而脚本的维护本身就是一个代码开发过程，需要修改、调试，必要的时候还要修改自动化框架，如果所花费的成本不低于利用其节省的测试成本，那么自动化测试便是失败的。项目中某些模块相对稳定，而某些模块需求性很大。我们便可以对相对稳定的模块进行自动化测试，而变动较大的用手工测试。

项目周期较长：由于自动化测试需求的确定，自动化框架的设计、测试脚本的编写与调试均需要相当长的时间来完成，这样的过程本身就是一个测试软件的开发过程，需要较长的时间来完成，如果项目周期比较短，没有足够的时间支持这样一个过程，那么自动化测试便不可能实现。

自动化测试脚本可重复使用：自动化测试脚本的重复使用要从三方面来考量：所测试的项目之间是否存在很大的差异性（如 B/S 系统和 C/S 系统的差异）；所选的测试工具是否适应这种差异；测试人员是否有能力开发出适应这种差异的自动化测试框架。

5.2 Selenium 的介绍、配置

5.2.1 Selenium 介绍

Selenium（浏览器自动化测试框架）是一个用于 Web 应用程序测试的工具。Selenium 测试直接运行在浏览器中，就像真正的用户在操作一样。其支持的浏览器包括 IE（7，8，9，10，11），Firefox，Safari，Google Chrome，Opera 等。这个工具的主要功能包括：测试浏览器的兼容性——测试你的应用程序，看是否能够很好地工作在不同浏览器和操作系统之上；测试系统功能——创建回归测试检验软件功能和用户需求；支持自动录制动作和自动生成 .Net、Java、Perl 等不同语言的测试脚本。

5.2.2 Selenium 的优势

（1）框架底层使用 JavaScript 模拟真实用户对浏览器进行操作。测试脚本执行时，浏览器自动按照脚本代码做出点击、输入、打开、验证等操作，就像真实用户所做的一样，从终端用户的角度测试应用程序。

（2）使浏览器兼容性测试自动化成为可能，尽管在不同的浏览器上依然有细微的差别。

（3）使用简单，可使用 Java，Python 等多种语言编写用例脚本。

5.2.3 selenium 的配置

（1）安装 Selenium 模块：pip install Selenium。

（2）下载浏览器驱动，Selenium3.x 调用浏览器必须有一个 webdriver 驱动文件。

Chrome 驱动文件下载：http://npm.taobao.org/mirrors/chromedriver/

Firefox 驱动文件下载 https://github.com/mozilla/geckodriver/releases

提示：下载之后，解压到任意目录（路径最好不要有中文）。

5.2.4 安装 selenium 模块

1.selenium 可以直接可以用 pip 命令安装

打开方式：开始菜单中输入 cmd 命令（快捷键 Win+R），打开命令提示符，输入 pip 命令，如图 5-2-1 所示。

```
pip install selenium
```

图 5-2-1

5.2.5 安装 ChromeDriver 驱动

首先，检查自己的 Chrome 浏览器版本。

方法一：在浏览器中输入 chrome：//version/命令，如图 5-2-2 所示。

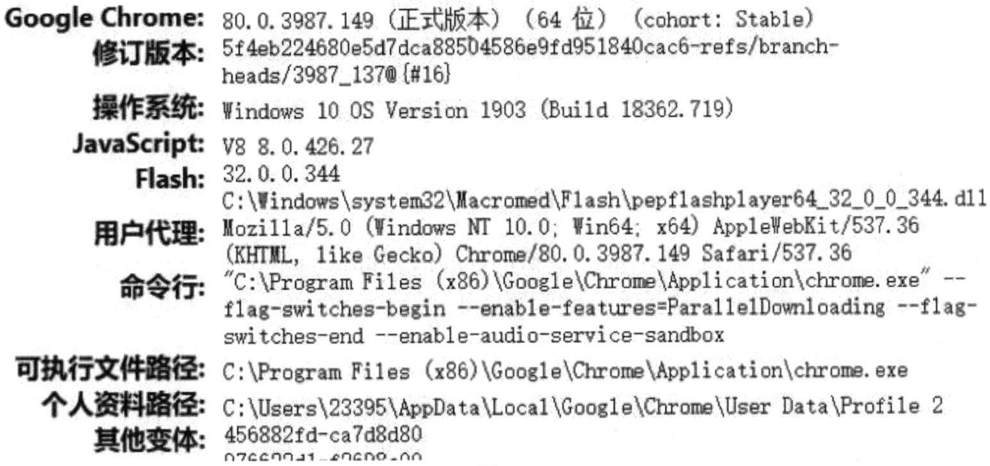

Google Chrome: 80.0.3987.149（正式版本）（64 位）（cohort: Stable）
修订版本: 5f4eb224680e5d7dca88504586e9fd951840cac6-refs/branch-heads/3987_137@{#16}
操作系统: Windows 10 OS Version 1903 (Build 18362.719)
JavaScript: V8 8.0.426.27
Flash: 32.0.0.344
C:\Windows\system32\Macromed\Flash\pepflashplayer64_32_0_0_344.dll
用户代理: Mozilla/5.0 (Windows NT 10.0; Win64; x64) AppleWebKit/537.36 (KHTML, like Gecko) Chrome/80.0.3987.149 Safari/537.36
命令行: "C:\Program Files (x86)\Google\Chrome\Application\chrome.exe" --flag-switches-begin --enable-features=ParallelDownloading --flag-switches-end --enable-audio-service-sandbox
可执行文件路径: C:\Program Files (x86)\Google\Chrome\Application\chrome.exe
个人资料路径: C:\Users\23395\AppData\Local\Google\Chrome\User Data\Profile 2
其他变体: 456882fd-ca7d8d80

图 5-2-2

方法二：进入设置界面。

点击页面右上角，如图 5-2-3 所示。

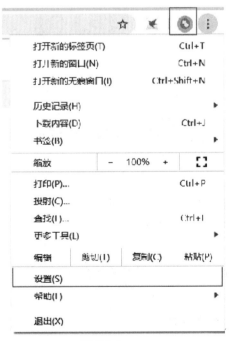

图 5-2-3

弹出【设置】后，点击关于 Chrome，页面右边可查看当前的 Chrome 版本，如图 5-2-4 所示。

图 5-2-4

在浏览器输入框中输入 Chrome 驱动的下载网址：http://npm.taobao.org/mirrors/chromedriver/。

进入 Chromedriver 首页，对照自己当前浏览器的版本，例如我当前的版本是 80.0.3987.149，所以下载对应的版本，如图 5-2-5 所示。

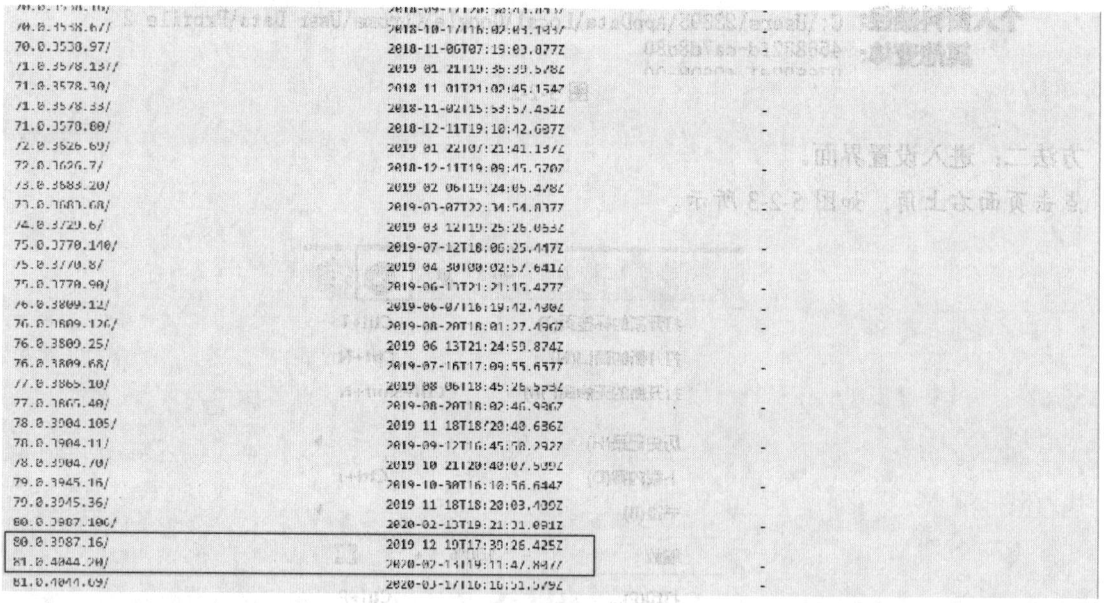

图 5-2-5

进入下载界面，会看到 4 个选项，如图 5-2-6 所示。

chromedriver_linux64.zip：用于 linux 系统用户

chromedriver_mac64.zip：用于苹果系统用户

chromedriver_win32.zip：用于 windows 用户

notes.txt.zip：文本信息下载

由于我们用的是 windows 系统，所以要下载 chromedriver_win32.zip。

Mirror index of
http://chromedriver.storage.googleapis.com/80.0.3987.106/

../		
chromedriver_linux64.zip	2020 02 13T19:21:31.091Z	4043146(4.71MB)
chromedriver_mac64.zip	2020-02-13T19:21:32.790Z	7004832(6.68MB)
chromedriver_win32.zip	2020 02 13T19:21:54.3822	4378552(4.1/MB)
notes.txt	2020-02-13T19:21:35.0347	1168(1.14kB)

图 5-2-6

解压压缩包，将 chromedriver 安装在 python 的根目录下（即完成自动配置环境变量）。
Python 根目录地址查看方法在 python 编译器中导入 sys 模块，如图 5-2-7 所示。

```
import sys
print((sys.path))
```

图 5-2-7

输入命令后，点击页面右上角的运行按钮程序，如图 5-2-8 所示。

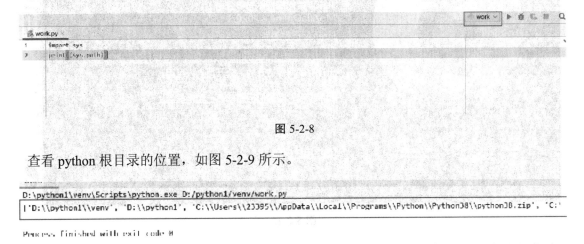

图 5-2-8

查看 python 根目录的位置，如图 5-2-9 所示。

```
D:\python1\venv\Scripts\python.exe D:/python1/venv/work.py
['D:\\python1\\venv', 'D:\\python1', 'C:\\Users\\23395\\AppData\\Local\\Programs\\Python\\Python38\\python38.zip', 'C:\
```

```
Process finished with exit code 0
```

图 5-2-9

找到根目录后，将 chromedriver 驱动安装在根目录的 venv 子目录下即可完成安装，如图 5-2-10
所示。

名称	修改日期	类型	大小
.idea	2020/3/27 10:33	文件夹	
venv	2020/3/27 10:33	文件夹	

图 5-2-10

5.2.6 安装 GeckoDriver 驱动

检查自己的 Firefox 浏览器版本，点击页面右上角的设置按钮，如图 5-2-11 所示。

图 5-2-11

在弹出窗口中选择帮助-关于 Firefox，即可查看当前 Firefox 浏览器版本，如图 5-2-12 所示。

图 5-2-12

火狐浏览器驱动下载地址：https：//github.com/mozilla/geckodriver/releases。

打开地址，进入下载首页，拉至图 5-2-13 处，下载对应版本，由于我们是 win64 系统，所以下载 win64 版本。

（1）geckodriver-v0.26.0＿linux32.tar.gz 用于 linux_32 位系统用户。

（2）geckodriver-v0.26.0＿linux64.tar.gz 用于 linux_64 位系统用户。

（3）geckodriver-v0.26.0＿macos.tar.gz 用于 mac 系统用户。

（4）geckodriver-v0.26.0＿win32.zip 用于 win32 位系统用户。

（5）geckodriver-v0.26.0＿win64.zip 用于 win64 位系统用户。

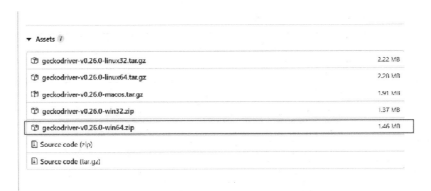

图 5-2-13

其余步骤与 chromedrvier 驱动安装步骤并无不同。

5.3　selenium 的调用

5.3.1　概述

selenium 支持多个浏览器，也支持手机端的浏览器，除此之外还有 Phantomjs。爬虫中主要用来解决 JavaScript 渲染问题。模拟浏览器进行网页加载，并模拟当 requests，urllib 无法正常获取网页内容的时候。

5.3.2　声明浏览器对象

Python 文件名或者包名不要命名为 selenium，否则会导致无法导入。

```
from selenium import webdriver        #导入 selenium 包中的 webdriver 模块
```

#webdriver 可以认为是浏览器的驱动器，要驱动浏览器必须用到 webdriver，其支持多种浏览器，这里以 Chrome 为例

```
browser = webdriver.Chrome()        #Chrome 浏览器的驱动
```

5.3.3　访问页面并获取网页 html

```
from selenium import webdriver
browser = webdriver.Chrome()
browser.get('https://www.baidu.com')
print(browser.page_source)#browser.page_source是获取网页的全部html
browser.close()
```

5.4　selenium 的使用

5.4.1　定位

Selenium 中提供了 8 种定位方法，见表 5-4-1，（定位元素的使用），这里先了解就好。

表 5-4-1

定位一个元素	定位多个元素	含义
find_element_by_id	find_elements_by_id	通过元素 id 定位
find_element_by_name	find_elements_by_name	通过元素 name 定位
find_element_by_class_name	find_elements_by_class_name	通过 class_name 进行定位
find_element_by_tag_name	find_elements_by_tag_name	通过标签定位
find_element_by_link_text	find_elements_by_link_text	通过完整超链接定位
find_element_by_partial_link_text	find_elements_by_partial_link_text	通过部分链接定位
find_elements_by_css_selector	find_elements_by_css_selector	通过 CSS 选择器进行定位
find_element_by_xpath	find_elements_by_xpath	通 XPATH 表达式定位

5.4.2 单选框选中（radio 框）

以 Chrome 浏览器搜索百度网址，并返回选中单选框信息：

```
from selenium import webdriver
from time import sleep
driver = webdriver.Chrome ()
driver.maximize_window ()
driver.get ('http: //news.baidu.com/')
time.sleep (1)
try:

    #定位搜索框下面的新闻全文和新闻标题单选项
    #radio_buttondriver.find_elements_by_css_selector ( ".search-radios>input" )
    #定位的一组元素后，返回的是一个列表，这里就循环选中对应的选项。

 for i in radio_button:
        i.click ()
    print ('选中单选框.')
except Exception as e:
    print ('fail', format (e) )
```

5.4.3 多选框选中（checkbox 框）

以 Chrome 浏览器搜索百度网址，并返回选中单选框信息：

```
from selenium import webdriver
import time
driver = webdriver.Chrome ()
driver.maximize_window ()
driver.get ('https: //passport.baidu.com/')
```

```
time.sleep(1)

try:
    #定位阅读并接受《百度用户协议》及《百度隐私权保护声明》的多选框
    Checkbox=driver.find_elements_by_css_selector
("TANGRAM__PSP_3__isAgree)
    #定位的一组元素后，返回的是一个列表，这里就循环选中对应的选项
    for i in checkbox:
        i.click()
    print('选中多选框')
except Exception as e:
    print('fail',format(e))
```

5.4.4　操作下拉框（select 框）

（1）Select 提供了三种选择某一项的方法：

```
select_by_index                    #通过索引定位
select_by_value                    #通过 value 值定位
select_by_visible_text             #通过文本值定位
```

注意事项：

①index 索引从 "0" 开始；

②value 是 option 标签的一个属性值，并不是显示在下拉框中的值；

③visible_text 是在 option 标签中间的值，是显示在下拉框的值；

④Select 提供了三种返回 options 信息的方法，如所示代码。

注：option（选项）

```
options                    #返回 select 元素所有的 options
all_selected_options       #返回 select 元素中所有已选中的选项
first_selected_options     #返回 select 元素中选中的第一个选项
```

注意事项：

①这三种方法的作用是查看已选中的元素是否是自己希望选择的：

②options 提供所有选项的元素列表；

③all_selected_options 提供所有被选中选项的元素列表；

④first_selected_option 提供第一个被选中的选项元素；

⑤Select 提供了四种取消选中项的方法，如所示代码：

```
deselect_all                   #取消全部的已选择选项
deselect_by_index              #取消已选中的索引项
deselect_by_value              #取消已选中的 value 值
deselect_by_visible_text       #取消已选中的文本值
```

注意事项：

在日常的 Web 测试中，会经常遇到某些下拉框选项已经被默认选中，这时候就需要用到这里所说的四种方法，如图 5-4-1 所示。

（2）下面以实际的代码来做个示例，被测试网页与源码截图如下：

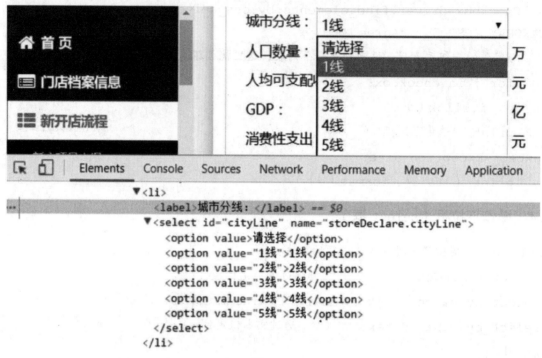

图 5-4-1

（3）比如要选择 3 线，那么三种选择方法：

```
# coding=utf-8
from selenium import webdriver
from selenium.webdriver.support.select import Select
from time import sleep
#登录
Driver = webdriver.Chrome ( )
#根据索引选择
Select(driver.find_element_by_name("storeDeclare.cityLine")).select_by_index("3")
#根据value值选择
Select(driver.find_element_by_name("storeDeclare.cityLine")).select_by_value("3线")
#根据文本值选择
Select(driver.find_element_by_name("storeDeclare.cityLine")).select_by_visible_text("3线")
sleep(5)
```

```
driver.quit ( )
```

以上就是关于 selenium 的 Select 模块提供的几种方法的用法。

5.4.5　警告框处理

在 WebDriver 中处理 JavaScript 所生成的 alert、confirm 以及 prompt 十分简单，具体做法是使用 switch_to.alert 方法定位到 alert/confirm/prompt，然后使用 text/accept/dismiss/ send_keys 等方法进行操作，见表 5-4-2。

表 5-4-2

方法	说明
text	返回 alert/confirm/prompt 中的文字信息
accept（）	接受现有警告框
dismiss（）	解散现有警告框
send_keys（keysToSend）	发送文本至警告框。keysToSend：将文本发送至警告框。

```
from selenium import webdriver
from selenium.webdriver.common.action_chains import ActionChains
import time
driver = webdriver.Chrome ( "F: \Chrome\ChromeDriver\chromedriver" )
driver.implicitly_wait ( 10 )
driver.get ( 'http: //www.baidu.com' )
# 鼠标悬停至"设置"链接
link = driver.find_element_by_link_text ( '设置' )
ActionChains ( driver ) .move_to_element ( link ) .perform ( )
# 打开搜索设置
driver.find_element_by_link_text ( "搜索设置" ) .click ( )
#在此处设置等待 2s，否则可能报错
time.sleep ( 2 )
# 保存设置
driver.find_element_by_class_name ( "prefpanelgo" ) .click ( )
time.sleep ( 2 )
# 接受警告框
driver.switch_to.alert.accept ( )
driver.quit ( )
```

5.5　定位元素使用

Selenium 提供了 8 种定位方式：

（1）id;

（2）name;

（3）class name;

（4）tag name;

（5）link text;

（6）partial link text;

（7）xpath;

（8）css selector。

8 种定位元素见表 5-5-1 所示。

表 5-5-1　8 种定位元素

定位一个元素	定位多个元素	含义
find_element_by_id	find_elements_by_id	通过元素 id 定位
find_element_by_name	find_elements_by_name	通过元素 name 定位
find_element_by_class_name	find_elements_by_class_name	通过 class_name 进行定位
find_element_by_tag_name	find_elements_by_tag_name	通过标签定位
find_element_by_link_text	find_elements_by_link_text	通过完整超链接定位
find_element_by_partial_link_text	find_elements_by_partial_link_text	通过部分链接定位
find_elements_by_css_selector	find_elements_by_css_selector	通过 CSS 选择器进行定位
find_element_by_xpath	find_elements_by_xpath	通 XPATH 表达式定位

5.5.1　ID 定位元素

通过 id 定位第一个 input 框：find_element_by_id（"key"）

接下来我们就通过 id 值进行定位，以定位百度首页 id 值为 "kw" 的元素为例：

```
from selenium import webdriver
#设置浏览器
browser = webdriver.Chrome（）
#设置浏览器大小：全屏
browser.maximize_window（）
#打开百度首页
browser.get（'https://www.baidu.com/'）
#定位百度搜索输入框之前，先分析下它的 html 结构
#<inputtype="text" class="s_iptnobg s_fm_hover" name="wd" id="kw" maxlength="100" autocomplete="off">
#发现 它的 id="kw"，接下来我们就通过 id 进行定位
try:
browser.find_element_by_id（'kw'）.send_keys（'哈哈'）
print（'test post: id'）
```

```
except Exception as e:
print（'test fail'）
```

#输出内容：test post: id

5.5.2 name 定位元素

通过 name 定位第一个 input 框：find_element_by_name（"username"）

接下来我们就通过 name 值进行定位，以定位百度首页 name 值为"wd"的元素为例：

```
from selenium import webdriver
browser = webdriver.Chrome（）
browser.maximize_window（）
```

#打开百度首页

```
browser.get（'https: //www.baidu.com/'）
```

#搜索框的 html 结构:<input type="text"class="s_ipt nobg_s_fm_hover"name="wd" id=" kw" maxlength=" 100" autocomplete=" off" >

#根据 name 属性定位

```
try:
browser.find_element_by_name（'wd'）.send_keys（'哈哈'）
print（'test post: name'）
except Exception as e:
print（'test fail'）
```

#输出内容：test post: name

5.5.3 class 定位元素

通过 class 定位第一个 input 框：find_element_by_class_name（"class"）

接下来我们就通过 class 值进行定位，以定位百度首页 class 值为"s_ipt"的元素为例，进行定位：

```
from selenium import webdriver
browser = webdriver.Chrome（）
browser.maximize_window（）
```

#打开百度首页

```
browser.get（'https: //www.baidu.com/'）
```

#搜索框的 html 结构:<input type="text"class="s_ipt nobg_s_fm_hover"name="wd" id=" kw" maxlength=" 100" autocomplete=" off" >

#根据 class_name 属性定位

```
try:
```

```
browser.find_element_by_class_name（'s_ipt'）.send_keys（'哈哈'）
print（'test post: class_name'）
except Exception as e:
print（'test fail'）
#输出内容：test post: class_name
```

5.5.4 tag_name 定位元素

通过标签 tag 定位 input 框：find_element_by_tag_name（"input"）

接下来我们就通过 tag_name 值进行定位，以定位百度首页 tag_name 值为"form"的元素为例：

```
from selenium import webdriver
browser = webdriver.Chrome（）
browser.maximize_window（）
#打开百度首页
browser.get（'https: //www.baidu.com/'）
#搜索框的html结构:<input type="text"class="s_ipt nobg_s_fm_hover"name="wd" id="kw" maxlength="100" autocomplete="off">
#根据tag_name属性定位
try:
browser.find_element_by_tag_name （'form'）
print（'test post: tag_name'）
except Exception as e:
print（'test fail'）
#输出内容：test post: tag_name
```

5.5.5 link_text 定位元素

link_text：根据跳转链接上面的文字来定位元素。

通过跳转链接文字定位 input 框：find_element_by_link_text（"input"）

接下来我们就通过 link_text 值进行定位，以定位百度首页 link_text 值为"新闻"的元素为例：

```
from selenium import webdriver
browser = webdriver.Chrome（）
browser.maximize_window（）
#打开百度首页
browser.get（'https: //www.baidu.com/'）
#根据link_text属性定位元素"新闻"，然后点击按钮
try:
browser.find_element_by_link_text （'新闻'）.click（）
print（'test post: tag_name'）
```

```
except Exception as e:
print（'test fail'）
#输出内容：test post: link_text
```

5.5.6　partial_text 定位元素

partial_link_text 是根据文字信息中的部分字段来定位元素。

通过文字信息中的部分字段定位 input 框：find_element_by_partial_text（"input"），接下来我们就通过 partial_text 值进行定位。以定位百度首页 partial_text 值为 "闻" 的元素为例：

```
from selenium import webdriver
browser = webdriver.Chrome（）
browser.maximize_window（）
#打开百度首页
browser.get（'https://www.baidu.com/'）
#根据 partial_link_text 属性定位元素 "新闻"，然后点击按钮
try:
browser.find_element_by_ partial_link_text （'闻'）.click（）
print（'test post: tag_name'）
except Exception as e:
print（'test fail'）
#输出内容：test post: partial_link_text
```

5.5.7　xpath 定位元素

通过 xpath 元素定位 input 框：find_element_by_xpath（'//*[@id="input"]'）

接下来我们就通过 xpath 值进行定位。以定位百度首页 xpath 值为（"//*[@id="kw"]'"）的元素为例：

```
from selenium import webdriver
browser = webdriver.Chrome（）
browser.maximize_window（）
#打开百度首页
browser.get（'https://www.baidu.com/'）
#根据 xpath 定位元素
try:
browser.find_element_by_ xpath （'//*[@id="kw"]'）.send_keys（'哈哈'）
print（'test post: xpath'）
except Exception as e:
print（'test fail'）
```

```
#输出内容：test post: xpath
```

5.5.8 CSS 定位页面元素

通过 css 属性值定位 input 框：find_element_by_selector（'#kw'）

接下来我们就通过 css 属性值进行定位。以定位百度首页 css 属性值为（"kw"）的元素为例：

```
from selenium import webdriver
browser = webdriver.Chrome ( )
browser.maximize_window ( )
#打开百度首页
browser.get ( 'https: //www.baidu.com/' )
#根据 css_selector 定位元素
try:
browser.find_element_by_ css_selector （ '#kw' ）.send_keys （ '哈哈' ）
print ( 'test post: xpath' )
except Exception as e:
print ( 'test fail' )
#输出内容：test post: css_selector
```

5.5.9 By 定位元素

除了使用上面的方法外，还可以利用 find_element（）方法，通过 By 来定位元素。

使用之前需要导入 By 类：

```
from selenium.webdriver.common.by import By
```

那么上面的方法还可以改写为：

```
Browser.find_element（By.ID, 'kw'）
Browser.find_element（By.NAME, 'wd'）
Browser.find_element（By.CLASS_NAME, 's_ipt'）
Browser.find_element（By.TAG_NAME, 'form'）
Browser.find_element（By.LINK_TEXT, '新闻'）
Browser.find_element（By.PARTIAL_LINK_TEXT, '闻'）
Browser.find_element（By.XPATH, '//*[@id=" kw" ]'）
Browser.find_element（By.CSS_SELECTOR, '#kw'）
```

5.6 time 模块（时间模块）

5.6.1 显示等待

（1）显示等待：WebDriverWait（）类。

显示等待：设置一个等待时间和一个条件，在规定时间内，每隔一段时间查看条件是否成立，如果成立那么程序就继续执行，否则就提示一个超时异常（TimeoutException）。

通常情况下 WebdDriver Wait 类会结合 ExpectedCondition 类一起使用。

driver：浏览器驱动。

timeout：最长超时时间，默认以秒为单位。

poll_frequency：检测的间隔步长，默认为 0.5s。

ignored_exceptions：超时后的抛出的异常信息，默认抛出 NoSuchElementExeception 异常

（2）接下来通过百度首页，设置显示等待时间：

```
from selenium import webdriver
from selenium.webdriver.support.wait import WebDriverWait
from selenium.webdriver.support import expected_conditions as EC
from selenium.webdriver.common.by import By
driver = webdriver.Chrome ( )
driver.get ( 'https: //www.baidu.com' )
#设置浏览器: driver  等待时间: 20s
wait = WebDriverWait ( driver, 20 )
#设置判断条件; 等待 id='kw' 的元素加载完成
input_box = wait.until ( EC.presence_of_element_located ( ( By.ID, 'kw' ) ) )
#在关键词输入: 关键词
Input_box.send_keys ( '关键词' )
```

5.6.2　隐式等待

implicitly_wait（xx）：设置等待时间为××秒，等待元素加载完成，如果到了时间元素没有加载出，就抛出一个 NoSuchElementException 的错误。

注意：隐性等待对整个 driver 的周期都起作用，所以只要设置一次即可：

```
from selenium import webdriver
driver = webdriver.Chrome ( )
driver.implicitly_wait ( 30 )                #隐性等待, 最长等待 30 秒
driver.get ( 'https: //www.baidu.com' )
print ( driver.current_url )          #返回当前页面的 url 信息
print ( driver.title )
```

由 webdriver 提供的方法，一旦设置，这个隐式等待会在 WebDriver 对象实例的整个生命周期起作用，它不针对某一个元素，而是全局元素等待，即在定位元素时，需要等待页面全部元素加载完成，才会执行下一个语句。如果超出了设置时间，则会抛出异常。

缺点：当页面某些 js 无法加载，但是想找的元素已经出来了，它还是会继续等待，直到页面加载完成（浏览器标签左上角圆圈不再转），才会执行下一句。某些情况下会影响脚本执行速度。

5.6.3　强制等待

强制等待：不管浏览器元素是否加载完成，程序都需等待 3 秒，3 秒一到，继续执行下面的代码：

```
from selenium import webdriver
from time import sleep
driver = webdriver.Chrome ()
driver.get ('https: //www.baidu.com')
sleep (3)                              #强制等待 3 秒再执行下一步
print (driver.title)
```

设置固定休眠时间，单位为秒。 由 python 的 time 包提供，导入 time 包后就可以使用。缺点：
不智能，使用太多的 sleep 会影响脚本运行速度。

5.7 在 iframe 框架直接切换

5.7.1 iframe 介绍

iframe 也称作嵌入式框架。嵌入式框架和框架网页类似，它可以把一个网页的框架和内容嵌入
现有的网页中。在 selenium 进行定位时，如果需要定位某个 iframe 内的元素，需要先切换到该 iframe
下。

5.7.2 Frame 框架里面元素定位

（1）Frame：一个页面里面嵌套了另外一个框架页面。

（2）切换方法 drvier.switch_to.frame ()。

（3）重新切换到主页操作：drvier.switch.to_default_content ()。

下面通过实例腾讯课堂登录窗口切换到输入用户名/密码登录窗口：

Frame 框架名：login_frame_qq

```
from selenium.webdriver.support.wait import WebDriverWait
from selenium.webdriver.support import expected_conditions as EC
from selenium.webdriver.common.by import By
from selenium import webdriver
import time
qq = webdriver.Chrome ()
qq.get ("https: //ke.qq.com/")
qq.find_element_by_xpath ('//a[@id="js_login"]') .click ()
time.sleep (3)
qq.switch_to.alert                     #切换 alert 弹框
qq.find_element_by_xpath  (  '//a[@class="js-btns-enter  btns-enter
btns-enter-qq"]') .click ()
#等待要切换的 iframe 页面出现，并且切换进入 iframe
WebDriverWait(qq,10).until(EC.frame_to_be_available_and_switch_to_it
('login_frame_qq'))
    #qq.switch_to.frame ('login_frame_qq')  切换到 name 属性切换 iframe
```

```
#qq.switch_to.frame（4）　下标切换方式
#qq.switch_to.frame（qq.find_element_by_name（'login_frame_qq'））
time.sleep（3）
qq.find_element_by_xpath（'//a[@id="switcher_plogin"]'）.click（）
time.sleep（3）
qq.switch_to.default_content（）          #重新切换到主页操作
qq.find_element_by_id（'login_close'）.click（）
```

5.8　Webdriver 模块的使用

Webdriver 是一个 Web 应用程序测试自动化工具，用来验证程序是否如预期那样执行。它提供一个友好的 API，比 seleniumAPI 更容易使用，这将有助于测试脚本的阅读和维护。它不依赖于任何特定的测试框架。下面介绍如何应用 Webdriver 进行自动化测试。

5.8.1　输入内容（send_keys（value）命令）

以 Chrome 浏览器搜索百度网址为例，完成输入内容命令：

```
from selenium import webdriver
from time import sleep
driver = webdriver.Chrome（）                   #导入 chromedriver 模块
driver . get（"http://baidu.com"）              #用 get 请求搜索百度网址
element = driver.find_element_by_id（'kw'）      #定位 id 为'kw'的输入框
element = element.send_keys（'selenium'）        #使用命令输入内容
driver.quit（）
```

5.8.2　清空输入框（clear（）命令）

以 Chrome 浏览器搜索百度网址为例，完成输入内容命令，并清空输入框：

```
try:
element.clear（）
print（'成功清空输入框'）
except Exception as e:
    print（'fail 清空输入框'）
#输出结果：成功清空输入框
```

5.8.3　模拟"回车"操作（submit）

通常应用于提交表单，例如搜索框输入内容后的回车操作。

以 Chrome 浏览器搜索百度网址为例，完成输入内容命令，并模拟回车命令：

```
from selenium import webdriver
from time import sleep
```

```
driver = webdriver.Chrome ( )                    #导入 chromedriver 模块
driver . get ( "http: //baidu.com" )              #用 get 请求搜索百度网址
element = driver.find_element_by_id ( 'kw' )     #定位 id 为'kw'的输入框
driver.maximize_window ( )                       #设置浏览器大小: 全屏
driver.get ( 'https: //www.baidu.com' )          #定位输入框
element = driver.find_element_by_id ( 'kw' )      #输入关键词: selenium
element.send_keys ( 'selenium' )                 #模拟回车操作
try:
    input_box.submit ( )
    print ( '成功回车' )
except Exception as e:
print ( 'fail' )                                 #输出内容, 成功回车
    driver.quit ( )
```

输入内容, 点击按钮, 清空输入框完整实例步骤:

```
from selenium import webdriver
from time import sleep
driver = webdriver.Chrome ( )                    #导入 chromedriver 模块
driver . get ( "http: //baidu.com" )              #用 get 请求搜索百度网址
element = driver.find_element_by_id ( 'kw' )     #定位 id 为'kw'的输入框
driver.maximize_window ( )                       #设置浏览器大小: 全屏
driver = webdriver.Chrome ( )
driver.maximize_window ( )                       #设置浏览器大小: 全屏
driver . get ( 'https: //baidu.com' )
element=driver.find_element_by_id ( 'kw' )
try:
    element.send_keys ( 'selenium' )
    print ( '搜索关键词: selenium' )
except Exception as e:
    print ( 'fail' )                             #输入内容: 搜索关键词, selenium
button = driver.find_element_by_id ( 'su' )      #定位搜索按钮
try:
    button.click ( )
print ( '成功搜索' )
except Exception as e:
    print ( 'fail 搜索' )                          #输出内容: 成功搜索
try:
```

```
    driver.clear()
    print('成功清空输入框')
except Exception as e:
    print('fail清空输入框')                        #输出内容：成功清空输入框
```

5.9　控制浏览器操作方法

控制浏览器操作方法

　　Selenium 主要提供的是操作页面上各种元素的方法，但它也提供了操作浏览器本身的方法，比如浏览器的大小以及浏览器后退、前进按钮等，见表 5-9-1。

表 5-9-1

方法	说明
set_window_size（）	设置浏览器的大小
back（）	控制浏览器后退
forward（）	控制浏览器前进
refresh（）	刷新当前页面
clear（）	清除文本
send_keys （value）	模拟按键输入
click（）	单击元素
submit（）	用于提交表单
get_attribute（name）	获取元素属性值
is_displayed（）	设置该元素是否用户可见
size	返回元素的尺寸
text	获取元素的文本

切换浏览器窗口的时候将会用到的三种方法：

　　（1）current_window_handle：获取当前窗口的句柄。

　　（2）window_handles：返回当前浏览器的所有窗口的句柄。

　　（3）switch_to_window（）：用于切换到对应的窗口。

　　例如：

```
from selenium import webdriver
from selenium.webdriver.common.keys import Keys
driver = webdriver.Chrome()
driver.maximize_window()
driver.implicitly_wait(10)
driver.get("http://www.baidu.com/")

# 获取当前窗口句柄
```

```
seacher_windows = driver.current_window_handle
# 跳转新页面
driver.find_element_by_xpath
('//*[@id="block1_server"]/div[2]/ul/li[1]/div/div[1]/a[3]').click ( )
all_handles = driver.window_handles
#回到首页
for handle in all_handles:
    if handle != seacher_windows:
        driver.switch_to.window ( seacher_windows )
```

5.10 鼠标事件

5.10.1 模拟鼠标操作

在 WebDriver 中，将这些关于鼠标操作的方法封装在 ActionChains 类提供，见表 5-10-1。

表 5-10-1

方法	说明
ActionChains（driver）	构造 ActionChains 对象
context_click（）	右击
move_to_element（above）	悬停
double_click（）	双击
drag_and_drop（）	拖动
move_to_element（above）	执行鼠标悬停操作
context_click（）	用于模拟鼠标右键操作，在调用时需要指定元素定位
perform（）	执行所有 ActionChains 中存储的行为，可以理解成是对整个操作的提交动作

注意：使用之前需要引入 ActionChains 类，fromselenium. webdriver. common. action_chainsimportActionChains。

5.10.2 鼠标右击

```
from selenium import webdriverfrom selenium. webdriver. common. action_chains import ActionChains
# 引入 ActionChains 类
browser = webdriver.Chrome ( )
browser.get ('https: //www.baidu.com')
# 定位到要右击的元素
right_click = browser.find_element_by_link_text ('新闻')
# 对定位到的元素执行鼠标右键操作#ActionChains ( driver )：调用 ActionChains ( )
```
类，并将浏览器驱动 browser 作为参数传入#context_click (right_click)：模拟鼠标双击，

需要传入指定元素定位作为参数#perform（）：执行 ActionChains（）中储存的所有操作，可以看作执行之前一系列的操作

```
try:
    ActionChains（browser）.context_click（right_click）.perform（）
    print（'成功右击'）except Exception as e:
print（'fail'）#输出内容：成功双击
```

注意：

ActionChains（driver）：调用 ActionChains（）类，并将浏览器驱动 browser 作为参数传入 context_click（right_click）：模拟鼠标双击，需要传入指定元素定位作为参数 perform（）：执行 ActionChains（）中储存的所有操作，可以看作执行之前一系列的操作

右击：

context_click（）：右击

#鼠标右击# 定位到要右击的元素

right_click　= browser.find_element_by_id（"xx"）

对定位到的元素执行右击操作

ActionChains（browser）.move_to_element（right_click　）.perform（）

5.10.3　鼠标双击

double_click（）：双击

定位到要右击的元素 double_click = browser.find_element_by_id（'xx'）

对定位到的元素执行鼠标右键操作

ActionChains（browser）.context_click（double_click）.perform（）

5.10.4　鼠标拖动

drag_and_drop（source，target）：拖动

source：开始位置；需要拖动的元素

target：结束位置；拖到后需要放置的目的地元素

开始位置：定位到元素的原位置

source = driver.find_element_by_id（"xx"）

结束位置：定位到元素要移动到的目标位置

target = driver.find_element_by_id（"xx"）

执行元素的拖放操作

ActionChains（driver）.drag_and_drop（source，target）.perform（）

5.10.5　鼠标悬停

move_to_element（）：鼠标悬停

```
# 定位到要悬停的元素
move = driver.find_element_by_id（"xx"）
# 对定位到的元素执行悬停操作
ActionChains（driver）.move_to_element（move）.perform（）
```

5.11　键盘事件

模拟键盘操作：

selenium 中的 Keys（）类提供了大部分的键盘操作方法；通过 send_keys（）方法来模拟键盘上的按键。

导入键盘类 Keys（）

fromselenium.webdriver.common.keysimportKeys

5.11.1　常用的键盘操作

常用键盘操作见表 5-11-1。

表 5-11-1　常用键盘操作

模拟键盘按键	说明
send_keys（Keys.BACK_SPACE）	删除键（BackSpace）
send_keys（Keys.SPACE）	空格键（Space）
send_keys（Keys.TAB）	制表键（Tab）
send_keys（Keys.ESCAPE）	回退键（Esc）
send_keys（Keys.ENTER）	回车键（Enter）

5.11.2　组合键的使用

组合键的使用见表 5-11-2。

表 5-11-2　组合键的使用

模拟键盘按键	说明
send_keys（Keys.CONTROL，'a'）	全选（Ctrl+A）
send_keys（Keys.CONTROL，'c'）	复制（Ctrl+C）
send_keys（Keys.CONTROL，'x'）	剪切（Ctrl+X）
send_keys（Keys.CONTROL，'v'）	粘贴（Ctrl+V）
send_keys（Keys.F1…Fn）	键盘 F1…Fn

键盘操作实例：

```
from selenium import webdriver
from selenium.webdriver.common.keys import Keys
driver=webdriver.Chrome（）
```

```
driver.get（"http://www.baidu.com"）
#输入关键词内容
driver.find_element_by_id（"kw"）.send_keys（"selenium"）
#删除键
driver.find_element_by_id（"kw"）.send_keys（Keys.BACK_SPACE）
#空格键
driver.find_element_by_id（"kw"）.send_keys（Keys.SPACE）
#输入内容
driver.find_element_by_id（"kw"）.send_keys（"教程"）
#全选（Ctrl+A）
driver.find_element_by_id（"kw"）.send_keys（Keys.CONTROL, 'a'）
#剪切（Ctrl+X）
driver.find_element_by_id（"kw"）.send_keys（Keys.CONTROL, 'x'）
#粘贴（Ctrl+V）
driver.find_element_by_id（"kw"）.send_keys（Keys.CONTROL, 'v'）
#回车键
driver.find_element_by_id（"kw"）.send_keys（Keys.ENTER）
```

5.12　获取断言信息

1. 获取页面信息

不管是做功能测试还是自动化测试，最后一步都需要拿实际结果与预期进行比较。这个比较的称之为断言。可通过获取 title 、URL 和 text 等信息进行断言，见表 5-12-1。

表 5-12-1　获取页面信息

属性	说明
title	用于获得当前页面的标题
current_url	用户获得当前页面的 URL
text	获取搜索条目的文本信息
current_url	获取当前页面的 URL
capabilities['version']	打印浏览器 version 的值
size	返回元素的尺寸
get_attribute（'href'）	获取 href 属性值
get_attribute（'id'）	获取 id 属性值

2. 页面标题

title：获取当前页面的标题显示的字段

```
from selenium import webdriver
import time
browser = webdriver.Chrome ( )
browser.get ( 'https: //www.baidu.com' )
```

#打印网页标题

```
print ( browser.title )
```

#输出内容：百度一下，你就知道

3. 页面 URL

current_url：获取当前页面的 URL

```
from selenium import webdriver
import time
browser = webdriver.Chrome ( )
browser.get ( 'https: //www.baidu.com' )
```

#打印网页标题

```
print ( browser.current_url )
```

#输出内容：https: //www.baidu.com/

4. 浏览器版本号

capabilities['version'])：打印浏览器 version 的值

```
from selenium import webdriver
import time
browser = webdriver.Chrome ( )
browser.get ( 'https: //www.baidu.com' )
```

#打印网页标题

```
print ( browser.capabilities['version'] )
```

#输出内容：67.0.3396.87

5．元素尺寸

size：返回元素的尺寸

```
from selenium import webdriver
import time
browser = webdriver.Chrome ( )
browser.get ( 'https: //www.baidu.com' )
```

#定位输入框

```
input_box = browser.find_element_by_id ( 'kw' )
```

#打印输入框尺寸

```
print ( input_box.size )
```

#输出内容：{'height': 22, 'width': 500}

6. 元素的文本

text：返回元素的文本信息

```
from selenium import webdriver
import time
browser = webdriver.Chrome()
browser.get('https://www.baidu.com')
#定位备案元素
recordcode = browser.find_element_by_id('jgwab')
#打印备案元素信息
print(recordcode.text)
#输出内容：京公网安备11000002000001号
```

7. 元素属性值

get_attribute('')方法

get_attribute('href')：获取href属性值

get_attribute('id')：获取id属性值

```
# coding=utf-8
import time
from selenium import webdriver
driver = webdriver.Chrome()
driver.maximize_window()
driver.implicitly_wait(6)
driver.get("https://www.baidu.com")
time.sleep(1)
for link in driver.find_elements_by_xpath("//*[@href]"):
    print(link.get_attribute('href'))
driver.quit()
```

5.13 测试案例—资产管理系统

5.13.1 登录测试

登录 UI 界面如图 5-13-1 所示。

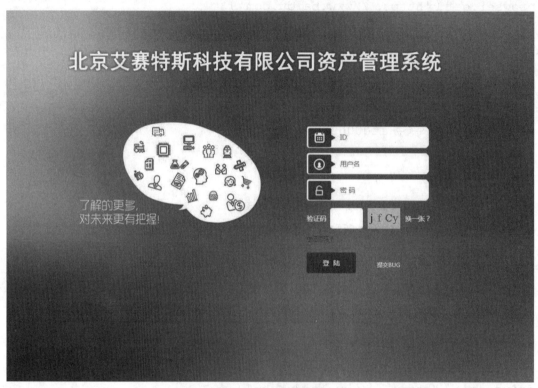

图 5-13-1 登录界面

测试代码如下：

```
from selenium import webdriver    # 从 selenium 中导入 webdirver 接口
from time import sleep    # 从 time 中导入 sleep 函数，用来进行页面的强制等待
import unittest    # 导入 Python 的自带的单元测试框架
from selenium.webdriver.common.keys import Keys    #selenium 中的 Keys（）
键盘事件
from selenium.webdriver.common.action_chains import ActionChains
#导入鼠标事件封装的 ActionChains
from selenium.webdriver.common.by import By    # selenium 中的 by 定位
class login（unittest.TestCase）：    # 创建一个被测试类 login，继承 unittest 的
TestCase 类    （可以把 TestCase 看成是对特定类进行测试的集合）
    def setUp（self）：    #创建函数 setUp（）
        self.dr = webdriver.Chrome（）    # 打开浏览器 并赋值给 dr
```

```
        self.dr.get（'http：//192.168.1.251/bsams/front/login.do?taskId=74&loginName
=student'）
                # 在浏览器 dr 上 使用 get 函数 得到被测地址
                sleep（2）  # 设置页面强制等待 2 秒
                self.dr.maximize_window（） # 浏览器窗口最大化
        def login（self, ID, username, password, keys）：
                sleep（2）
                self.dr.find_element（By.XPATH, '//*[@id="taskId"]'）.send_keys
（ID）
        # 使用 find_element_by_XPATH 函数定位到登录页面中任务 ID 按钮的位置
        # 并用 sendkeys 函数 发送数字 74 到 已经定位的 任务 ID 文本输入内
                self.dr.find_element（By.XPATH, '//*[@id="loginName"]'）.send_keys
（username）
                self.dr.find_element（By.XPATH,'//*[@id="password"]'）.send_keys
（password）
                self.dr.find_element（By.XPATH,'//*[@id="vericode"]'）.send_keys
（keys）
                sleep（2）
                self.dr.find_element（By.XPATH，'//*[@id="fmedit"]/div[2]/div[6]/
input'）.click（）
        # 使用 find_element_by_xpath 函数 定位登录 按钮 并 click 模拟鼠标点击
                if self.dr.title == '资产管理-个人信息'：
                        print（'登录成功'）
                else：
                        box = self.dr.find_element（By.XPATH,'//*[@id="error_msg"]'）.text
        #获取标签文本
                        print（box）
        def test_01（self）：
                self.login（'74', 'student', 'student', 'shtd'）
        def test_02（self）：
                self.login（'', 'student', 'student', 'shtd'）
        def test_03（self）：
                self.login（'#@$', 'student', 'student', 'shtd'）
        def test_04（self）：
                self.login（'74', 'studen', 'student', 'shtd'）
```

```
    def test_05 (self):
        self.login ('74', '', 'student', 'shtd')
    def test_07 (self):
        self.login ('74', 'stude#$%nt', 'student', 'shtd')
    def test_08 (self):
        self.login ('74', 'student', 'tudent', 'shtd')
    def test_09 (self):
        self.login ('', 'student', 'studen#@%t', 'shtd')
    def test_10 (self):
        self.login ('#@$', 'student', '', 'shtd')
    def test_11 (self):
        self.login ('74', 'student', 'student', 'sht')
    def test_12 (self):
        self.login ('', 'student', 'student', 'sht (')
    def test_13 (self):
        self.login ('#@$', 'student', 'student', '')
    def tearDown (self):
        self.dr.quit ()   # 关闭浏览器
if __name__ == '__main__':
unittest.main ()
```

unittest 中提供了全局的 main 方法,使用它可以方便地将每一个单元测试模块变成可以直接运行的测试脚本。

main 方法使用 TestLoader 类来搜索所有包含在该模块中 以 test 开头的测试方法并自动执行它们。

5.13.2 修改密码测试

修改密码按钮如图 5-13-2 所示。

图 5-13-2 修改密码按钮

测试代码如下：

```
from selenium import webdriver  # 从 selenium 中导入 webdirver 接口
from time import sleep  # 从 time 中导入 sleep 函数，用来进行页面的强制等待
import unittest  # 导入 Python 的自带的单元测试框架
from selenium.webdriver.common.keys import Keys  #selenium 中的 Keys（）
键盘事件
from selenium.webdriver.common.action_chains import ActionChains
#导入鼠标事件封装的 ActionChains
from selenium.webdriver.common.by import By  # selenium 中的 by 定位
class password（unittest.TestCase）：# 创建一个被测试类 brand，继承 unittest
的 TestCase 类   （可以把 TestCase 看成是对特定类进行测试的集合）
    def setUp（self）：
        self.dr = webdriver.Chrome（）  # 打开浏览器并赋值给 dr
    def password（self, old, new, confirm）：
        self.dr.get（'http://192.168.1.251/bsams/front/login.do?taskId=
74&loginName=student'）
        # 在浏览器 dr 上使用 get 函数得到被测地址
        sleep（2）  # 设置页面强制等待 2 秒
        self.dr.maximize_window（）  # 浏览器窗口最大化
        self.dr.find_element（By.XPATH, '//*[@id="taskId"]'）.send_keys
```

（74）

```
    # 使用 find_element_by_XPATH 函数定位到登录页面中任务 ID 按钮的位置
    # 并用 sendkeys 函数 发送数字 74 到 已经定位的 任务 ID 文本输入内
        self.dr.find_element(By.XPATH, '//*[@id="loginName"]').send_keys
('student')
        self.dr.find_element(By.XPATH,'//*[@id="password"]').send_keys
(new)
        self.dr.find_element(By.XPATH,'//*[@id="vericode"]').send_keys
('shtd')
        sleep(2)
        self.dr.find_element ( By.XPATH , '//*[@id="fmedit"]/ div[2]/
div[6]/ input'). click()
    # 使用 find_element_by_xpath 函数 定位登录按钮并 click 模拟鼠标点击
        sleep(2)
        self.dr.find_element(By.XPATH, '/html/body/div[1]/ div/div[2]/
a'). click()
        sleep(2)
        self.dr.find_element(By.XPATH,'//*[@id="oldPassword"]').clear
()
    # 使用 By_XPATH 函数定位输入框模拟键盘清空内容
        sleep(2)
        self.dr.find_element ( By.XPATH , '//*[@id="oldPassword"]' ).
send_keys(old)
        sleep(2)
        self.dr.find_element(By.XPATH,'//*[@id="newPassword1"]').clear
()
        sleep(2)
        self.dr.find_element ( By.XPATH , '//*[@id="newPassword1"]' ).
send_keys(new)
        sleep(2)
        self.dr.find_element(By.XPATH,'//*[@id="newPassword2"]').clear
()
        sleep(2)
        self.dr.find_element ( By.XPATH , '//*[@id="newPassword2"]' ).
send_keys(confirm)
```

```
        sleep（2）
        self.dr.find_element（By.XPATH, '//*[@id="cboxLoadedContent"]/
div/div[3]/a[2]'）.click（）
        sleep（2）
        box = self.dr.switch_to.alert.text
        print（'原密码为', old, '新密码为', new, '确认密码为', confirm, '测试
结果为', box）
    def test_01（self）:
        self.password（'student', 'studentt', 'studentt'）
    def test_02（self）:
        self.password（'studentt', 'student', 'student'）
    def tearDown（self）:
        self.dr.quit（）   # 关闭浏览器
if __name__ == '__main__':
unittest.main（）
```

unittest 中提供了全局的 main 方法,使用它可以方便地将每一个单元测试模块变成可以直接运行的测试脚本。

main 方法使用 TestLoader 类来搜索所有包含在该模块中 以 test 开头的测试方法并自动执行它们。

5.13.3 修改手机号测试

修改手机号 UI 界面如图 5-13-3 所示。

图 5-13-3 修改手机号 UI

测试代码如下:

```
from selenium import webdriver  # 从 selenium 中导入 webdirver 接口
from time import sleep   # 从 time 中导入 sleep 函数,用来进行页面的强制等待
```

```
import unittest    # 导入 Python 的自带的单元测试框架
from selenium.webdriver.common.keys import Keys    #selenium 中的 Keys ( )
```
键盘事件
```
from selenium.webdriver.common.action_chains import ActionChains
    #导入鼠标事件封装的 ActionChains
from selenium.webdriver.common.by import By    # selenium 中的 by 定位
class phonenumber ( unittest.TestCase ) :    # 创建一个被测试类 brand, 继承
```
unittest 的 TestCase 类   （可以把 TestCase 看成是对特定类进行测试的集合）
```
    def setUp ( self ) :
        self.dr = webdriver.Chrome ( )    # 打开浏览器并赋值给 dr
    self.dr.get ( 'http: //192.168.1.251/bsams/front/login.do?taskId=74&loginName
=student' )
        # 在浏览器 dr 上 使用 get 函数得到被测地址
        sleep ( 2 )    # 设置页面强制等待 2 秒
        self.dr.maximize_window ( )    # 浏览器窗口最大化
        self.dr.find_element ( By.XPATH, '//*[@id="taskId"]' ).send_keys
( 74 )
    # 使用 find_element_by_XPATH 函数定位到登录页面中任务 ID 按钮的位置
    # 并用 sendkeys 函数发送数字 74 到已经定位的任务 ID 文本输入内
        self.dr.find_element ( By.XPATH, '//*[@id="loginName"]' ).send_keys
( 'student' )
        self.dr.find_element( By.XPATH,'//*[@id="password"]' ).send_keys
( 'student' )
        self.dr.find_element( By.XPATH,'//*[@id="vericode"]' ).send_keys
( 'shtd' )
        sleep ( 2 )
        self.dr.find_element ( By.XPATH , '//*[@id="fmedit"]/div[2]/div[6]/
input' ).click ( )
    # 使用 By.XPATH 按钮并 click 模拟鼠标点击
    def phone ( self, phone ) :
        self.dr.find_element ( By.XPATH, '//*[@id="phone"]' ).clear ( )
    # 使用 By.XPATH 定位输入框模拟人清空内容
        sleep ( 2 )
        self.dr.find_element ( By.XPATH, '//*[@id="phone"]' ).send_keys
( phone )
    self.dr.find_element ( By.XPATH, '/html/body/div[2]/div/div[2]/div[2]/
```

```
div[1]/form/table/tbody/tr[2]/td[3]/div').click()
        sleep(2)
        box = self.dr.switch_to.alert.text
        print('输入手机号码：', phone, '测试结果为：', box)
    def test_01(self):
        self.phone(15253255597)
    def test_02(self):
        self.phone(111111111111111)
    def test_03(self):
        self.phone(0)
    def tearDown(self):
        self.dr.quit()    # 关闭浏览器
if __name__ == '__main__':
unittest.main()
```

unittest 中提供了全局的 main 方法，使用它可以方便地将每一个单元测试模块变成可以直接运行的测试脚本。

main 方法使用 TestLoader 类来搜索所有包含在该模块中 以 test 开头的测试方法并自动执行它们。

5.13.4　资产类别新增测试

资产类别新增按钮如图 5-13-4 所示。

图 5-13-4　资产类别新增按钮

测试代码如下：

```
from selenium import webdriver    # 从 selenium 中导入 webdirver 接口
from time import sleep    # 从 time 中导入 sleep 函数，用来进行页面的强制等待
import unittest    # 导入 Python 的自带的单元测试框架
```

```
from selenium.webdriver.common.keys import Keys    #selenium 中的 Keys（）键
盘事件
from selenium.webdriver.common.action_chains import ActionChains
#导入鼠标事件封装的 ActionChains
from selenium.webdriver.common.by import By  # selenium 中的 by 定位
class newly（unittest.TestCase）：  # 创建一个被测试类 newly，继承 unittest 的
TestCase 类  （可以把 TestCase 看成是对特定类进行测试的集合）
    def setUp（self）：
        self.dr = webdriver.Chrome（）   # 打开浏览器并赋值给 dr
    self.dr.get（'http：//192.168.1.251/bsams/front/login.do?taskId=74&loginName
=student'）
        # 在浏览器 dr 上使用 get 函数得到被测地址
        sleep（2）   # 设置页面强制等待 2 秒
        self.dr.maximize_window（）   # 浏览器窗口最大化
        self.dr.find_element（By.XPATH, '//*[@id="taskId"]'）.send_keys
（74）
    # 使用 find_element_by_XPATH 函数定位到登录页面中任务 ID 按钮的位置
    # 并用 sendkeys 函数 发送数字 74 到已经定位的任务 ID 文本输入内
        self.dr.find_element（By.XPATH, '//*[@id="loginName"]'）.
send_keys（'student'）
        self.dr.find_element（By.XPATH,'//*[@id="password"]'）.send_keys
（'student'）
        self.dr.find_element（By.XPATH,'//*[@id="vericode"]'）.send_keys
（'shtd'）
        sleep（2）
        self.dr.find_element（By.XPATH, '//*[@id="fmedit"]/ div[2]/
div[6]/ input'）. click（）
    # 使用 find_element_by_xpath 函数 定位登录 按钮 并 click 模拟鼠标点击
        sleep（2）
        self.dr.find_element（By.XPATH, '//*[@id="leftmenu_ asset_
category"]'）. click（）
    def add（self, name, id）：
        self.dr.find_element（By.XPATH, '/html/body/div[2]/div/div[2]/
div[2]/div[1]/div/input'）.click（）
        sleep（2）
        self.dr.find_element（By.XPATH, '//*[@id="title"]'）.send_keys
```

（name）

```
        sleep（2）
        self.dr.find_element（By.XPATH,'//*[@id="code"]'）.send_keys(id)
        sleep（2）
        self.dr.find_element（By.XPATH, '//*[@id="cboxLoadedContent"]/
div/div[3]/a[2]'）.click（）
        sleep（2）
        box = self.dr.switch_to.alert.text
    # 使用 switch_to.alert 方法定位到警告提示框后使用 text 实现文字获取
        self.dr.switch_to.alert.accept（）
    # 使用 switch_to.alert 方法 定位到警告提示框后使用 accept 实现确定功能
        print（'新增资产名称', name, '新增资产编码', id, '测试结果为', box）
    def test_01（self）:
        self.add（'zichan', 'zichan01'）
    def test_02（self）:
        self.add（'564564564564', ''）
    def tearDown（self）:
        self.dr.quit（）   # 关闭浏览器
if __name__ == '__main__':
unittest.main（）
```

unittest 中提供了全局的 main 方法，使用它可以方便地将每一个单元测试模块变成可以直接运行的测试脚本。

main 方法使用 TestLoader 类来搜索所有包含在该模块中 以 test 开头的测试方法并自动执行它们。

5.13.5　资产类别修改测试

资产类别修改按钮如图 5-13-5 所示。

图 5-13-5　资产类别界面

测试代码如下:

```
# 资产类别修改功能保存按钮失效
from selenium import webdriver  # 从 selenium 中导入 webdirver 接口
from time import sleep  # 从 time 中导入 sleep 函数，用来进行页面的强制等待
import unittest  # 导入 Python 的自带的单元测试框架
from selenium.webdriver.common.keys import Keys  #selenium 中的 Keys（）键
盘事件
from selenium.webdriver.common.action_chains import ActionChains
#导入鼠标事件封装的 ActionChains
from selenium.webdriver.common.by import By  # selenium 中的 by 定位
class mondifition（unittest.TestCase）：  # 创建一个被测试类 mondifition,
继承 unittest 的 TestCase 类  （可以把 TestCase 看成是对特定类进行测试的集合）
    def setUp（self）:
        self.dr = webdriver.Chrome（）  # 打开浏览器并赋值给 dr
    self.dr.get（ 'http : //192.168.1.251/bsams/front/login.do?taskId=
74&loginName=student'）
        # 在浏览器 dr 上使用 get 函数得到被测地址
        sleep（2）  # 设置页面强制等待 2 秒
        self.dr.maximize_window（）  # 浏览器窗口最大化
        self.dr.find_element（By.XPATH, '//*[@id="taskId"]'）.send_keys
（74）
    # 使用 find_element_by_XPATH 函数定位到登录页面中任务 ID 按钮的位置
    # 并用 sendkeys 函数 发送数字 74 到 已经定位的 任务 ID 文本输入内
        self.dr.find_element（By.XPATH, '//*[@id="loginName"]'）.send_keys
（'student'）
        self.dr.find_element(By.XPATH,'//*[@id="password"]'）.send_keys
（'student'）
        self.dr.find_element(By.XPATH,'//*[@id="vericode"]'）.send_keys
（'shtd'）
        sleep（2）
        self.dr.find_element（ By.XPATH , '//*[@id="fmedit"]/div[2]/
div[6]/ input'）. click（）
    # 使用 find_element_by_xpath 函数 定位登录 按钮 并 click 模拟鼠标点击
        sleep（2）
        self.dr.find_element（ By.XPATH , '//*[@id="leftmenu_ asset_
category"]'）. click（）
```

```python
    def mon(self, name, id):
        self.dr.find_element(By.XPATH, '/html/body/div[2]/div/div[2]/
div[2]/div[2]/table/tbody/tr[2]/td[5]/a[1]').click()
        sleep(2)
        self.dr.find_element(By.XPATH, '//*[@id="title"]').clear()
        sleep(2)
        self.dr.find_element(By.XPATH, '//*[@id="title"]').send_keys
(name)
        sleep(2)
        self.dr.find_element(By.XPATH, '//*[@id="code"]').clear()
        sleep(2)
        self.dr.find_element(By.XPATH, '//*[@id="code"]').send_keys(id)
        self.dr.find_element(By.XPATH, '//*[@id="cboxLoadedContent"]/
div/div[3]/a[2]').click()
        sleep(3)
        box = self.dr.switch_to.alert.text
    # 使用 switch_to.alert 方法 定位到警告 提示框后 使用 text 实现文字获取
        self.dr.switch_to.alert.accept()
    # 使用 switch_to.alert 方法 定位到警告 提示框后 使用 accept 实现确定功能
        print('修改资产名称', name, '修改资产编码', id, '测试结果为', box)
    def test_01(self):
        self.mon('zichan', 'zichan01')
    def test_02(self):
 self.mon('56464564', '')
 def test_03(self):
     self.mon('5646', '111111')
 def tearDown(self):
        self.dr.quit()    # 关闭浏览器
if __name__ == '__main__':
unittest.main()
```

unittest 中提供了全局的 main 方法，使用它可以方便地将每一个单元测试模块变成可以直接运行的测试脚本。

main 方法使用 TestLoader 类来搜索所有包含在该模块中 以 test 开头的测试方法并自动执行它们。

5.13.6 品牌新增测试

品牌新增按钮如图 5-13-6 所示。

图 5-13-6　品牌新增按钮

测试代码如下：

```
from selenium import webdriver  # 从 selenium 中导入 webdirver 接口
from time import sleep  # 从 time 中导入 sleep 函数，用来进行页面的强制等待
import unittest  # 导入 Python 自带的单元测试框架
from selenium.webdriver.common.keys import Keys #selenium 中的 Keys（）键
盘事件
from selenium.webdriver.common.action_chains import ActionChains
#导入鼠标事件封装的 ActionChains
from selenium.webdriver.common.by import By # selenium 中的 by 定位
class brand（unittest.TestCase）:  # 创建一个被测试类 brand，继承 unittest 的
TestCase 类（可以把 TestCase 看成是对特定类进行测试的集合）
    def setUp（self）:
        self.dr = webdriver.Chrome（）  # 打开浏览器 并赋值给 dr
    self.dr.get （ 'http ：//192.168.1.251/bsams/front/login.do?taskId=
74&loginName=student'）
        # 在浏览器 dr上 使用 get 函数 得到被测地址
        sleep（2）  # 设置页面强制等待2秒
        self.dr.maximize_window（）    # 浏览器窗口最大化
```

```python
        self.dr.find_element (By.XPATH, '//*[@id="taskId"]').send_keys
（74）
    # 使用 find_element_by_XPATH 函数定位到登录页面中任务 ID 按钮的位置
    # 并用 send_keys 函数 发送数字 74 到 已经定位的 任务 ID 文本输入内
        self.dr.find_element ( By.XPATH , '//*[@id="loginName"]' ) .
send_keys ('student')
        self.dr.find_element(By.XPATH,'//*[@id="password"]').send_keys
('student')
        self.dr.find_element(By.XPATH,'//*[@id="vericode"]').send_keys
('shtd')
        sleep (2)
        self.dr.find_element ( By.XPATH , '//*[@id="fmedit"]/div[2]/
div[6]/input') .click ()
    # 使用 find_element_by_xpath 函数 定位登录 按钮 并 click 模拟鼠标点击
        sleep (2)
        self.dr.find_element ( By.XPATH , '//*[@id="leftmenu_asset_
brand"]/i') .click ()
    def add (self, name, id):
    self.dr.find_element ( By.XPATH , '/html/body/div[2]/div/div[2]/div
[2]/div[1]/div/input') .click ()
        sleep (2)
        self.dr.find_element (By.XPATH, '//*[@id="title"]') .send_keys
(name)
        sleep (2)
        self.dr.find_element(By.XPATH,'//*[@id="code"]').send_keys(id)
        sleep (2)
        self.dr.find_element (By.XPATH, '//*[@id="cboxLoadedContent"]/
div/div[3]/a[2]') .click ()
        sleep (2)
        box = self.dr.switch_to.alert.text
    # 使用 switch_to.alert 方法 定位到警告 提示框后 使用 text 实现文字获取
        self.dr.switch_to.alert.accept ()
    # 使用 switch_to.alert 方法 定位到警告 提示框后 使用 accept 实现确定功能
        print ('新增品牌名称', name, '新增品牌编码', id, '测试结果为', box)
    def test_01 (self):
        self.add ('zichan', 'zichan01')
```

```
    def test_02 (self):
        self.add ('564564564564', '')
    def tearDown (self):
        self.dr.quit ()    # 关闭浏览器
if __name__ == '__main__':
unittest.main ()
```

unittest 中提供了全局的 main 方法,使用它可以方便地将每一个单元测试模块变成可以直接运行的测试脚本。

main 方法使用 TestLoader 类来搜索所有包含在该模块中 以 test 开头的测试方法并自动执行它们。

5.13.7　品牌禁用启用测试

品牌禁用/启用按钮如图 5-13-7 所示。

图 5-13-7　品牌禁用/启用按钮

测试代码如下:

```
from selenium import webdriver   # 从 selenium 中导入 webdirver 接口
from time import sleep # 从 time 中导入 sleep 函数,用来进行页面的强制等待
import unittest    # 导入 Python 自带的单元测试框架
from selenium.webdriver.common.keys import Keys   #selenium 中的 Keys () 键
盘事件
from selenium.webdriver.common.action_chains import ActionChains
#导入鼠标事件封装的 ActionChains
from selenium.webdriver.common.by import By   # selenium 中的 by 定位
class brand (unittest.TestCase):   # 创建一个被测试类 brand, 继承 unittest 的
TestCase 类    (可以把 TestCase 看成是对特定类进行测试的集合)
```

```python
    def setUp (self):
        self.dr = webdriver.Chrome ()    # 打开浏览器 并赋值给 dr
    self.dr.get ('http: //192.168.1.251/bsams/front/login.do?taskId=74&loginName
=student')
        # 在浏览器 dr 上 使用 get 函数 得到被测地址
        sleep (2)   # 设置页面强制等待 2 秒
        self.dr.maximize_window ()    # 浏览器窗口最大化
        self.dr.find_element (By.XPATH, '//*[@id="taskId"]').send_keys
(74)
    # 使用 find_element_by_XPATH 函数定位到登录页面中任务 ID 按钮的位置
    # 并用 sendkeys 函数 发送数字 74 到 已经定位的 任务 ID 文本输入内
        self.dr.find_element (By.XPATH, '//*[@id="loginName"]').send_keys
('student')
        self.dr.find_element(By.XPATH,'//*[@id="password"]').send_keys
('student')
        self.dr.find_element(By.XPATH,'//*[@id="vericode"]').send_keys
('shtd')
        sleep (2)
        self.dr.find_element ( By.XPATH , '//*[@id="fmedit"]/div[2]/
div[6]/input').click ()
        # 使用 find_element_by_xpath 函数 定位登录 按钮 并 click 模拟鼠标点击
        sleep (2)
        self.dr.find_element ( By.XPATH , '//*[@id="leftmenu_asset_
brand"]/i'). click ()
    def test_01 (self):
    self.dr.find_element (By.XPATH, "/html/body/div[2]/div/div[2]/div[2]/
div[2]/table/tbody/tr[2]/td[5]/a[2]").click ()
        sleep (2)
        box = self.dr.switch_to.alert.text
    # 使用 switch_to.alert 方法 定位到警告 提示框后 使用 text 实现文字获取
        print (box)
        self.dr.switch_to.alert.accept ()
    # 使用 switch_to.alert 方法 定位到警告 提示框后 使用 accept 实现确定功能
    def test_02 (self):
    self.dr.find_element (By.XPATH, "/html/body/div[2]/div/div[2]/div[2]/
div[2]/table/tbody/tr[2]/td[5]/a[2]").click ()
```

```
        sleep (2)
        box = self.dr.switch_to.alert.text
        print (box)
        self.dr.switch_to.alert.accept ( )
    def tearDown (self):
        self.dr.quit ( )    # 关闭浏览器
if __name__ == '__main__':
unittest.main ( )
```

unittest 中提供了全局的 main 方法，使用它可以方便地将每一个单元测试模块变成可以直接运行的测试脚本。

main 方法使用 TestLoader 类来搜索所有包含在该模块中 以 test 开头的测试方法并自动执行它们。

5.13.8 品牌修改测试

品牌修改按钮如图 5-13-8 所示。

图 5-13-8 品牌修改按钮

测试代码如下：

```
from selenium import webdriver    # 从 selenium 中导入 webdirver 接口
from time import sleep    # 从 time 中导入 sleep 函数，用来进行页面的强制等待
import unittest    # 导入 Python 自带的单元测试框架
from selenium.webdriver.common.keys import Keys    #selenium 中的 Keys ( )
键盘事件
from selenium.webdriver.common.action_chains import ActionChains
#导入鼠标事件封装的 ActionChains
from selenium.webdriver.common.by import By    # selenium 中的 by 定位
class brand (unittest.TestCase): # 创建一个被测试类 brand, 继承 unittest 的
TestCase 类    (可以把 TestCase 看成是对特定类进行测试的集合)
    def setUp (self):
        self.dr = webdriver.Chrome ( )    # 打开浏览器 并赋值给 dr
```

```
self.dr.get  （ 'http :  //192.168.1.251/bsams/front/login.do?taskId=
74&loginName=student'）
```
　　　　# 在浏览器 dr 上 使用 get 函数 得到被测地址
　　　　sleep（2）　# 设置页面强制等待 2 秒
　　　　self.dr.maximize_window（）　# 浏览器窗口最大化
　　　　self.dr.find_element（By.XPATH, '//*[@id="taskId"]'）.send_keys
（74）
　　# 使用 find_element_by_XPATH 函数定位到登录页面中任务 ID 按钮的位置
　　# 并用 sendkeys 函数 发送数字 74 到 已经定位的 任务 ID 文本输入内
```
        self.dr.find_element  （ By.XPATH ,  '//*[@id="loginName"]' ） .
send_keys （'student'）
        self.dr.find_element(By.XPATH,'//*[@id="password"]').send_keys
（'student'）
        self.dr.find_element(By.XPATH,'//*[@id="vericode"]').send_keys
（'shtd'）
        sleep（2）
        self.dr.find_element  （ By.XPATH ,  '//*[@id="fmedit"]/div[2]/
div[6]/input'）.click（）
```
　　　　# 使用 find_element_by_xpath 函数 定位登录 按钮 并 click 模拟鼠标点击
　　　　sleep（2）
```
        self.dr.find_element  （ By.XPATH ,  '//*[@id="leftmenu_asset_
brand"]/i'）.click（）
    def mon（self, name, id）:
   self.dr.find_element（By.XPATH, '/html/body/div[2]/div/div[2]/div[2]/
div[2]/table/tbody/tr[2]/td[5]/a[1]'）.click（）
        sleep（2）
        self.dr.find_element(By.XPATH,'//*[@id="title"]').clear（）　#
```
使用 By.XPATH 定位到当前元素, 清空内容
```
        sleep（2）
        self.dr.find_element （By.XPATH, '//*[@id="title"]'）.send_keys
（name）
        sleep（2）
        self.dr.find_element （By.XPATH, '//*[@id="code"]'）.clear（）
        sleep（2）
        self.dr.find_element(By.XPATH,'//*[@id="code"]').send_keys(id)
```

```
        self.dr.find_element（By.XPATH，'//*[@id="cboxLoadedContent"]/
div/div[3]/a[2]'）.click（）
        sleep（3）
        box = self.dr.switch_to.alert.text
    # 使用 switch_to.alert 方法 定位到警告 提示框后 使用 text 实现文字获取
        self.dr.switch_to.alert.accept（）
    # 使用 switch_to.alert 方法 定位到警告 提示框后 使用 accept 实现确定功能
        print（'修改品牌名称'，name，'修改品牌编码'，id，'测试结果为'，box）
    def test_01（self）：
        self.mon（'zichan'，'zichan01'）
    def test_02（self）：
        self.mon（'56464564'，''）
    def test_03（self）：
        self.mon（'5646'，'111111'）
    def tearDown（self）：
        self.dr.quit（）    # 关闭浏览器
if __name__ == '__main__':
        unittest.main（）
```

unittest 中提供了全局的 main 方法，使用它可以方便地将每一个单元测试模块变成可以直接运行的测试脚本。

main 方法使用 TestLoader 类来搜索所有包含在该模块中 以 test 开头的测试方法并自动执行它们。

5.13.9　报废方式测试

报废方式新增按钮如图 5-13-9 所示。

图 5-13-9　报废方式新增按钮

测试代码如下:

```
from selenium import webdriver  # 从 selenium 中导入 webdirver 接口
from time import sleep   # 从 time 中导入 sleep 函数，用来进行页面的强制等待
import unittest   # 导入 Python 自带的单元测试框架
from selenium.webdriver.common.keys import Keys  #selenium 中的 Keys()
from selenium.webdriver.common.action_chains import ActionChains
#导入鼠标事件封装的 ActionChains
from selenium.webdriver.common.by import By   # selenium 中的 by 定位
class newly(unittest.TestCase):
    def setUp(self):
        self.dr = webdriver.Chrome()   # 打开浏览器 并赋值给 dr
        self.dr.get('http://192.168.1.251/bsams/front/login.do?taskId=
74&loginName=student')  # 在浏览器 dr 上 使用 get 函数 得到被测地址
        sleep(2)   # 设置页面强制等待 2 秒
        self.dr.maximize_window()   # 浏览器窗口最大化
        self.dr.find_element(By.XPATH, '//*[@id="taskId"]').send_keys
(74)
    # 使用 find_element_by_XPATH 函数定位到登录页面中任务 ID 按钮的位置
    # 并用 sendkeys 函数 发送数字 74 到 已经定位的 任务 ID 文本输入内
        self.dr.find_element ( By.XPATH , '//*[@id="loginName"]' ) .
send_keys('student')
        self.dr.find_element(By.XPATH,'//*[@id="password"]').send_keys
('student')
        self.dr.find_element(By.XPATH,'//*[@id="vericode"]').send_keys
('shtd')
        sleep(2)
        self.dr.find_element ( By.XPATH , '//*[@id="fmedit"]/div[2]/
div[6]/input') .click()
        sleep(2)
        self.dr.find_element ( By.XPATH , '//*[@id="leftmenu_asset_
discard"]') .click()
    def add(self, name, id):
        self.dr.find_element(By.XPATH, '/html/body/div[2]/div/div[2]/
div[2]/div[1]/div/input') .click()
        sleep(2)
        self.dr.find_element(By.XPATH, '//*[@id="title"]') .send_keys
```

（name）
```
        sleep（2）
        self.dr.find_element(By.XPATH,'//*[@id="code"]').send_keys(id)
        sleep（2）
        self.dr.find_element（By.XPATH, '//*[@id="cboxLoadedContent"]/
div/div[3]/a[2]'）.click（）
        sleep（2）
        box = self.dr.switch_to.alert.text  # 使用 switch_to.alert 方法 定位
到警告 提示框后 使用 text 实现文字获取
        self.dr.switch_to.alert.accept（） # 使用 switch_to.alert 方法 定位到
警告 提示框后 使用 accept 实现确定功能
        print（'新增报废名称', name, '新增报废编码', id, '测试结果为', box）
    def test_01（self）:
        self.add（'zichan', 'zichan01'）
    def test_02（self）:
        self.add（'564564564564', ''）
    def tearDown（self）:
        self.dr.quit（）  # 关闭浏览器
if __name__ == '__main__':
unittest.main（）
```

unittest 中提供了全局的 main 方法，使用它可以方便地将每一个单元测试模块变成可以直接运行的测试脚本。

main 方法使用 TestLoader 类来搜索所有包含在该模块中 以 test 开头的测试方法并自动执行它们。

5.13.10　报废方式测试

报废方式禁用/启用按钮如图 5-13-10 所示。

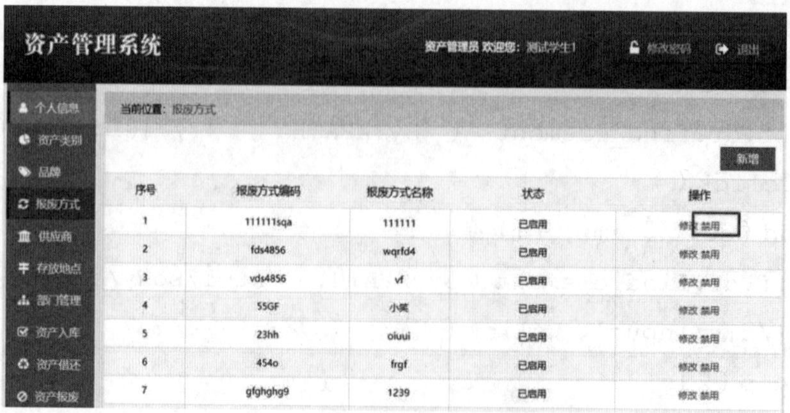

图 5-13-10　报废方式禁用/启用按钮

测试代码如下:

```
from selenium import webdriver  # 从 selenium 中导入 webdirver 接口
from time import sleep   # 从 time 中导入 sleep 函数，用来进行页面的强制等待
import unittest     # 导入 Python 自带的单元测试框架
from selenium.webdriver.common.keys import Keys   #selenium 中的 Keys（ ）
键盘事件
from selenium.webdriver.common.action_chains import ActionChains
#导入鼠标事件封装的 ActionChains
from selenium.webdriver.common.by import By# selenium 中的 by 定位
# 禁用按钮失效
class brand（unittest.TestCase）:   # 创建一个被测试类 brand, 继承 unittest 的
TestCase 类  （可以把 TestCase 看成是对特定类进行测试的集合）
    def setUp（self）:   #创建函数 setUp（ ）
        self.dr = webdriver.Chrome（ ）    # 打开浏览器 并赋值给 dr
        self.dr.get（'http://192.168.1.251/bsams/front/login.do?taskId=
74&loginName=student'）         # 在浏览器 dr 上 使用 get 函数 得到被测地址
        sleep（2）   # 设置页面强制等待 2 秒
        self.dr.maximize_window（ ）    # 浏览器窗口最大化
        self.dr.find_element（By.XPATH, '//*[@id="taskId"]'）.send_keys
（74）
    # 使用 find_element_by_XPATH 函数定位到登录页面中任务 ID 按钮的位置
    # 并用 sendkeys 函数 发送数字 74 到 已经定位的 任务 ID 文本输入内
        self.dr.find_element （ By.XPATH , '//*[@id="loginName"]' ） .
send_keys（'student'）
        self.dr.find_element（By.XPATH,'//*[@id="password"]'）.send_keys
（'student'）
        self.dr.find_element（By.XPATH,'//*[@id="vericode"]'）.send_keys
（'shtd'）
        sleep（2）
        self.dr.find_element （ By.XPATH , '//*[@id="fmedit"]/div[2]/
div[6]/input'）.click（ ）
    # 使用 find_element_by_xpath 函数 定位登录 按钮 并 click 模拟鼠标点击
        sleep（2）
        self.dr.find_element （ By.XPATH , '//*[@id="leftmenu_asset_
discard"]/i'）.click（ ）
    def test_01（self）:
```

```
        self.dr.find_element ( By.XPATH , "/html/body/div[2]/div/
div[2]/div[2]/div[2]/table/tbody/tr[2]/td[5]/a[2]").click ( )
        sleep ( 2 )
        box = self.dr.switch_to.alert.text
    # 使用 switch_to.alert 方法 定位到警告 提示框后 使用 text 实现文字获取
        print ( box )
        self.dr.switch_to.alert.accept ( )
    # 使用 switch_to.alert 方法 定位到警告 提示框后 使用 accept 实现确定功能
    def test_02 ( self ) :
        self.dr.find_element ( By.XPATH, "/html/body/div[2]/div/div[2]/
div[2]/div[2]/table/tbody/tr[2]/td[5]/a[2]").click ( )
        sleep ( 2 )
        box = self.dr.switch_to.alert.text
        print ( box )
        self.dr.switch_to.alert.accept ( )
    def tearDown ( self ) :
        self.dr.quit ( )    # 关闭浏览器
if __name__ == '__main__':
unittest.main ( )
```

unittest 中提供了全局的 main 方法,使用它可以方便地将每一个单元测试模块变成可以直接运行的测试脚本。

main 方法使用 TestLoader 类来搜索所有包含在该模块中 以 test 开头的测试方法并自动执行它们。

5.13.11　报废方式测试

报废方式修改按钮如图 5-13-11 所示。

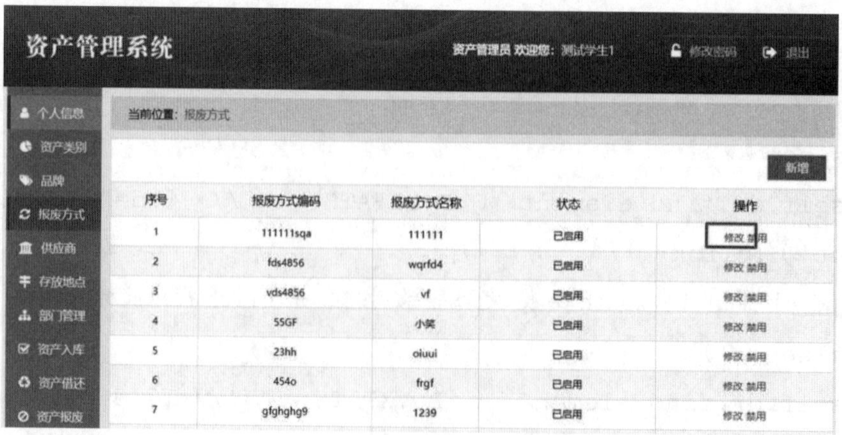

图 5-13-11　报废方式修改按钮

测试代码如下：

```python
from selenium import webdriver    # 从 selenium 中导入 webdirver 接口
from time import sleep   # 从 time 中导入 sleep 函数，用来进行页面的强制等待
import unittest   # 导入 Python 自带的单元测试框架
from selenium.webdriver.common.keys import Keys    #selenium 中的 Keys ( )
键盘事件
from selenium.webdriver.common.action_chains import ActionChains
#导入鼠标事件封装的 ActionChains
from selenium.webdriver.common.by import By    # selenium 中的 by 定位
class mondifition (unittest.TestCase): # 创建一个被测试类 ZCLB，继承 unittest
的 TestCase 类   ( 可以把 TestCase 看成是对特定类进行测试的集合)
    def setUp (self):
        self.dr = webdriver.Chrome ( )   # 打开浏览器 并赋值给 dr
        self.dr.get  ( 'http :  //192.168.1.251/bsams/front/login.do?
taskId=74&loginName=student' )  # 在浏览器 dr 上 使用 get 函数 得到被测地址
        sleep ( 2 )  # 设置页面强制等待 2 秒
        self.dr.maximize_window ( )     # 浏览器窗口最大化
        self.dr.find_element (By.XPATH, '//*[@id="taskId"]').send_keys
( 74 )
# 使用 find_element_by_XPATH 函数定位到登录页面中任务 ID 按钮的位置
# 并用 sendkeys 函数 发送数字 74 到 已经定位的 任务 ID 文本输入内
        self.dr.find_element ( By.XPATH , '//*[@id="loginName"]' ) .
send_keys ('student')
        self.dr.find_element(By.XPATH,'//*[@id="password"]').send_keys
('student')
        self.dr.find_element(By.XPATH,'//*[@id="vericode"]').send_keys
('shtd')
        sleep ( 2 )
        self.dr.find_element ( By.XPATH , '//*[@id="fmedit"]/div[2]/
div[6]/input').click ( )
        sleep ( 2 )
        self.dr.find_element ( By.XPATH , '//*[@id="leftmenu_asset_
discard"]').click ( )
    def mon (self, name, id):
        self.dr.find_element (By.XPATH, '/html/body/div[2]/div/div[2]/
div[2]/div[2]/table/tbody/tr[2]/td[5]/a[1]').click ( )
```

```
        sleep（2）
        self.dr.find_element（By.XPATH, '//*[@id="title"]'）.clear（）
        sleep（2）
        self.dr.find_element（By.XPATH, '//*[@id="title"]'）.send_keys
（name）
        sleep（2）
        self.dr.find_element（By.XPATH, '//*[@id="code"]'）.clear（）
        sleep（2）
        self.dr.find_element(By.XPATH, '//*[@id="code"]').send_keys(id)
        self.dr.find_element（By.XPATH, '//*[@id="cboxLoadedContent"]/
div/div[3]/a[2]'）.click（）
        sleep（3）
        box = self.dr.switch_to.alert.text    # 使用 switch_to.alert 方法 定
位到警告 提示框后 使用 text 实现文字获取
        self.dr.switch_to.alert.accept（）    # 使用 switch_to.alert 方法 定位
到警告 提示框后 使用 accept 实现确定功能
        print（'修改报废名称', name, '修改报废编码', id, '测试结果为', box）
    def test_01（self）:
        self.mon（'zichan', 'zichan01'）
    def test_02（self）:
        self.mon（'56464564', ''）
    def test_03（self）:
        self.mon（'5646', '111111'）
    def tearDown（self）:
        self.dr.quit（）  # 关闭浏览器
if __name__ == '__main__':
unittest.main（）
```

unittest 中提供了全局的 main 方法, 使用它可以方便地将每一个单元测试模块变成可以直接运行的测试脚本。

main 方法使用 TestLoader 类来搜索所有包含在该模块中 以 test 开头的测试方法并自动执行它们。

5.13.12　供应商测试

供应商新增按钮如图 5-13-12 所示。

图 5-13-12　供应商新增按钮

测试代码如下：

```
from selenium import webdriver   # 从 selenium 中导入 webdirver 接口
from time import sleep   # 从 time 中导入 sleep 函数，用来进行页面的强制等待
import unittest   # 导入 Python 自带的单元测试框架
from selenium.webdriver.common.keys import Keys   #selenium 中的 Keys（）键
盘事件
from selenium.webdriver.common.action_chains import ActionChains
#导入鼠标事件封装的 ActionChains
from selenium.webdriver.common.by import By   # selenium 中的 by 定位
class newly（unittest.TestCase）:   # 创建一个被测试类 newly，继承 unittest 的
TestCase 类   （可以把 TestCase 看成是对特定类进行测试的集合）
    def setUp（self）:
        self.dr = webdriver.Chrome（）   # 打开浏览器 并赋值给 dr
    self.dr.get（'http : //192.168.1.251/bsams/front/login.do?taskId=
74&loginName=student'）
        # 在浏览器 dr 上 使用 get 函数 得到被测地址
        sleep（2）   # 设置页面强制等待 2 秒
        self.dr.maximize_window（）   # 浏览器窗口最大化
        self.dr.find_element（By.XPATH, '//*[@id="taskId"]'）.send_keys
（74）
```

```
# 使用 find_element_by_XPATH 函数定位到登录页面中任务 ID 按钮的位置
# 并用 sendkeys 函数 发送数字 74 到 已经定位的 任务 ID 文本输入内
        self.dr.find_element ( By.XPATH , '//*[@id="loginName"]' ) .
send_keys ( 'student' )
        self.dr.find_element(By.XPATH,'//*[@id="password"]').send_keys
( 'student' )
        self.dr.find_element(By.XPATH,'//*[@id="vericode"]').send_keys
( 'shtd' )
        sleep ( 2 )
        self.dr.find_element ( By.XPATH , '//*[@id="fmedit"]/div[2]/
div[6]/input' ) .click ( )
        # 使用 find_element_by_xpath 函数 定位登录 按钮 并 click 模拟鼠标点击
        sleep ( 2 )
        self.dr.find_element ( By.XPATH , '//*[@id="leftmenu_asset_
provider"]' ) .click ( )
    def test_01 ( self ) :
        self.dr.find_element ( By.XPATH , '//*[@id="fmsearch"]/div[4]/
input' ) .click ( )
        sleep ( 2 )
        ti = self.dr.title
        print ( "系统返回", ti )
    def tearDown ( self ) :
        self.dr.quit ( )    # 关闭浏览器
if __name__ == '__main__':
unittest.main ( )
```

unittest 中提供了全局的 main 方法,使用它可以方便地将每一个单元测试模块变成可以直接运行的测试脚本。

main 方法使用 TestLoader 类来搜索所有包含在该模块中 以 test 开头的测试方法并自动执行它们。

5.13.13 供应商测试

供应商禁用/启用按钮如图 5-13-13 所示。

图 5-13-13　供应商禁用/启用按钮

测试代码如下：

```python
from selenium import webdriver  # 从 selenium 中导入 webdirver 接口
from time import sleep  # 从 time 中导入 sleep 函数，用来进行页面的强制等待
import unittest  # 导入 Python 自带的单元测试框架
from selenium.webdriver.common.keys import Keys  #selenium 中的 Keys（）
键盘事件
from selenium.webdriver.common.action_chains import ActionChains
#导入鼠标事件封装的 ActionChains
from selenium.webdriver.common.by import By  # selenium 中的 by 定位
class newly（unittest.TestCase）：# 创建一个被测试类 newly，继承 unittest 的
TestCase 类　（可以把 TestCase 看成是对特定类进行测试的集合）
    def setUp（self）：
        self.dr = webdriver.Chrome（）  # 打开浏览器 并赋值给 dr
    self.dr.get （ 'http ：//192.168.1.251/bsams/front/login.do?taskId=
74&loginName=student'）
        # 在浏览器 dr 上 使用 get 函数 得到被测地址
        sleep（2）  # 设置页面强制等待2秒
        self.dr.maximize_window（）  # 浏览器窗口最大化
        self.dr.find_element（By.XPATH, '//*[@id="taskId"]'）.send_keys
（74）
```

使用 find_element_by_XPATH 函数定位到登录页面中任务 ID 按钮的位置
并用 sendkeys 函数 发送数字 74 到 已经定位的 任务 ID 文本输入内

```
        self.dr.find_element（By.XPATH，'//*[@id="loginName"]'）.
send_keys（'student'）
        self.dr.find_element(By.XPATH,'//*[@id="password"]').send_keys
（'student'）
        self.dr.find_element(By.XPATH,'//*[@id="vericode"]').send_keys
（'shtd'）
        sleep（2）
        self.dr.find_element（By.XPATH，'//*[@id="fmedit"]/div[2]/
div[6]/input'）.click（）
        # 使用 find_element_by_xpath 函数 定位登录 按钮 并 click 模拟鼠标点击
        sleep（2）
        self.dr.find_element（By.XPATH，'//*[@id="leftmenu_asset_
provider"]'）.click（）
    def test_01（self）：
        self.dr.find_element（By.XPATH，'/html/body/div[2]/div/div[2]/
div[2]/div[2]/table/tbody/tr[2]/td[7]/a[2]'）.click（）
        sleep（2）
        ti = self.dr.title
        print（"系统返回"，ti）
    def tearDown（self）：
        self.dr.quit（）   # 关闭浏览器
if __name__ == '__main__'：
unittest.main（）
```

unittest 中提供了全局的 main 方法，使用它可以方便地将每一个单元测试模块变成可以直接运行的测试脚本。

main 方法使用 TestLoader 类来搜索所有包含在该模块中 以 test 开头的测试方法并自动执行它们。

5.13.14 供应商测试

供应商修改按钮如图 5-13-14 所示。

图 5-13-14　供应商修改按钮

测试代码如下：

```python
from selenium import webdriver  # 从 selenium 中导入 webdirver 接口
from time import sleep  # 从 time 中导入 sleep 函数，用来进行页面的强制等待
import unittest  # 导入 Python 的自带的单元测试框架
from selenium.webdriver.common.keys import Keys #selenium 中的 Keys () 键盘事件
from selenium.webdriver.common.action_chains import ActionChains
#导入鼠标事件封装的 ActionChains
from selenium.webdriver.common.by import By  # selenium 中的 by 定位
class newly (unittest.TestCase): # 创建一个被测试类 newly, 继承 unittest 的
TestCase 类  （可以把 TestCase 看成是对特定类进行测试的集合）
    def setUp (self):
        self.dr = webdriver.Chrome ()  # 打开浏览器 并赋值给 dr
    self.dr.get ( 'http : //192.168.1.251/bsams/front/login.do?taskId=74&loginName=student')
        # 在浏览器 dr 上 使用 get 函数 得到被测地址
        sleep (2)   # 设置页面强制等待 2 秒
        self.dr.maximize_window ()   # 浏览器窗口最大化
        self.dr.find_element (By.XPATH, '//*[@id="taskId"]').send_keys
(74)
```

```
     # 使用 find_element_by_XPATH 函数定位到登录页面中任务 ID 按钮的位置
     # 并用 sendkeys 函数 发送数字 74 到 已经定位的 任务 ID 文本输入内
           self.dr.find_element ( By.XPATH , '//*[@id="loginName"]' ) .
send_keys ('student')
           self.dr.find_element(By.XPATH,'//*[@id="password"]').send_keys
('student')
           self.dr.find_element(By.XPATH,'//*[@id="vericode"]').send_keys
('shtd')
           sleep (2)
           self.dr.find_element ( By.XPATH , '//*[@id="fmedit"]/div[2]/
div[6]/input') .click ()
     # 使用 find_element_by_xpath 函数 定位登录 按钮 并 click 模拟鼠标点击
           sleep (2)
           self.dr.find_element ( By.XPATH , '//*[@id="leftmenu_asset_
provider"]') .click ()
     def test_01 (self):
           self.dr.find_element ( By.XPATH, '/html/body/div[2]/div/div[2]/
div[2]/div[2]/table/tbody/tr[2]/td[7]/a[1]') .click ()
           sleep (2)
           ti = self.dr.title
           print ("系统返回", ti)
     def tearDown (self):
           self.dr.quit ()    # 关闭浏览器
   if __name__ == '__main__':
unittest.main ()
```

unittest 中提供了全局的 main 方法,使用它可以方便地将每一个单元测试模块变成可以直接运行的测试脚本。

main 方法使用 TestLoader 类来搜索所有包含在该模块中 以 test 开头的测试方法并自动执行它们。

5.13.15　供应商测试

供应商查询按钮如图 5-13-15 所示。

图 5-13-15　供应商查询按钮

测试代码如下：

```
from selenium import webdriver   # 从 selenium 中导入 webdirver 接口
from time import sleep   # 从 time 中导入 sleep 函数，用来进行页面的强制等待
import unittest   # 导入 Python 自带的单元测试框架
from selenium.webdriver.common.keys import Keys   #selenium 中的 Keys（）键
盘事件
from selenium.webdriver.common.action_chains import ActionChains
#导入鼠标事件封装的 ActionChains
from selenium.webdriver.common.by import By   # selenium 中的 by 定位
class newly（unittest.TestCase）:   # 创建一个被测试类 newly，继承 unittest 的
TestCase 类   （可以把 TestCase 看成是对特定类进行测试的集合）
    def setUp（self）:   #创建函数 setUp（）
        self.dr = webdriver.Chrome（）   # 打开浏览器 并赋值给 dr
        self.dr.get（'http://192.168.1.251/bsams/front/login.do?taskId=
74&loginName=student）
    # 在浏览器 dr 上 使用 get 函数 得到被测地址
        sleep（2）   # 设置页面强制等待 2 秒
        self.dr.maximize_window（）   #浏览器窗口最大化
        self.dr.find_element（By.XPATH, '//*[@id="taskId"]'）.send_keys
（74）
```

```
    # 使用 find_element_by_XPATH 函数定位到登录页面中任务 ID 按钮的位置
    # 并用 sendkeys 函数 发送数字 74 到 已经定位的 任务 ID 文本输入内
        self.dr.find_element ( By.XPATH , '//*[@id="loginName"]' ) .
send_keys ('student')
        self.dr.find_element(By.XPATH,'//*[@id="password"]').send_keys
('student')
        self.dr.find_element(By.XPATH,'//*[@id="vericode"]').send_keys
('shtd')
        sleep (2)
        self.dr.find_element ( By.XPATH , '//*[@id="fmedit"]/div[2]/
div[6]/input') .click ()
    # 使用 find_element_by_xpath 函数 定位登录 按钮 并 click 模拟鼠标点击
        sleep (2)
        self.dr.find_element ( By.XPATH , '//*[@id="leftmenu_asset_
provider"]') .click ()
    def search (self, name) :
        self.dr.find_element ( By.XPATH , '//*[@id="fmsearch"]/div[1]/
select') .click ()
        sleep (2)
        self.dr.find_element ( By.XPATH , '//*[@id="fmsearch"]/div[1]/
select/option[2]') .click ()
        sleep (2)
        self.dr.find_element (By.XPATH, '//*[@id="title"]') .clear ()
        sleep (2)
        self.dr.find_element (By.XPATH, '//*[@id="title"]') .send_keys
(name)
        sleep (2)
        self.dr.find_element ( By.XPATH , '//*[@id="fmsearch"]/div[3]/
input') .click ()
        sleep (2)
        box = self.dr.find_element ( By.XPATH , "/html/body/div[2]/
div/div[2]/div[2]/div[2]/table") .text
        print ('查询条件', name, '查询结果', box)
    def test_01 (self) :
        self.search ('北京合力科技有限公司')
```

```
def tearDown(self):
    self.dr.quit()  # 关闭浏览器
if __name__ == '__main__':
    unittest.main()
```

unittest 中提供了全局的 main 方法,使用它可以方便地将每一个单元测试模块变成可以直接运行的测试脚本。

main 方法使用 TestLoader 类来搜索所有包含在该模块中 以 test 开头的测试方法并自动执行它们。

5.13.16　存放地点测试

存放地点查询按钮如图 5-13-16 所示。

图 5-13-16　存放地点查询按钮

测试代码如下:

```
from selenium import webdriver  # 从 selenium 中导入 webdirver 接口
from time import sleep  # 从 time 中导入 sleep 函数,用来进行页面的强制等待
import unittest  # 导入 Python 自带的单元测试框架
from selenium.webdriver.common.keys import Keys    #selenium 中的 Keys()
键盘事件
from selenium.webdriver.common.action_chains import ActionChains
#导入鼠标事件封装的 ActionChains
from selenium.webdriver.common.by import By  # selenium 中的 by 定位
class newly(unittest.TestCase):# 创建一个被测试类 ZCLB,继承 unittest 的 TestCase
```

类 （可以把 TestCase 看成是对特定类进行测试的集合）

```
    def setUp (self):
        self.dr = webdriver.Chrome ()   # 打开浏览器并赋值给 dr
    self.dr.get ('http: //192.168.1.251/bsams/front/login.do?taskId=
74&loginName=student')
```

\# 在浏览器 dr 上 使用 get 函数 得到被测地址

```
        sleep (2)     #设置页面强制等待 2 秒
        self.dr.maximize_window ()    # 浏览器窗口最大化
        self.dr.find_element (By.XPATH, '//*[@id="taskId"]').send_keys
(74)
```

\# 使用 find_element_by_XPATH 函数定位到登录页面中任务 ID 按钮的位置

\# 并用 sendkeys 函数 发送数字 74 到 已经定位的 任务 ID 文本输入内

```
        self.dr.find_element ( By.XPATH , '//*[@id="loginName"]' ) .
send_keys ('student')
        self.dr.find_element(By.XPATH,'//*[@id="password"]').send_keys
('student')
        self.dr.find_element(By.XPATH,'//*[@id="vericode"]').send_keys
('shtd')
        sleep (2)
        self.dr.find_element ( By.XPATH , '//*[@id="fmedit"]/div[2]/
div[6]/input').click ()
```

\# 使用 find_element_by_xpath 函数 定位登录 按钮 并 click 模拟鼠标点击

```
        sleep (2)
        self.dr.find_element ( By.XPATH , '//*[@id="leftmenu_asset_
storage"]').click ()
    def search (self, name):
        self.dr.find_element ( By.XPATH , '//*[@id="fmsearch"]/
div[1]/select').click ()
        sleep (2)
        self.dr.find_element ( By.XPATH , '//*[@id="fmsearch"]/div[1]/
select/option[2]').click ()
        sleep (2)
        self.dr.find_element (By.XPATH, '//*[@id="title"]').clear ()
```

\# 使用 find_element_by_xpath 函数 定位登录输入框 并 clear 模拟键盘清空内容

```
        sleep (2)
```

```
        self.dr.find_element（By.XPATH, '//*[@id="title"]'）.send_keys
（name）
        sleep（2）
        self.dr.find_element（By.XPATH, '//*[@id="fmsearch"]/div[3]/
input'）.click（）
        sleep（2）
        box = self.dr.find_element（By.XPATH, "/html/body/div[2]/
div/div[2]/div[2]/div[2]/table"）.text
        print（'查询条件', name, '查询结果', box）
    def test_01（self）:
        self.search（'行政库房'）
    def tearDown（self）:
        self.dr.quit（）       # 关闭浏览器
if __name__ == '__main__':
unittest.main（）
```

unittest 中提供了全局的 main 方法，使用它可以方便地将每一个单元测试模块变成可以直接运行的测试脚本。

main 方法使用 TestLoader 类来搜索所有包含在该模块中 以 test 开头的测试方法并自动执行它们。

5.13.17　部门管理测试

部门管理新增按钮如图 5-13-17 所示。

图 5-13-17　部门管理新增按钮

测试代码如下：

```
from selenium import webdriver  # 从 selenium 中导入 webdirver 接口
from time import sleep  # 从 time 中导入 sleep 函数，用来进行页面的强制等待
import unittest    # 导入 Python 自带的单元测试框架
from selenium.webdriver.common.keys import Keys  #selenium 中的 Keys（）
键盘事件
from selenium.webdriver.common.action_chains import ActionChains
#导入鼠标事件封装的 ActionChains
from selenium.webdriver.common.by import By  # selenium 中的 by 定位
class newly（unittest.TestCase）：   # 创建一个被测试类 ZCLB，继承 unittest 的
TestCase 类  （可以把 TestCase 看成是对特定类进行测试的集合）
    def setUp（self）：
        self.dr = webdriver.Chrome（）  # 打开浏览器 并赋值给 dr
    self.dr.get（'http：//192.168.1.251/bsams/front/login.do?taskId=
74&loginName=student）
  # 在浏览器 dr 上 使用 get 函数 得到被测地址
        sleep（2）   # 设置页面强制等待 2 秒
        self.dr.maximize_window（）  # 浏览器窗口最大化
        self.dr.find_element（By.XPATH, '//*[@id="taskId"]'）.send_keys
（85）
  # 使用 find_element_by_XPATH 函数定位到登录页面中任务 ID 按钮的位置
  # 并用 sendkeys 函数 发送数字 74 到 已经定位的 任务 ID 文本输入内
        self.dr.find_element（By.XPATH, '//*[@id="loginName"]'）.
send_keys（'student'）
        self.dr.find_element(By.XPATH,'//*[@id="password"]').send_keys
('student')
        self.dr.find_element(By.XPATH,'//*[@id="vericode"]').send_keys
('shtd')
        sleep（2）
        self.dr.find_element（By.XPATH, '//*[@id="fmedit"]/div[2]/
div[6]/input'）.click（）
  # 使用 find_element_by_xpath 函数 定位登录 按钮 并 click 模拟鼠标点击
        sleep（2）
        self.dr.find_element（By.XPATH, '//*[@id="leftmenu_asset_
depart"]'）.click（）
    def add（self, name, id）：
```

```
        self.dr.find_element（By.XPATH, '/html/body/div[2]/div/div[2]/
div[2]/div[1]/div/input'）.click（）
        sleep（2）
        self.dr.find_element（By.XPATH, '//*[@id="title"]'）.send_keys
（name）
        sleep（2）
        self.dr.find_element(By.XPATH,'//*[@id="code"]').send_keys(id)
        sleep（2）
        self.dr.find_element（By.XPATH, '//*[@id="cboxLoadedContent"]/
div/div[3]/a[2]'）.click（）
        sleep（2）
        box = self.dr.switch_to.alert.text
    # 使用 switch_to.alert 方法 定位到警告 提示框后 使用 text 实现文字获取
        self.dr.switch_to.alert.accept（）
    # 使用 switch_to.alert 方法 定位到警告 提示框后 使用 accept 实现确定功能
        print（'新增资产名称', name, '新增资产编码', id, '测试结果为', box）
    def test_01（self）:
        self.add（'zichan', 'zichan01'）
    def test_02（self）:
        self.add（'564564564564', ''）
    def tearDown（self）:
        self.dr.quit（）   #关闭浏览器
if __name__ == '__main__':
unittest.main（）
```

unittest 中提供了全局的 main 方法，使用它可以方便地将每一个单元测试模块变成可以直接运行的测试脚本。

main 方法使用 TestLoader 类来搜索所有包含在该模块中 以 test 开头的测试方法并自动执行它们。

5.13.18　部门管理测试

部门管理修改按钮如图 5-13-18 所示。

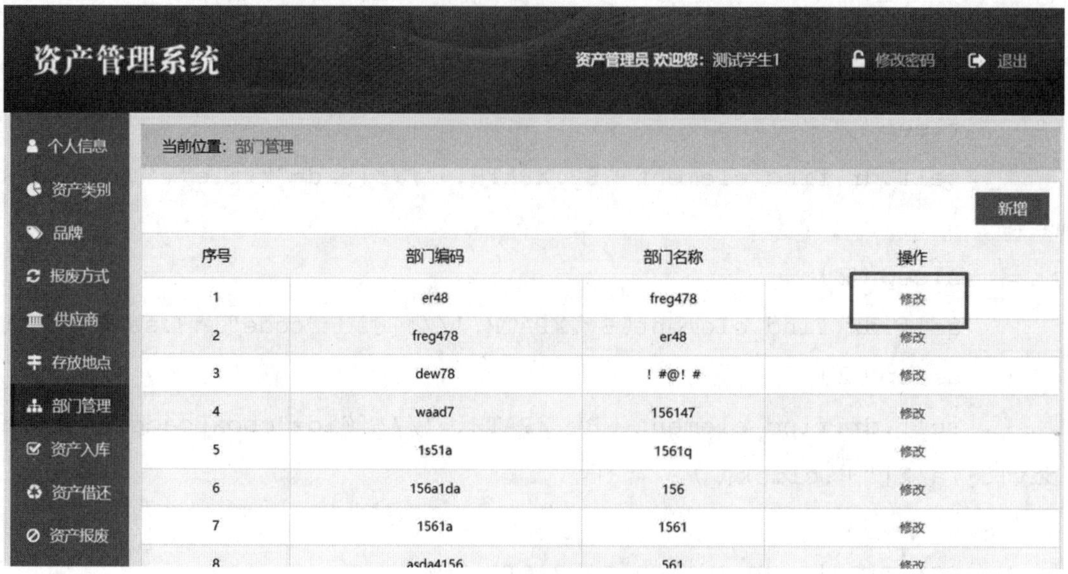

图 5-13-18　部门管理修改按钮

测试代码如下：

```
from selenium import webdriver  # 从 selenium 中导入 webdirver 接口
from time import sleep  # 从 time 中导入 sleep 函数，用来进行页面的强制等待
import unittest  # 导入 Python 自带的单元测试框架
from selenium.webdriver.common.keys import Keys  #selenium 中的 Keys () 键
盘事件
from selenium.webdriver.common.action_chains import ActionChains
#导入鼠标事件封装的 ActionChains
from selenium.webdriver.common.by import By  # selenium 中的 by 定位
class brand (unittest.TestCase):    # 创建一个被测试类 ZCLB, 继承 unittest 的
TestCase 类  （可以把 TestCase 看成是对特定类进行测试的集合）
    def setUp (self):  #创建函数 setUp ()
        self.dr = webdriver.Chrome ()  # 打开浏览器 并赋值给 dr
        self.dr.get('http://192.168.1.251/bsams/front/login.do?taskId=
74&loginName=student)
    # 在浏览器 dr 上 使用 get 函数 得到被测地址
        sleep (2)    # 设置页面强制等待 2 秒
        self.dr.maximize_window ()    # 浏览器窗口最大化
        self.dr.find_element (By.XPATH, '//*[@id="taskId"]').send_keys
(74)
    # 使用 find_element_by_XPATH 函数定位到登录页面中任务 ID 按钮的位置
    # 并用 sendkeys 函数 发送数字 74 到 已经定位的 任务 ID 文本输入内
        self.dr.find_element ( By.XPATH , '//*[@id="loginName"]' ) .
```

```
send_keys ('student')
        self.dr.find_element(By.XPATH,'//*[@id="password"]').send_keys
('student')
        self.dr.find_element(By.XPATH,'//*[@id="vericode"]').send_keys
('shtd')
        sleep (2)
        self.dr.find_element ( By.XPATH , '//*[@id="fmedit"]/div[2]/
div[6]/input') .click ()
    # 使用 find_element_by_xpath 函数 定位登录 按钮 并 click 模拟鼠标点击
        sleep (2)
        self.dr.find_element ( By.XPATH , '//*[@id="leftmenu_asset_
depart"]') .click ()
    def mon (self, name, id):
        self.dr.find_element ( By.XPATH, '/html/body/div[2]/div/div[2]/
div[2]/div[2]/table/tbody/tr[2]/td[5]/a[1]') .click ()
        sleep (2)
        self.dr.find_element ( By.XPATH, '//*[@id="title"]') .clear ()
        sleep (2)
        self.dr.find_element ( By.XPATH, '//*[@id="title"]') .send_keys
(name)
        sleep (2)
        self.dr.find_element ( By.XPATH, '//*[@id="code"]') .clear ()
        sleep (2)
        self.dr.find_element(By.XPATH,'//*[@id="code"]').send_keys(id)
        self.dr.find_element ( By.XPATH, '//*[@id="cboxLoadedContent"]/
div/div[3]/a[2]') .click ()
        sleep (3)
        box = self.dr.switch_to.alert.text
    # 使用 switch_to.alert 方法 定位到警告 提示框后 使用 text 实现文字获取
        self.dr.switch_to.alert.accept ()
    # 使用 switch_to.alert 方法 定位到警告 提示框后 使用 accept 实现确定功能
        print ('修改品牌名称', name, '修改品牌编码', id, '测试结果为', box)
    def test_01 (self):
        self.mon ('zichan', 'zichan01')
    def test_02 (self):
        self.mon ('56464564', '')
```

```
    def test_03(self):
        self.mon('5646', '111111')
    def tearDown(self):
        self.dr.quit()    #关闭浏览器
if __name__ == '__main__':
        unittest.main()
```

unittest 中提供了全局的 main 方法,使用它可以方便地将每一个单元测试模块变成可以直接运行的测试脚本。

main 方法使用 TestLoader 类来搜索所有包含在该模块中 以 test 开头的测试方法并自动执行它们。

5.13.19 资产入库测试

资产入库登记按钮如图 5-13-19 所示。

图 5-13-19 资产入库登记按钮

测试代码如下:

```
from selenium import webdriver  # 从 selenium 中导入 webdirver 接口
from time import sleep  # 从 time 中导入 sleep 函数,用来进行页面的强制等待
import unittest # 导入 Python 自带的单元测试框架
from selenium.webdriver.common.keys import Keys  #selenium 中的 Keys()键盘事件
from selenium.webdriver.common.action_chains import ActionChains
```

```
#导入鼠标事件封装的 ActionChains
from selenium.webdriver.common.by import By  # selenium 中的 by 定位
class newly(unittest.TestCase):  # 创建一个被测试类 newly,继承 unittest 的
TestCase 类  (可以把 TestCase 看成是对特定类进行测试的集合)
    def setUp(self):
        self.dr = webdriver.Chrome()  # 打开浏览器 并赋值给 dr
    self.dr.get ('http://192.168.1.251/bsams/front/login.do?taskId=
74&loginName=student')
        # 在浏览器 dr 上 使用 get 函数 得到被测地址
        sleep(2)  # 设置页面强制等待 2 秒
        self.dr.maximize_window()  # 浏览器窗口最大化
        self.dr.find_element(By.XPATH, '//*[@id="taskId"]').send_keys
(74)
    # 使用 find_element_by_XPATH 函数定位到登录页面中任务 ID 按钮的位置
    # 并用 sendkeys 函数 发送数字 74 到 已经定位的 任务 ID 文本输入内
        self.dr.find_element (By.XPATH, '//*[@id="loginName"]').
send_keys('student')
        self.dr.find_element(By.XPATH,'//*[@id="password"]').send_keys
('student')
        self.dr.find_element(By.XPATH,'//*[@id="vericode"]').send_keys
('shtd')
        sleep(2)
        self.dr.find_element (By.XPATH, '//*[@id="fmedit"]/div[2]/
div[6]/input').click()
    # 使用 find_element_by_xpath 函数 定位登录 按钮 并 click 模拟鼠标点击
        sleep(2)
        self.dr.find_element (By.XPATH, '//*[@id="leftmenu_asset_
manage"]/i').click()
        sleep(2)
    def sign(self, name, n1, n2, n3, n4):
        self.dr.find_element (By.XPATH, '//*[@id="fmsearch"]/div[3]/
input').click()
        sleep(2)
        self.dr.find_element(By.XPATH, '//*[@id="title"]').send_keys
(name)
```

```
        sleep（2）
    self.dr.find_element（By.XPATH, '//*[@id="assetCategoryId"]'）.\
    find_elements（By.TAG_NAME, 'option'）[n1].click（）
        self.dr.find_element_by_xpath（'//*[@id="assetCategoryId"]'）.\
            find_elements_by_tag_name（'option'）[n1].click（）
        sleep（2）
        self.dr.find_element（By.XPATH, '//*[@id="assetProviderId"]'）.
find_elements（By.TAG_NAME, 'option'）[n2].click（）
        sleep（2）
        self.dr.find_element（By.XPATH, '//*[@id="assetBrandId"]'）.
find_elements（By.TAG_NAME, 'option'）[n3].click（）
        sleep（2）
        self.dr.find_element（By.XPATH, '//*[@id="assetStorageId"]'）.
find_elements（By.TAG_NAME, 'option'）[n4].click（）
        sleep（2）
        self.dr.find_element（By.XPATH, '//*[@id="saveBtn"]'）.click（）
        sleep（2）
        box = self.dr.switch_to.alert.text
        # 使用 switch_to.alert 方法 定位到警告 提示框后 使用 text 实现文字获取
        print（'输入资产名称为：', name, '输入资产类别为：', n1, '供应商：', n2,
'品牌：', n3, '存放地点：', n4）
        print（'测试结果为：',        box）
        self.dr.switch_to.alert.accept（）
    # 使用 switch_to.alert 方法 定位到警告 提示框后 使用 accept 实现确定功能
    def test_01（self）:
        self.sign（'0001', 1, 2, 1, 3）
    # def test_02（self）:
    #     self.sign（'@!#%$#^$#', 1, 2, 1, 3）
    def tearDown（self）:
        self.dr.quit（）  # 关闭浏览器
if __name__ == '__main__':
unittest.main（）
```

unittest 中提供了全局的 main 方法，使用它可以方便地将每一个单元测试模块变成可以直接运行的测试脚本。

main 方法使用 TestLoader 类来搜索所有包含在该模块中 以 test 开头的测试方法并自动执行它们。

5.13.20　资产入库测试

资产入库查询按钮如图 5-13-20 所示。

图 5-13-20　资产入库查询按钮

测试代码如下：

```
from selenium import webdriver  # 从 selenium 中导入 webdirver 接口
from time import sleep  # 从 time 中导入 sleep 函数，用来进行页面的强制等待
import unittest  # 导入 Python 自带的单元测试框架
from selenium.webdriver.common.keys import Keys  #selenium 中的 Keys（）键盘事件
from selenium.webdriver.common.action_chains import ActionChains  #导入鼠标事件封装的 ActionChains
from selenium.webdriver.common.by import By  # selenium 中的 by 定位
class newly（unittest.TestCase）:  # 创建一个被测试类 newly，继承 unittest 的 TestCase 类 （可以把 TestCase 看成是对特定类进行测试的集合）
    def setUp（self）:
        self.dr = webdriver.Chrome（）  # 打开浏览器 并赋值给 dr
        self.dr.get（'http：//192.168.1.251/bsams/front/login.do?taskId=74&loginName=student'）
        # 在浏览器 dr 上 使用 get 函数 得到被测地址
        sleep（2）# 设置页面强制等待2秒
        self.dr.maximize_window（）  # 浏览器窗口最大化
        self.dr.find_element（By.XPATH, '//*[@id="taskId"]'）.send_keys（74）
        # 使用 find_element_by_XPATH 函数定位到登录页面中任务 ID 按钮的位置
```

```
        # 并用 sendkeys 函数 发送数字 74 到 已经定位的 任务 ID 文本输入内
        self.dr.find_element ( By.XPATH , '//*[@id="loginName"]' ) .
send_keys ('student')
        self.dr.find_element(By.XPATH,'//*[@id="password"]').send_keys
('student')
        self.dr.find_element(By.XPATH,'//*[@id="vericode"]').send_keys
('shtd')
        sleep(2)
        self.dr.find_element ( By.XPATH , '//*[@id="fmedit"]/div[2]/
div[6]/input') .click ()
    # 使用 find_element_by_xpath 函数 定位登录 按钮 并 click 模拟鼠标点击
        sleep(2)
        self.dr.find_element ( By.XPATH , '//*[@id="leftmenu_asset_
manage"]/i') .click ()
        sleep(2)
    def search (self, name) :
        self.dr.find_element (By.XPATH, '//*[@id="title"]' ) .send_keys
(name)
        sleep(2)
        self.dr.find_element (By.XPATH, '//*[@id="title"]' ) .submit ()
        sleep(2)
        self.dr.find_element ( By.XPATH , '//*[@id="fmsearch"]/div[2]/
button') .click ()
        sleep(2)
  box=self.dr.find_element ( By.XPATH , '/html/body/div[2]/div/div[2]/
div[2]/div[2]/table/tbody' ) .text
        print (box)
    def test_01 (self) :
        self.search ('001')
    def tearDown (self) :
        self.dr.quit ()   # 关闭浏览器
  if __name__ == '__main__':
unittest.main ()
```

unittest 中提供了全局的 main 方法,使用它可以方便地将每一个单元测试模块变成可以直接运行的测试脚本。

main 方法使用 TestLoader 类来搜索所有包含在该模块中 以 test 开头的测试方法并自动执行它们。